高强钢筋应用技术指南

——推广应用高强钢筋培训教材

住房和城乡建设部标准定额司

中国建筑工业出版社

图书在版编目(CIP)数据

高强钢筋应用技术指南——推广应用高强钢筋培训教材/住房和城乡建设部标准定额司. —北京：中国建筑工业出版社，2013.3

ISBN 978-7-112-15175-2

Ⅰ.①高… Ⅱ.①住… Ⅲ.①建筑工程-钢筋-工程施工-技术培训-教材 Ⅳ.①TU755.3

中国版本图书馆 CIP 数据核字(2013)第 037313 号

本书是为促进高强钢筋在建筑工程中的推广应用工作而编写的一本实用性强、学术水平较高的专业培训教材。全书共分 8 章，包括：概述、混凝土结构对高强钢筋的性能要求、高强钢筋应用相关标准规范、高强钢筋工程应用设计要点、高强钢筋施工质量控制、高强钢筋机械连接、高强钢筋工程监理、高强钢筋专业加工与配送技术。力求在加速推广应用高强钢筋、全面实现高强钢筋应用目标的同时，显著提高钢筋工程质量，确保建筑结构安全。

本书主要面向建筑工程的结构设计、施工与监理人员及专门从事钢筋连接的技术人员使用，同时可供相关行业行政管理人员参考。

* * *

责任编辑：田立平 赵梦梅
责任设计：张 虹
责任校对：姜小莲 刘 钰

高强钢筋应用技术指南
——推广应用高强钢筋培训教材
住房和城乡建设部标准定额司
*
中国建筑工业出版社出版、发行(北京西郊百万庄)
各地新华书店、建筑书店经销
北京天成排版公司制版
北京建筑工业印刷厂印刷
*
开本：787×1092 毫米 1/16 印张：14¼ 字数：342 千字
2013 年 3 月第一版 2013 年 8 月第二次印刷
定价：**39.00** 元
ISBN 978-7-112-15175-2
(23274)

编 写 委 员 会

主 任 委 员： 刘　灿　曾少华

副主任委员： 宋友春　李　铮

编 写 人 员： 赵毅明　陈国义　赵基达　徐有邻　刘立新
刘子金　赵红学　刘　彬　王晓锋　张　松
张健民　夏绪勇　程志军　吴　波　林常青
潘延平　张　磊　毛　凯　杨申武

编 写 单 位

住房和城乡建设部标准定额司

住房和城乡建设部标准定额研究所

中国建筑科学研究院

郑州大学

上海建工集团股份有限公司

上海市建设工程安全质量监督总站

序

推进城镇化是我国扩大内需的最大潜力，是经济平稳较快发展的动力源泉。党的“十八大”提出坚持走中国特色新型城镇化道路，必将带动城镇房屋和基础设施大规模建设，并将耗用大量建筑用钢筋。

目前，我国建筑领域仍在大量应用强度级别较低的 HRB335 带肋钢筋。2010 年 400MPa 级及以上高强钢筋用量仅占建筑用钢筋总量的 35%左右，与发达国家相比，高强钢筋的应用比例偏低。这一方面加大了钢筋用量，对节能减排工作构成很大压力；另一方面也因混凝土结构构件中由于钢筋过于密集，造成浇捣困难，给工程质量带来隐患。应用 400MPa、500MPa 高强钢筋代替 335MPa 钢筋，可实现节约钢筋用量 12%以上。在确保结构安全的同时，既可减少钢筋生产的资源和能源消耗，推进建筑领域节能减排和技术进步。同时，通过高强钢筋的生产，淘汰落后产能，可实现我国钢铁产业结构调整与升级换代。

通过我国建筑领域专家们和广大技术人员的共同努力，目前我国在高强钢筋应用研发、标准规范制修订、建筑用钢筋等级设置、高强钢筋设计与施工技术、高强钢筋连接技术等方面已取得显著成效，为实现 2015 年高强钢筋应用比例达到 65%的目标奠定了坚实的基础。

本指南的编著人员长期从事标准规范编制与管理、高强钢筋应用研发、混凝土结构设计与施工、钢筋连接技术研发等领域工作，具有丰富的工作经验和专业知识。本指南的出版和随后陆续开展的高强钢筋应用技术培训，将对高强钢筋推广应用工作提供有力的技术支持。

住房和城乡建设部　工业和信息化部

高强钢筋推广应用协调组

2013 年 2 月 1 日

前　言

为全面落实《住房和城乡建设部、工业和信息化部关于加快应用高强钢筋的指导意见》(建标［2012］1号)的部署，更好地促进高强钢筋在建筑工程中的推广应用工作，由住房和城乡建设部标准定额司组织国内涉及高强钢筋应用研发的规范编制单位、设计、施工与质量监督单位的相关专家，经过半年的努力，编写完成了《高强钢筋应用技术指南——推广应用高强钢筋培训教材》。

本书是高强钢筋应用领域一本实用性强、学术水平较高的专业培训教材，主要面向对象为从事建筑工程的结构设计、施工与监理人员及专门从事钢筋连接的技术人员。本书的主要目的是：通过本培训教材，显著提高建筑结构工程界对推广应用高强钢筋工作的重视；使结构设计人员全面掌握高强钢筋应用设计技术，做到科学合理应用高强钢筋；使工程施工人员、监理人员熟悉高强钢筋的应用技术要求，在加速推广应用高强钢筋、全面实现高强钢筋应用目标的同时，显著提高钢筋工程质量，确保建筑结构安全。

全书共分8章，着重介绍了推广应用高强钢筋的目的意义、国内外高强钢筋研发应用情况、我国推广应用高强钢筋的政策目标与总体部署；详细论述了混凝土结构对高强钢筋的性能要求；对与高强钢筋在设计、施工与验收相关的标准规范要求作了全面介绍；详细给出了高强钢筋在工程设计应用中的主要技术要点；系统提出了高强钢筋的连接技术、施工质量控制与工程监理要求；提出了发展高强钢筋专业加工与配送技术。

值本书出版之际，特向大力支持高强钢筋推广应用工作的住房和城乡建设部、工业和信息化部的各位领导致以衷心的感谢！谨向本书的编委会与全体编写人员、编审人员以及支持编写本书的各单位、各部门致以诚挚的谢意！同时，敬请各位读者对本书提出宝贵意见，对本书的不到之处予以指正。

2013年2月

目　　录

第1章 概　　述

1.1 推广应用高强钢筋的目的意义

1.1.1 我国的房屋建设规模与节能减排的紧迫性

当前，我国经济与社会发展仍处于重要战略机遇期，其中的城镇化和工业化是推动我国经济持续快速发展的最强劲动力。2011年底我国的城镇化水平已超过50%①，现仍以每年0.9%的速度继续发展，预期到2015年，我国的城镇化水平将超过53%。按发达国家80%的城镇化水平计算，并考虑在城镇化率达到70%前为国家经济的加速发展期，我国经济建设还将有近二十年的高速发展过程。在城镇化进程中，每年约有1000万农村人口要进入城镇，这必然要求加快城镇的基础设施与房屋建设，以提升城镇功能，改善居住与生活水平。可以预计，未来的十至二十年，仍将是我国房屋建设的高速发展期。

按2011年底统计②，我国当年房屋的在施面积为91.88亿m^2，竣工面积高达21.89亿m^2，其中住宅竣工面积9.914亿m^2。2006～2011年我国房屋施工面积与竣工面积数据如图1-1所示，其中2009～2011年建筑竣工面积均已超过20亿m^2。在“十二五”期间我国还将建设保障房3600万套，按户均建筑面积50m^2计算，其总量将达到18亿m^2。2011年底，城镇居民人均建筑面积已达32m^2，居住水平有了较大改善，但与发达国家相比，仍有一定的差距。考虑到我国城镇化中城市人口的增加、老旧既有建筑的拆除(每年拆除大约为4亿m^2)与人均建筑面积的进一步提升，我国的城镇住宅建设仍将有很大的发展空

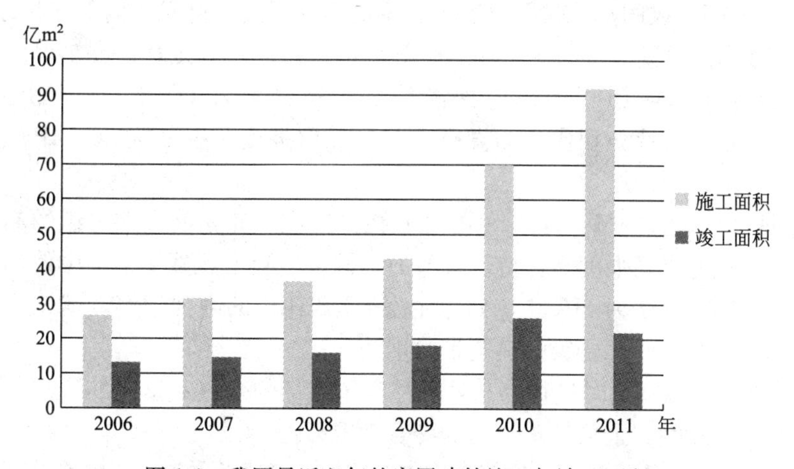

图1-1　我国最近六年的房屋建筑施工与竣工面积

① 数据引自《2012年中国政府工作报告》。

② 建设工程量数据引自《2011住房和城乡建设重要指标参考数据》。

间。除了住宅建设的快速发展以外，发达城镇周边的工业建筑、城市的公共建筑(大型商场、体育场馆、火车站与候机楼、展览馆、学校与医院、办公建筑、宾馆等)都还有很大的建设量，其总量略大于城镇住宅的竣工面积。

巨量的城镇房屋建设规模，带动了我国钢铁行业、建材行业产量与产能的高速增长。按2011年底统计，我国的水泥年产量达到20.6亿t，超过世界产量的60%；全国钢产量近7亿t，为国际产量的44%。为保持建设的快速发展，我们消耗了大量的原材料与宝贵能源，产生了大量的工业废料与二氧化碳，这些都对我国的节能减排构成了很大的压力。

在房屋建筑中，钢筋作为最重要与最主要的建材，其用量极大。2011年我国的建筑用钢中的钢筋消耗约1.36亿t，是钢铁工业的第一大用户，钢筋用量约占全国钢产量的22%～25%。与发达国家相比，目前存在的主要问题是我国应用的钢筋强度偏低，除应用高强钢筋较好的北京、上海、河北、山东、江苏、浙江、广东、云南及各省的省会城市以外，大部分中小城市建筑结构的受力配筋仍以335MPa级钢筋为主。2011年全国400MPa级以上高强钢筋用量仅为35%左右，因此很有必要提高混凝土结构所应用的钢筋强度等级，以减少单位建筑面积的钢筋用量，达到节材与节能减排的目的。

目前，钢铁行业存在的最大问题是产能过剩，产业集中度低，技术含量不高，资源与能源消耗过大。因此，一旦市场对钢铁的需求量下降，必将对钢铁行业的发展构成很大压力，钢铁行业将总体面临低增速、低盈利的运行态势。由于大量原材料依赖进口，进口铁矿石比例高达60%，对原材料进口没有定价权，铁矿石价格从2002年的22美元/t暴涨到最高将近180美元/t；同时，劳动力成本持续上升，造成生产成本逐步走高。一方面众多设备简陋的小型钢铁企业大量生产低强度等级的钢筋，造成原材料利用率低、环境污染严重；另一方面一些技术含量高、生产效率高并能生产高强钢筋的企业，其产能得不到充分利用。因此必须以推广应用高强钢筋为契机促进钢铁行业的结构调整与产业升级。

1.1.2 高强钢筋对节能减排的作用

高强钢筋是指强度级别为400MPa及以上的钢筋，目前在建筑工程的规范标准中为400MPa级、500MPa级的热轧带肋钢筋。为提高钢筋强度，可采用以下三种方法：

(1) 微合金化：通过加钒(V)、铌(Nb)等合金元素，可以显著提高钢筋的屈服强度和极限强度，同时使延性和施工适应性能较好。其牌号为HRB，如标注为HRB400、HRB500的高强钢筋，就分别代表为微合金化的屈服强度标准值为400MPa级、500MPa级的热轧带肋钢筋。

(2) 细晶粒化：轧钢时采用特殊的控轧和控冷工艺，使钢筋金相组织的晶粒细化、强度提高。该工艺既能提高强度又保持了较好的延性，达到了混凝土结构中使用高强钢筋的要求。细晶粒钢筋的牌号为HRBF，如标注为HRBF400的高强钢筋，就代表为细晶粒化的屈服强度标准值为400MPa级的热轧带肋钢筋。

(3) 余热处理：以轧钢时进行淬水处理并利用芯部的余热对钢筋的表层实现回火，提高钢筋强度并避免脆性，余热处理钢筋的牌号为RRB。

这三种高强钢筋，从材料力学性能、施工适应性、可焊性来说，以微合金化钢筋(HRB)为最可靠，但由于要增加微合金，其价格也稍高；细晶粒钢筋(HRBF)无需加合金元素，但需要较大的设备投入与较高的工艺要求，其价格适中，钢筋的强度指标与延性性能都能满足要求，可焊性一般；余热处理钢筋，只需在轧钢最后过程中以淬水方式进行热处理，其成本最低，强度能达到高强钢筋的要求，但延性较差，可焊性差，施工适应性也较差。

高强钢筋在强度指标上有很大的优势，400MPa 级高强钢筋(标准屈服强度 400N/mm^2)其强度设计值为 HRB335 钢筋(标准屈服强度 335N/mm^2)的 1.2 倍，500MPa 级高强钢筋(标准屈服强度 500N/mm^2)其强度设计值为 HRB335 钢筋的 1.45 倍。当混凝土结构构件中采用 400MPa 级、500MPa 级高强钢筋替代目前广泛应用的 HRB335 钢筋时，可以显著减少结构构件受力钢筋的配筋量，有很好的节材效果，即在确保与提高结构安全性能的同时，可有效减少单位建筑面积的钢筋用量。

显然，400MPa 级、500MPa 级高强钢筋由于要添加微合金或以细晶粒工艺控制，比传统的 HRB335 钢筋生产成本有所增加。按目前测算，HRB400 高强钢筋价格比 HRB335 钢筋价格每吨高出 100～200 元，HRB500 高强钢筋价格比 HRB335 钢筋价格每吨大约高出约 250 元。钢筋的经济性以强度价格比衡量，即每元经费所能购到的单位钢筋的强度。如以 HRB335 钢筋价格为基数(按通常价格 4300 元/t 计算)，则 400MPa 级钢筋与 HRB335 相比其强度价格比为 1.17；500MPa 级钢筋与 HRB335 相比其强度价格比为 1.38。即用相同的成本，按强度价格比，用 HRB400 和 HRB500 高强钢筋比 HRB335 钢筋可以得到 1.17 和 1.38 倍效益。

经对各类结构应用高强钢筋的比对与测算，通过推广应用高强钢筋，在考虑构造等因素后，平均可减少钢筋用量约 12%～18%，具有很好的节材作用。按房屋建筑中钢筋工程节约的钢筋用量考虑，土建工程每平方米可节约 25～38 元。因此，推广与应用高强钢筋的经济效益也十分巨大。

通过高强钢筋的推广应用，在提高结构安全性能的同时也将产生显著的社会与经济效益。若以 2011 年高强钢筋应用 35%为基数，以 2015 年实现高强钢筋应用比例 65%为目标，测算今后 4 年内共可节约钢筋总量约 2000 多万吨，可累计减少铁矿石消耗 3600 万 t、标准煤 1300 万 t，减少二氧化碳排放 4000 万 t，将对完成节能减排指标起到重要贡献。同时，以通常的钢筋价格计算，相当于可以节约 900 亿元投资，经济与社会效益显著。

1.1.3 高强钢筋对结构构件性能的影响

高强钢筋的应用可以明显提高结构构件的配筋效率。在大型公共建筑中，普遍采用大柱网与大跨度框架梁，这些大跨度梁在采用 HRB335 钢筋时往往需要三排布置配筋，使钢筋形心位置上移，减小了钢筋的有效力臂高度，导致配筋量的进一步增加，并造成施工不便。如对这些大跨度梁采用 400MPa 级、500MPa 级高强钢筋，可有效减少配筋数量，使原来需要三排的配筋形式减为二排，同时，可以增加钢筋的有效力臂 30mm 左右，有效提高配筋效率，并方便施工。

对梁柱构件，在设计中有时由于受配置钢筋数量的影响，为保证钢筋间的合适间距，不得不加大构件的截面宽度，导致梁柱截面混凝土用量增加。如采用高强钢筋，可显著减少配筋根数，使梁柱截面尺寸得到合理优化。

为推广应用高强钢筋，《混凝土结构设计规范》GB 50010—2010 中特别规定，对于梁、柱纵向受力普通钢筋应采用 HRB400、HRB500 高强钢筋。这着重体现了推广应用高强钢筋原则，即以 HRB400 钢筋替代 HRB335 钢筋作为混凝土结构的主力配筋。当构件按承载力计算要求配置钢筋时，在保证构件安全性能的同时，将有效减少钢筋用量；当按构造要求进行配筋时，由于钢筋强度提高，相比以前的 HRB335 配筋，大大增加了构件与结构的安全储备。

但我们也必须看到，当采用500MPa级高强钢筋时，伴随钢筋强度的提高，其延性也相应降低，对构件与结构的延性将造成一定影响。同时由于采用高强钢筋，其在正常使用极限状态下的钢筋应力相应提高，受弯构件的裂缝宽度将增大，在裂缝宽度验算时应予以重视。

1.1.4 高强钢筋对施工技术的促进

在大型公共建筑的混凝土结构施工中，一个最大的困难是梁柱节点的钢筋过于密集。如框架节点，两个方向梁的纵向水平钢筋与柱的竖向钢筋相互交错，还要在节点区按规范要求设置箍筋，在框架边节点还涉及梁负筋的锚固，对大柱网的框架结构，当采用HRB335钢筋配筋时，钢筋密集的矛盾更加突出。钢筋配置过于密集，首先是造成钢筋绑扎十分困难，在钢筋的安装与绑扎中耗费工时太多；其次是钢筋间距过小，以致混凝土浇筑时下料及振捣困难，有时还无法下振捣棒，产生漏振，导致混凝土不密实，影响工程质量。而高强钢筋的应用可减小节点的配筋密度，有利于钢筋绑扎与混凝土浇筑，确保混凝土施工质量，对于提高混凝土结构工程的施工水平有很好的促进作用。

对于混凝土结构工程施工，采用高强钢筋另一个优势是：由于钢筋用量减少，可以有效减少钢筋的加工、吊运与安装绑扎量，提高了钢筋工程施工效率。混凝土结构施工中的钢筋工程包括钢筋的调直、下料、成形、螺纹加工(用于机械连接)、现场吊运、安装、钢筋连接(机械连接或焊接)与绑扎。钢筋工程涉及大量的人工投入与机械台班，是混凝土结构施工中的一个影响工程进度的主要施工节点(特别是钢筋的安装与绑扎)，采用高强钢筋可提高施工效率、确保施工进度。同时由于钢筋用量的减少，可有效减少钢筋加工与安装绑扎施工人员的投入，随着施工人员成本的上升，其经济效益显著。

高强钢筋的推广应用也为发展钢筋的专业化加工配送提供了一个很好机会。推进钢筋的专业化加工配送将从根本上改变目前我国施工工地钢筋混凝土结构的施工方式与管理模式，是建筑工业化的一个重要方面，是向绿色施工发展的关键一步，必将带动我国混凝土结构施工技术的进步。

1.2 国内外高强钢筋的研发与应用概况

1.2.1 国外高强钢筋应用情况

目前，国外混凝土结构所采用的钢筋等级基本上以300MPa级、400MPa级、500MPa级三个等级为主，工程中普遍采用400MPa级及以上高强钢筋，其用量一般达70%～80%，其中以400MPa级的应用为主。

对于国土面积比较小且非地震区的发达国家(如英国、德国)直接采用了一个品种的500MPa级钢筋。其主要原因是对钢筋不需要有抗震性能的要求，同时这些国家的总体建设量也不大。钢筋牌号种类少也方便了钢筋的生产加工、市场供应、工程设计与施工应用等环节。

澳大利亚采用250MPa级、500MPa级两个强度等级，新西兰则采用300MPa级、500MPa级钢筋。

欧洲的钢筋应用强度等级较高，欧盟规范EN1992钢筋强度规定为400～600MPa级，其主要原因是欧洲绝大部分地区属非地震区(只有南欧的意大利、西班牙等有抗震要求)，对钢筋延性要求不高。而追求高强度，欧洲绝大部分地区采用余热处理的高强钢筋。为适应南欧地震区建筑抗震的要求，欧盟规范对钢筋也特别提出了延性指标，分为A、B、C三个等级，其中C级延性有极限应变大于等于7.5%的要求(这个极限应变性能与我国普通热轧带肋钢筋的均匀伸长率一致，但小于我国带E有抗震性能要求的钢筋)。欧盟规范中的S450高强钢筋(延性等级C)，主要用于南欧地震区抗震构件的配筋。

日本钢筋混凝土结构用钢筋规范(JIS G3112)与我国目前钢筋标准比较一致，钢筋分为热轧光圆钢筋与热轧带肋钢筋，对于光圆钢筋有SR235(屈服强度235MPa以上)、SR295(屈服强度295MPa以上)；对于热轧带肋钢筋有SD295(屈服强度295MPa)、SD345(屈服强度345MPa)、SD390(屈服强度390MPa)、SD490(屈服强度490MPa)。日本是一个地震多发国家，早期的高层建筑大多采用钢结构或型钢混凝土结构，从20世纪80年代末开始，为推广混凝土结构在高层建筑中的应用，从1988～1993年启动了“新钢筋混凝土(NewRC)”项目的应用研发工作。该项研发工作中用于柱纵向配筋的钢筋的强度等级为USD685(屈服强度为685MPa，但至今未列入JIS G3112标准)，但所有研究工作没有涉及混凝土受弯构件在使用极限状态的裂缝、刚度等性能研究。研究成果应用于相关试点工程，这些试点工程中应用SD390钢筋占10.7%，SD490高强钢筋的占60.7%，USD685高强钢筋的比例为28.6%。USD685高强钢筋主要应用于高层建筑的柱，加强了箍筋的约束作用，并都采用强度为60MPa的高强混凝土。

美国钢筋混凝土房屋建筑规范(ACI 318)对混凝土结构用钢筋主要依据ASTM(American Society for Testing and Materials，美国材料与试验协会)标准。ASTM A706为混凝土配筋用低合金带肋钢筋，其强度等级为60级(屈服强度60000psi，420MPa)，钢筋的均匀伸长率按不同直径分别为10%～14%；ASTM A615为钢筋混凝土配筋用碳钢带肋钢筋与光圆钢筋标准，钢筋的强度等级分别为40级(屈服强度40000psi，280MPa)、60级(屈服强度60000psi，420MPa)、75级(屈服强度75000psi，520MPa)，40级钢筋作为结构的辅助配筋。对光圆钢筋，美国钢筋混凝土房屋建筑规范规定仅用于螺旋箍筋，大量箍筋与构造配筋要求采用带肋钢筋，这主要是考虑到带肋钢筋有较好的锚固性能，以控制裂缝与改善结构性能。美国西海岸加利福尼亚州为强地震区，为保证混凝土结构的抗震性能，美国混凝土结构规范(ACI 318)对地震区混凝土结构的钢筋提出了强度等级与性能要求。用于有抗震性能要求的框架与剪力墙设计时，钢筋的强度等级应采用ASTM A706标准中的低合金钢(该标准仅为一种60级低合金钢)或采用ASTM A615中碳钢的40级与60级钢筋，同时必须满足实测屈服强度不高于标准屈服强度18000psi(屈服强度124MPa)、实测抗拉强度与实测屈服强度之比(强屈比)不小于1.25的要求。这主要是从结构的延性考虑，60级钢筋(屈服强度420MPa)比75级钢筋(屈服强度520MPa)有更好的延性，保证在梁端可以形成塑性铰，并能更好地消耗与吸收地震能量，实现结构抗震性能要求。

俄罗斯规范СП 52-101-2003中钢筋最高强度等级为600MPa，但保留了300MPa级钢筋。

国外发达国家在高强钢筋方面的研发与应用，除非地震区的欧洲从400MPa级起步外，其余国家均保留了300MPa级这一等级，并形成300MPa级、400MPa级、500MPa级完整的系列，主力配筋为400MPa级及500MPa级高强钢筋，辅助配筋为300MPa级钢筋。在抗震地区，有对钢筋的强度与延性要求，并按延性分级确定用途。有抗震性能要求构件的配筋，其强度等级均低于 500MPa。只有非地震区欧盟与俄罗斯才采用 600MPa 级钢筋。

1.2.2 我国高强钢筋应用研发与推广情况

我国从第六个五年计划期间，冶金系统就通过微合金化及淬水余热处理两条途径开发了 410MPa 级高强钢筋。从 1987 年开始，建筑行业开始 410MPa 级高强钢筋应用技术的试验研究，主要解决该强度等级钢筋的粘结锚固性能与钢筋的连接技术(搭接、焊接、机械连接)，进行了配置 410MPa 级高强钢筋的受弯、压弯构件性能试验(承载力、裂缝宽度、刚度)。

1991 年冶金部公布冶金标准《410 兆帕级可焊热轧钢筋应用技术规程》YB145，并开始了在北京燕莎中心(中国与德国联合设计)的试点应用，但随后未能进一步推广应用。

为在建筑行业启动推广高强钢筋，在上述试验研究的基础上，1996 年完成了《混凝土结构设计规范》GB 50010 的局部修订，列入了微合金化与余热处理的 400MPa 级高强钢筋(屈服强度 400MPa，当时称为新Ⅲ级钢)，以替代原Ⅲ级钢(25MnSi，屈服强度标准值 370MPa)。原建设部于 1997 颁布了《中国建筑技术政策》(1996—2010)，明确要求推广应用 400MPa 级新Ⅲ级钢筋，随后在相关的工程项目中积极进行试应用，这是我国高强钢筋在建筑结构工程中应用的起步。但当时由于该钢筋产量低、市场供应不足，同时高强钢筋的配套技术不完善，故 400MPa 级(新Ⅲ级钢筋)高强钢筋推广应用速度不快。

20 世纪 90 年代后期，我国钢筋机械连接技术迅速发展，从早期的套筒冷挤压、锥螺纹连接技术迅速发展到等强的直螺纹连接技术，包括镦粗直螺纹、剥肋滚轧直螺纹、滚轧直螺纹。1997 年我国颁布了《钢筋机械连接技术规程》JGJ 107，这些直螺纹机械连接技术的进步，使钢筋连接端的螺纹加工设备更加成熟，性能更为可靠，成本也大幅度下降，除了绝大部分用于 HRB335 钢筋连接以外，也开始应用于 400MPa 级高强钢筋的连接。与此同时，钢筋的焊接技术也得到了发展，颁布了《钢筋焊接技术规程》JGJ 18，用于解决 400MPa 级高强钢筋焊接连接问题。

随着冶金行业 HRB400 钢筋生产技术日趋成熟，国家标准《钢筋混凝土用热轧带肋钢筋》GB 1499—1998 正式颁布，明确规定采用 HRB335、HRB400、HRB500 三个热轧带肋钢筋牌号，替代了以前的Ⅱ级钢、Ⅲ级钢称呼，并新增了 HRB500 高强钢筋这一新品种，使我国的热轧钢筋品种更加完善。

随着我国建设规模进一步扩大，业内也对于推广应用高强钢筋的迫切性、重要性取得了一致认识，即在保证与提高结构安全性能的同时，通过应用高强钢筋可以减少单位面积钢筋用量，达到节约用材的目的。2002 年颁布的《混凝土结构设计规范》GB 50010—2002，倡导将 400MPa 级高强钢筋作为混凝土结构的主力钢筋，并提供设计程序及配套技术，这对随后 HRB400 钢筋的推广应用起到了较好的技术保障与促进作用。

2002 版《混凝土结构设计规范》颁布实施后，推广应用 HRB400 钢筋还是经历了一个较长的过程。主要原因是全国发展的不平衡，经济发达的地区，如北京、上海、河北、山东、江苏、浙江等地区，高强钢筋的推广应用较好；而一些经济尚不发达地区，由于受 HRB400 钢筋的产品供应约束，无法采购到规格齐全的 HRB400 钢筋，而造成设计返工重新改回到 HRB335 的现象，影响了 HRB400 钢筋的推广应用。此外，受到钢筋连接技术与设计习惯等影响，混凝土结构的主要配筋仍采用 HRB335 钢筋。到 2007 年底全国高强钢筋的应用比例仍不超过 20％。

从 2005 年开始，原建设部首次提出了“四节一环保”（节能、节地、节水、节材，保护环境和减少污染)要求，并将积极推广高强钢筋作为“四节一环保”与落实国家节能减排政策的一项主要内容。为积极贯彻节能减排政策，进一步推动高强钢筋应用，在住房和城乡建设部标准定额司的直接领导下，由中国建筑科学研究院于 2006 年启动了《混凝土结构设计规范》GB 50010 的修订工作，并将高强钢筋的应用(特别是新增 500MPa 级钢筋)列为修订的主要内容。结合规范的修订工作，相关单位全面开展了 500MPa 级高强钢筋应用技术的试验研究工作，包括：着重研究采用 500MPa 级高强钢筋时必须解决的受弯构件在正常使用极限状态下的裂缝计算宽度问题；进行配置 500MPa 级高强钢筋的受弯与压弯构件在承载能力极限状态下的承载能力试验研究，并进行了相应的构件抗震性能研究；研究高强钢筋的机械连接技术、锚固(机械锚固)技术；研究 500MPa 级高强钢筋施工技术。同时与相关钢铁企业、设计与施工单位联合，在部分省市开展了 500MPa 级钢筋的试设计与工程试点应用，为将 500MPa 级钢筋纳入新规范奠定了基础。

在《混凝土结构设计规范》GB 50010—2010 中进一步明确了“以 400MPa 级钢筋作为主力钢筋，并积极推广 500MPa 级钢筋，用 HPB300 钢筋取代 HPB235 钢筋，逐步限制、淘汰 335MPa 级钢筋”的原则。另外，对不同牌号的钢筋按性能的不同，如 HRB(微合金化)、HRBF(细晶粒化)、RRB(余热处理)在应用方面提出了要求，使各类钢筋各得其用。为加强结构的抗震性能，完善了抗震钢筋(标注带“E”)的性能要求。相关建筑结构设计软件已按照新规范要求完成版本的升级，从结构设计角度，应用高强钢筋已无任何技术困难。

与此同时，配合高强钢筋的应用，按钢筋强度的提高和性能变化要求，《混凝土结构工程施工规范》GB 50666、《混凝土结构工程施工质量验收规范》GB 50204、《钢筋焊接技术规程》JGJ 18、《钢筋机械连接技术规程》JGJ 107 等标准、规范陆续完成修订并颁布实施。对于钢筋连接技术，在新修订的《钢筋机械连接技术规程》JGJ 107—2010 中钢筋的牌号已包括 500MPa 级高强钢筋。但对于 500MPa 级钢筋采用钢筋机械连接尚无很多实践经验，还需加强研发与工程实践。

为扩大 HRB400 钢筋的应用，并提前推广应用 HRB500 钢筋，由住房和城乡建设部标准定额司主持、中国建筑科学研究院负责完成了《热轧带肋高强钢筋在混凝土结构中应用技术导则》RISN-TG007-2009 的编制，并于 2009 年开始实施，为提前推广应用 500MPa 级高强钢筋创造了有利条件。

2009 年在住房和城乡建设部科技司的组织与部标准定额司的支持下，中国建筑科学研究院承担了国家“十一五”科技计划支撑项目“高强钢筋与高强高性能混凝土应用关键技术研究”，通过这一项目的系统研究工作，将为我国的高强钢筋应用起到更好的促进作用。

通过以上对高强钢筋的研发与推广工作，至 2011 年底，经测算全国建工行业应用 400MPa 级以上高强钢筋已占到建筑用钢筋总量的 35％，高强钢筋推广应用工作已取得了初步的成效。

混凝土结构用钢筋技术的进步，也对钢筋产品标准的修订提出了新的要求，建筑工程应用中迫切需要在 HPB300 光圆钢筋的基础上，新增 HBR300 带肋钢筋，以改善锚固性能并配合高强钢筋的应用，形成 300MPa 级、400MPa 级、500MPa 级带肋的高、中、低兼顾的钢筋系列，而新增 HBR300 带肋钢筋还需钢铁行业的大力支持，将其列入钢筋产品标准。为将要发展的预制预应力构件加工需要，应新增 800MPa、970MPa、1270MPa 级中强预应力筋，用于常用跨度的预制构件的预应力配筋，同时可考虑将 800MPa 级的钢筋用于约束箍筋。通过对混凝土结构用钢筋的优化与合理使用，以便与国际上通用的标准与规范接轨。

1.3 高强钢筋推广应用中应注意的问题

1.3.1 高强钢筋设计应用原则

新版混凝土规范修订中全面贯彻了“优先使用 400MPa 级钢筋，积极推广 500MPa 级钢筋，用 HPB300 钢筋取代 HPB235 钢筋，并以 300MPa 级(335MPa 级)钢筋作为辅助配筋”的原则。结构设计中应按规范要求科学合理地应用高强钢筋。应优先使用 400MPa 级高强钢筋，将其作为混凝土结构的主力配筋，并主要应用于梁与柱的纵向受力钢筋、高层剪力墙或大开间楼板的配筋。充分发挥 400MPa 级钢筋高强度、延性好的特性，在保证与提高结构安全性能的同时比 335MPa 级钢筋明显减少配筋量。

对于 500MPa 级高强钢筋应积极推广，并主要应用于高层建筑柱、大柱网或重荷载梁的纵向钢筋，以取得更好的减少钢筋用量效果。

用 HPB300 钢筋取代 HPB235 钢筋，并以 300MPa 级(335MPa 级)钢筋作为辅助配筋。就是要在构件的构造配筋、一般梁柱的箍筋、普通跨度楼板的配筋、墙的分布钢筋等采用 300MPa 级(335MPa 级)钢筋。其中 HPB300 光圆钢筋比较适宜用于小构件梁柱的箍筋及楼板与墙的焊接网片。目前我国钢筋产品标准中还未列入 300MPa 级带肋钢筋(HRB300)，故在相关构造配筋与小跨度的楼板配筋中可暂时采用小直径的 HRB335 带肋钢筋。辅助配筋用 300MPa 级(335MPa 级)钢筋取代 HPB235 钢筋后，当按受力配置时可以减少钢筋用量，当按构造配置时则相应提高了结构安全度。

科学合理应用高强钢筋，就是要求将高强钢筋用于受力大、便于高强钢筋发挥高强度的构件与部位，当构件按构造要求配筋时，就不要盲目采用高强钢筋，如剪力墙结构配筋、普通跨度楼板配筋就没必要采用 500MPa 级高强钢筋。

对于生产工艺简单、价格便宜的余热处理工艺的高强钢筋(RRB400)，因其延性、可焊性、机械连接的加工性能都较差，《混凝土结构设计规范》GB 50010 建议用于对钢筋延性较低的结构构件与部位，如大体积混凝土的基础底板、楼板及次要的结构构件中，做到物尽其用。

1.3.2 高强钢筋的连接与锚固要求

钢筋的连接有搭接、焊接与机械连接三种方式，在推广应用高强钢筋时，必须高度重视钢筋的连接技术。

采用搭接连接方式时，随着钢筋强度的提高，势必大大加长搭接长度，一方面浪费钢筋，另一方面也造成钢筋密集影响施工。而采用焊接连接时，则对高强钢筋的类型有具体要求，焊接适合微合金的钢筋(HRB)，而对细晶粒钢筋(HRBF)与余热处理钢筋(RRB)会导致钢筋金相组织变化的不利影响，同时焊接受工艺、气候、施工人员技术水平等因素制约，施工时应加以重视。

机械连接具有质量可靠、性能稳定、施工方便等优势，故对于高强钢筋，特别是粗直径高强钢筋应采用机械连接。400MPa 级钢筋的连接技术目前已很成熟，以滚轧直螺纹机械连接为主。而对 500MPa 级钢筋的连接技术，国内已有多家研发机构与专业厂家在机械连接方面达到要求，但要大面积推广应用还需有个过程。

随着钢筋强度的提高，高强钢筋的锚固长度也相应加长并需弯折锚固，这将加大梁柱节点的施工难度。因此，应大力发展机械锚固技术(采用锚固板)，以确保高强钢筋的锚固性能，简化梁柱节点钢筋的绑扎，节约锚固段的钢筋。

1.3.3 高强钢筋的质量检验与施工管理

高强钢筋的质量检验是要求对钢筋进场时，严格按国家现行有关标准，进行钢筋的抽样检验，包括屈服强度、抗拉强度、伸长率、弯曲性能及单位长度重量偏差。此外，还需重点检验高强钢筋品种是否与其牌号相符，严格控制余热处理钢筋(RRB)、细晶粒钢筋(HRBF)冒用或混入到微合金化钢筋(HRB)。

要加强施工管理工作，当高强钢筋普遍应用后，工地上各等级、各牌号钢筋品种多，而带肋钢筋的外形又没有差异，有时钢筋的标识并不清晰，如管理不善将造成混料错批，造成严重的质量与安全隐患。因此，必须从项目管理角度，严格做好钢筋的进场检验，加强钢筋加工中的分类存放、分批加工，实行钢筋的吊牌标识；做好施工人员的上岗技术培训；加强钢筋分项工程的验收。

1.3.4 高强钢筋的加工要求与专业化加工配送

高强钢筋的推广应用也给钢筋的加工技术与工艺提出了更高的要求，首先是高强钢筋随着强度的提高，机械加工设备要求功率大，对钢筋加工设备的性能与能力提出了新的要求；其次是对 500MPa 级高强钢筋，在进行冷弯加工时工艺参数控制更严、要求更高；最后是对 500MPa 级高强钢筋采用机械连接方式时，其加工设备、工艺条件目前大多数施工工地还不具备条件。

此外，随着我国建筑工程技术的发展需要，也必须进行钢筋的专业化加工配送工作。政府建设主管部门已要求相关研发单位、大型施工企业探讨与试点钢筋的专业化加工与配送工作，逐步改变目前钢筋工程的钢筋加工大量依赖于施工现场的落后局面。

钢筋专业化加工配送类似于商品混凝土，建筑工程的总包单位可根据设计要求，向钢筋专业加工配送中心提出各成品钢筋的加工要求，钢筋加工中心对纵向钢筋按图纸要求下料加工，有钢筋机械连接要求的加工好钢筋端部螺纹并用塑料帽保护，有锚固要求的进行机械弯折加工或做好机械锚固板，箍筋按要求进行弯折加工(约束箍筋采用自动焊接成封闭箍)。按工程进度要求，钢筋加工配送中心将成品钢筋运送到施工现场，由总包单位进行钢筋的安装与绑扎。

当然，采用钢筋专业化加工配送模式，目前还有多方面问题有待解决，如如何解决成品钢筋的材料进场验收与钢筋工程的分项验收，如何保证成品钢筋的按时配送，如何实现成品钢筋在现场的一次安装到位，如何防止钢筋集中加工中的可能瘦身钢筋问题，如何降低成品钢筋的加工配送成本等问题，还有一个最关键的是总包企业一定要有一个分工社会化、专业化的良好心态，将钢筋的加工交于专业化加工配送中心去做。

为推进钢筋的专业化加工配送，政府建设主管部门应以本次推广应用高强钢筋为契机，在有关省市的重点企业(大型建筑施工企业、大型钢铁生产企业、专业化钢筋加工企业)试点进行钢筋的专业化加工配送工作，以市场为手段，给予一定的政策扶持与支持，做好试点工作。

1.4 推广应用高强钢筋的政策目标与总体部署

1.4.1 成立高强钢筋推广应用协调组，全面推动高强钢筋的推广应用

住房和城乡建设部、工业与信息化部对于高强钢筋的推广应用极为重视，两部委于2011年7月25日组建成立高强钢筋推广应用协调组，两部委部级领导任协调组组长，直接领导协调组的各项工作，协调组由住房和城乡建设部、工业和信息化部的相关司局及中国钢铁工业协会、住房城乡建设科技发展促进中心、中国建筑科学研究院、中冶建筑研究总院、冶金工业信息标准研究院组成，并由住建部标准定额司、工信部原材料司具体负责。

成立两部委高强钢筋应用协调组主要是加强钢铁行业与建设行业在高强钢筋生产与推广应用方面的协调、合作与支持。从工信部角度将加强对钢铁行业发展高强钢筋的支持，包括设备改造与生产线转型，调整产业结构，按建设行业需求做好高强钢筋的生产与市场调配；从住建部角度将全力做好高强钢筋在建设行业的推广应用工作，实现建筑业节能减排，提高建筑工程施工质量，全面提升建筑业技术水平，促进建筑业的可持续发展。

协调组的主要职责与工作是：加强住房城乡建设、工业信息化两大部门的协作，落实国家节能减排政策和有关产业发展规划，调整钢铁行业产业结构，对高强钢筋加快生产并强化质量管理，加强高强钢筋在建筑行业的推广与应用，达到“四节一环保”目的，实现建筑行业的可持续发展；研究制定加快推广应用高强钢筋的政策和措施，开展相关产品标准和工程建设标准规范的制订修订工作；制定加快推广应用高强钢筋工作计划，并组织实施；组织开展高强钢筋推广应用试点工作和示范项目，加强推广应用建筑用高强钢筋政策宣传和技术人员培训；加强有关政府、协会、企业等单位在高强钢筋推广应用工作中协调配合、技术交流和信息沟通；组织开展高强钢筋生产与应用重点课题的研究，与国外相关部门和单位在推广应用高强钢筋领域开展交流和合作。

1.4.2 《关于加快应用高强钢筋的指导意见》背景介绍

在协调组的领导下，两部委出台了《关于加快应用高强钢筋的指导意见》(建标[2012] 1号)，在该指导意见中，强调了推广应用高强钢筋的重要性，明确了指导思想、基本原则与主要目标，提出了八大重点工作，给出了八项保障措施。

在工作的重要性中指出，推广应用高强钢筋就是“建设资源节约型、环境友好型社会的重要举措，对推动钢铁工业和建筑业结构调整、转型升级具有重大意义”。

在指导思想方面就是“以建筑钢筋使用减量化、提高资源利用效率为目标，通过完善政策和标准配套，优化建筑钢筋生产、使用品种和结构，创新应用建筑高强钢筋工作机制，实现钢铁行业与建筑业的技术进步和节材、节能”。

对于工作的基本原则就是“在遵循政策引导、行业服务、技术支撑、典型示范、市场配置和供需平衡等原则基础上，积极推进应用高强钢筋的各项工作”。

推广应用高强钢筋就是要在建筑工程的主力配筋方面加速淘汰335MPa级带肋钢筋，优先使用400MPa级带肋钢筋，积极推广500MPa级带肋钢筋。就是在建筑结构的主力配

筋中，将400MPa级、500MPa级高强钢筋替代335MPa级带肋钢筋，达到建筑工程中钢筋强度等级的升级换代。实现推广应用高强钢筋的目标为：至2013年底，在建筑工程中淘汰335MPa级大直径带肋钢筋；2015年底，高强钢筋的产量占带肋钢筋总产量的80%，在建筑工程中使用量达到建筑用钢筋总量的65%以上。

制定到2015年在建筑工程中高强钢筋使用量达到建筑用钢筋总量65%的目标，是有关专家依据我国城镇各种房屋建筑类型，公共建筑、工业厂房、办公建筑(多层、高层)、住宅(高层、多层)、各类结构体系(砖混结构、混凝土结构)进行具体分析，并按竖向结构(梁、柱、墙)与水平结构(楼板)预期应用高强钢筋的比例进行科学测算，得到建筑工程中合理的高强钢筋应用比例为70%左右，其余约30%为300MPa级(335MPa级)钢筋，主要用于结构的辅助与构造配筋。这里的70%是各类结构可应用高强钢筋的平均数，对于高层建筑、大跨度公共建筑，高强钢筋的应用百分比要大于70%，多层或小高层混凝土结构的高强钢筋应用比例将稍低于70%，而多层砖混结构高强钢筋的应用面则可更低。按在2015年高强钢筋应用量达到建筑用钢筋总量65%的目标，其实已达到建筑工程中高强钢筋可应用量的90%以上，这个目标的制定应是科学与合理的。

为实现推广应用高强钢筋的目标，在指导意见中着重提出了八大重点工作，包括：

(1) 保障高强钢筋产品的市场供应。要求安排好400MPa级、500MPa级高强钢筋的生产，稳定产品质量，保障市场供应。目前，在华北与东部沿海发达地区及全国的省会城市，400MPa级高强钢筋的供应已基本充足。

(2) 加快混凝土用钢筋的标准修订。要完成《钢筋混凝土用钢》GB 1499的修订，取消235MPa光圆钢筋，取消335MPa级大直径钢筋，将建筑用钢筋的强度等级设置为300MPa(335MPa)、400MPa、500MPa。目前，GB 1499.2的热轧带肋钢筋的标准已将完成修订，将取消335MPa级大直径钢筋，新增600MPa级高强钢筋。

(3) 开展高强钢筋产品的分类认证。要对高强钢筋进行认证和标识，保证产品质量，避免施工使用中的混淆，规范钢材市场。

(4) 贯彻实施新修订的《混凝土结构设计规范》GB 50010—2010。要求各设计单位严格按规范要求优先采用400MPa级及以上高强钢筋，并将400MPa级高强钢筋作为混凝土结构的主力配筋。此外，还将适时启动对《混凝土结构设计规范》GB 50010—2010的局部修订工作，将300MPa级光圆钢筋、335MPa级钢筋(小直径)定位用于结构的辅助配筋。

(5) 加强相关标准的实施监督工作。要做好标准规范的宣贯工作，加强施工图审查。

(6) 加强对高强钢筋应用的质量管理。要从建设、施工、监理等单位加强各环节的钢筋质量检查，做好质量监管工作。

(7) 加快高强钢筋产品及应用技术研发。研究钢筋连接新技术，加强高强钢筋的抗震性能的研究。

(8) 工信部将与其他建设行业(水利、交通、铁路)推动淘汰低强度等级钢筋的应用工作。

为保证上述八大重点工作的落实与顺利完成，在指导意见进一步给出了八项保障措施：

(1) 统筹生产和应用环节，协调解决应用高强钢筋中的问题，完善推广应用机制。

(2) 研究制定相关扶持政策，将高强钢筋推广应用纳入国家开展的节能减排、绿色建筑行动等工作中。

(3) 在部分省市开展高强钢筋的生产与应用示范工作。

(4) 开展评奖评优工作，鼓励建设单位、设计单位使用高强钢筋。

(5) 支持生产高强钢筋企业的技改工作。

(6) 钢铁行业要加强对淘汰落后产能的管理工作。

(7) 在政府投资的项目中率先采用高强钢筋。

(8) 加强宣传，在社会上形成用好钢筋、节约用钢筋的氛围，促进全社会节能减排。

在两部委出台了《关于加快应用高强钢筋的指导意见》后，各省市建设主管部门加强了贯彻落实，结合当地实际情况，制定并出台了加快推广应用高强钢筋的政策与措施，这对高强钢筋的推广应用工作起到了很好的成效。

1.4.3 高强钢筋推广应用示范

为加强高强钢筋的推广与应用，通过示范、以点带面，在协调组的领导下，于2012年4月5日两部委联合发文《关于开展推广应用高强钢筋示范工作的通知》(建办标[2012] 13号)，启动了河北省、江苏省、重庆市、云南省、新疆维吾尔自治区的高强钢筋的应用试点工作。要求试点省市的住房城乡建设主管部门、工业信息主管部门加强组织领导，建立工作机制，积极推进高强钢筋的应用示范工作，为全国的推广应用积累经验。

通知要求在示范省(自治区)内，选定省会城市和至少1个地级城市作为示范城市，并应选定不少于10个新开工建设项目作为示范项目。示范的目标、内容与要求基本参照《关于加快应用高强钢筋的指导意见》，具体实施时间为2012年4月～2013年12月，要求示范城市应用高强钢筋的比例在2013年底实现在2011年基础上提高20个百分点或达到65%以上。

目前推广应用高强钢筋的示范工作正在按计划积极推进。

本章参考文献

[1] GB 50010—2010. 混凝土结构设计规范.

[2] RISN-TG007-2009. 热轧带肋高强钢筋在混凝土结构中应用技术导则.

[3] Building Code Requirements for Structural Concrete (ACI 318-08) and Commentary, American Concrete Institute, 2008.

[4] (日)青山博之. 现代高层钢筋混凝土结构设计. 张川译. 重庆：重庆大学出版社，2006.

[5] 贡金鑫，魏巍巍，胡家顺. 中美欧混凝土结构设计. 北京：中国建筑工业出版社，2007.

[6] 中国建筑技术政策(1996—2010). 北京：中国城市出版社，1998.

[7] 中国建设行业科技发展五十年. 北京：中国建筑工业出版社，2000.

[8] 徐有邻. 混凝土结构设计原理及修订规范的应用. 北京：清华大学出版社，2012.

第2章 混凝土结构对高强钢筋的性能要求

混凝土结构中应用的钢筋分为普通钢筋与预应力筋。在《混凝土结构设计规范》GB 50010—2010中，普通钢筋泛指一般的非预应力钢筋，本章将对其予以重点探讨。预应力筋是指极限强度为1000MPa左右的中强预应力钢丝、预应力螺纹钢筋和极限强度1470MPa以上的预应力钢丝、预应力钢绞线，这部分内容将另文专述。下面讨论混凝土结构对高强钢筋的性能要求。

2.1 力学性能的要求

2.1.1 强度要求

钢筋强度是影响结构安全最重要的力学性能之一。普通钢筋有300MPa级、335MPa级、400MPa级与500MPa级四个强度等级，其中400MPa级与500MPa级钢筋为高强钢筋。高强钢筋比传统建筑结构中常用HRB335钢筋的强度有较大的提高，因此可以显著减少结构钢筋的用量。钢筋的强度可以分为两种，即屈服强度和极限强度。

1. 屈服强度

热轧的普通钢筋受轴向拉力到一定阶段以后，应变持续增长而应力停滞，呈明显的屈服台阶，因此可称为“软钢”，相应的强度称为“屈服强度”。屈服强度的标准值往往作为普通钢筋强度等级的标志。如HRB400钢筋的屈服强度标准值为400MPa。普通钢筋的屈服强度标准值在除以材料分项系数以后，即为钢筋的强度设计值。如上述HRB400钢筋的强度设计值为360MPa。强度设计值用于承载能力极限状态下构件的承载力计算，确定了构件的截面与配筋。

预应力筋没有明显的屈服台阶，故称为“硬钢”。通常取0.2%残余应变相应的非比例应力$\sigma_{p0.2}$作为“条件屈服强度”（如图2-1*b*所示）。预应力筋的条件屈服强度在除以材料分项系数后为预应力筋的强度设计值。

2. 极限强度

钢筋能够承受最大力所对应的拉应力称为“极限强度”。在达到极限强度以后钢筋开始颈缩，承载力下降，最后拉断，并造成传力中断。普通钢筋的极限强度通常比其屈服强度高得多。对没有明显屈服台阶的硬钢(预应力筋)，一般以其极限强度的标准值作为强度等级的标志(如图2-1*b*所示)。例如强度等级为1570的预应力钢绞线，其极限强度为1570MPa。同样，极限强度也有标准值和设计值。在防止连续倒塌设计中，钢筋的强度取极限强度标准值，以保证结构防止连续倒塌的防灾能力。

2.1.2 延性要求

延性是钢筋的变形能力，是并不亚于强度的钢筋重要力学性能。延性具体表现为在达到最大力(即发生拉断前)的变形能力，其反映了钢筋从弹性变形直至受拉断裂前的应变以及构件的破坏形态——有预兆的延性破坏或无预兆的脆性破坏。

普通钢筋随着强度的提高，其延性也相应减小，因此对于高强钢筋而言，延性尤为重要。灾害调查表明：结构的延性可以保证其在遭遇偶然作用的打击时，有足够大的变形而不至于发生倒塌性破坏，而钢筋的延性是构件延性的来源与保证结构避免倒塌的决定性因素。例如，对于框架结构的梁、柱或剪力墙的边缘构件，设计要求在地震作用下应有足够的变形能力——延性，以实现结构抗震中“小震不坏、中震可修、大震不倒”的要求。因此钢筋的延性是结构抗震设计中最重要的影响因素。钢筋的延性表现为两个方面：最大力作用下的总伸长率(均匀伸长率)和强屈比。

1. 均匀伸长率

钢筋最大力作用下的总伸长率即为其极限强度相应的极限应变，通常可称为“均匀伸长率”，亦即钢筋拉伸时应力—应变本构关系曲线顶点相应的最大应变。由于传统钢筋的断口伸长率(δ_5、δ_{100}……)只反映颈缩—断裂局部区域的残余变形，因此不是钢筋延性的真正代表(如图 2-1 所示)。20 世纪末以来，国内外工程界已普遍改用非颈缩—断裂区域的均匀伸长率(δ_{gt})作为描述钢筋延性的指标(如图 2-1*b* 所示)。均匀伸长率在冶金行业标准中称为最大力下的总伸长率，以符号 A_{gt} 表达。

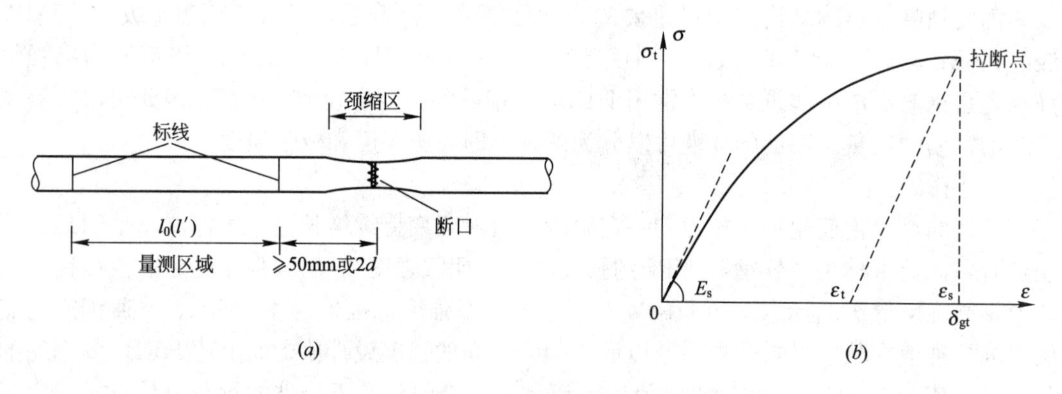

图 2-1　钢筋试件的量测和钢筋的伸长率

(*a*)钢筋试件的量测；(*b*)钢筋的本构关系及均匀伸长率

2. 强屈比

钢筋拉断时的极限状态与屈服状态力学参量的比值称为“强屈比”，其反映了钢筋从屈服到断裂之前破坏过程的长短，是影响结构安全的重要因素。一般随着钢筋强度的提高，强屈比也随之减小。因此，这也是影响高强钢筋应用中应该特别注意的问题。

极限强度与屈服强度的比值为强度的强屈比，通常热轧钢筋(软钢)的强度强屈比都在 1.25～1.4，有较大的安全储备。极限应变与屈服应变的比值为变形的强屈比，也可称为“延性”，软钢的应变强屈比比其强度的强屈比大一个数量级。强屈比大的钢筋屈服以后很久才被拉断，因此破坏有明显的预兆，延性比较好(如图 2-2 所示)。硬钢没有明显的屈服台阶，因此无论是强度或者变形的强屈比都很不明显或者很小，钢筋达到条件屈服强度以后很快就会被拉断，往往会发生无预兆的脆性断裂破坏，延性比较差，而且对构件的受力十分不利(如图 2-2 所示)。

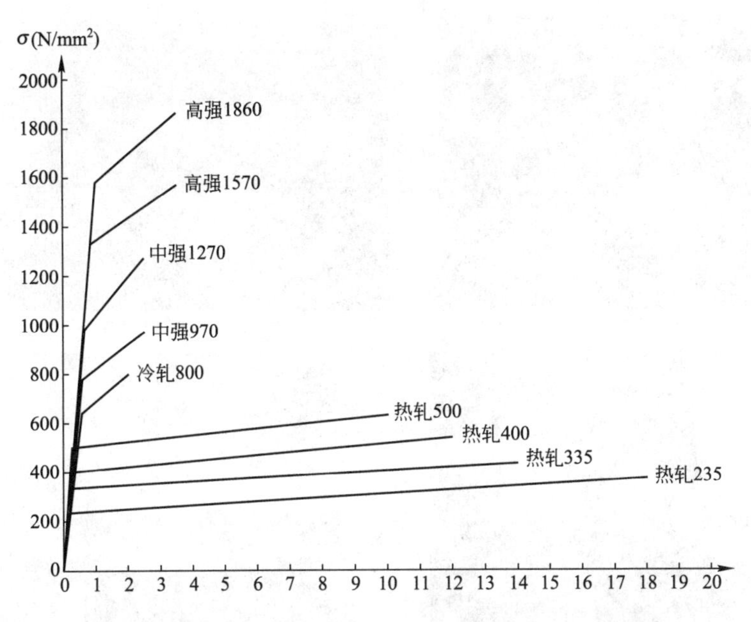

图 2-2　各种钢筋的本构关系、强度、均匀伸长率及耗能性能

3. 耗能特性

图 2-2 所示为各种钢筋的应力—应变本构关系、强度和均匀伸长率。可以看出，一般情况下，钢筋的强度高延性就差；反之强度低延性就相对较好。因此单纯地比较钢筋的强度或者变形，都难以全面反映其力学性能的优劣。能够全面反映其力学性能的指标是钢筋强度和变形的综合——耗能特性，即达到受力特征点(屈服或断裂)时，单位质量钢筋所需要消耗的能量指标。耗能特性 W 可以用图 2-2 中本构关系曲线下的面积积分并除以钢材的密度求得，其单位是 N·m/kg。

根据受力特征，钢筋的耗能可以分为屈服耗能 W_y 和断裂耗能 W_t 两种。同样，两者的比值为钢筋耗能的强屈比。钢筋的耗能特性综合反映了其强度和延性的性能，是衡量钢筋力学性能的重要指标。我国的热轧钢筋，无论其强度高低，其断裂耗能均为 8000N·m/kg左右；预应力钢丝、钢绞线断裂耗能约为 6000N·m/kg 左右；而冷加工钢筋均在 1500N·m/kg 以下。

4. 延性对结构安全的影响

从能量消耗的角度来分析、比较钢筋的综合性能，可以更加客观和全面。延性好的软钢，从钢筋屈服到其断裂，无论从强度、应变、耗能而言，都有很长的发展过程，相对比较安全。而延性差的硬钢，屈服就很不明显，钢筋从“屈服”到断裂的过程很短，断裂耗能也小得多。很容易在没有明显预兆的情况下就发生断裂破坏，从安全的角度相对不利。

汶川地震中，不同钢筋延性及断裂耗能的差异，对构件的破坏形态以及结构倒塌的影响十分明显。很多属于“软钢”强度并不高的热轧钢筋，由于有很好的延性和耗能能力，在钢筋屈服以后没有断裂而成为抗倒塌拉结模型中的受力钢筋，甚至按悬索受力(如图 2-3*a* 所示)。也有属于“软钢”的楼梯受力钢筋，在地震作用引起巨大的拉—压荷载作用下，不仅早已屈服，而且还承受了疲劳作用，但仍未断裂而保持了作为逃生通道楼梯板的完整，从而挽救了很多人的生命(如图 2-3*b* 所示)。

图 2-3 钢筋延性对破坏形态的影响

(*a*)软钢屈服后成为悬索继续受力；(*b*)软钢在反复荷载下不会断裂；
(*c*)冷轧带肋钢筋预应力圆孔板断裂；(*d*) 冷轧扭配筋楼梯板断裂

而强度高得多的属于“硬钢”的冷加工钢筋，则由于延性太差，断裂耗能很小而未能经受地震的考验而普遍断裂，造成了大量人员伤亡。图 2-3(*c*)所示是冷拔低碳钢丝和冷轧带肋钢筋配筋预应力圆孔板断裂引起的倒塌。图 2-3(*d*)所示是冷轧扭钢筋配筋楼梯板在地震作用引起拉—压荷载作用下的断裂，使灾害发生的当时逃生通道受阻。

盲目追求“强度”而忽视“延性”，钢筋断裂造成构件解体和结构倒塌的破坏形态，这种沉痛的教训应该记取。这是高强钢筋推广应用中特别应该注意的问题。关于钢筋的延性和耗能特性，以及对构件破坏形态的影响，将成为今后混凝土结构理论研究的重要内容之一。

2.1.3 耐久性要求

1. 钢筋直径的影响

钢筋的锈蚀由表及里，直径粗的钢筋锈蚀的影响相对较小，而细钢筋对锈蚀的敏感程度就大得多。这不仅是因为腐蚀截面面积相对减小，还由于蚀坑造成了应力集中，此外腐蚀还会引起钢筋性能退化——延性变差，容易脆断。因此细直径的预应力钢丝耐久性不良。钢绞线尽管公称直径较大，但也是由细钢丝捻绞而成的，因此耐久性也不好。

2. 成型工艺的影响

热轧钢筋的表面光滑、致密，不易长锈且耐久性较好。淬水余热处理的高强钢筋(RRB)和各种冷加工钢筋，由于钢筋表面金相结构的变化，特别容易长锈、腐蚀，耐久性不良。

3. 应力腐蚀的影响

钢筋的应力状态也影响其耐久性，处于高应力状态下的钢筋容易长锈，这种现象称为“应力腐蚀”。始终处于高应力状态下的预应力钢筋，比一般钢筋更容易生锈，耐久性不良。因此预应力筋需要更好地做好灌浆、密封等防护。

2.2 锚固与连接的要求

2.2.1 锚固要求

混凝土结构中钢筋能够受力，是由于其与混凝土之间的粘结—锚固。钢筋通过与握裹层混凝土的胶结、摩阻、咬合作用而协调变形、共同受力，这是钢筋混凝土结构承载受力的基础。粘结—锚固性能不仅决定了钢筋的锚固长度，还对混凝土的裂缝形态产生重大影响。除锚固条件以外，钢筋的外形决定了其与混凝土咬合齿的作用，对其锚固性能有着重大的影响。

钢筋端部没有应力，受力钢筋需要通过与混凝土的粘结—锚固作用才能建立起应力。建立承载所需应力的长度称为钢筋的锚固长度。高强钢筋的工作应力高，因此对于钢筋锚固提出了更高的要求。根据受力性能的要求，钢筋的锚固长度有以下三种：

(1) 临界锚固长度：钢筋达到屈服强度(屈服)而不发生锚固破坏的最小长度。

(2) 极限锚固长度：钢筋达到极限强度(拉断)而筋端仍未受力的最短长度。

(3) 设计锚固长度：设计计算时受力钢筋所需的锚固长度。由试验研究及可靠度分析而得，其数值大于临界锚固长度而小于极限锚固长度。设计时可以按基本锚固长度根据锚固条件乘修正系数而确定。

设计时，当计算钢筋的锚固长度不足时，可以在锚固钢筋的末端做成弯钩、弯折或加焊接锚板、螺栓锚板。利用筋端的局部挤压，增强钢筋的锚固作用，减小锚固长度。

2.2.2 连接要求

受钢筋轧制生产长度的限制，一般钢筋通常按直条交货。而建筑结构的尺度很大，因此施工时就不可避免地会产生钢筋连接的问题。目前，钢筋的连接基本有搭接、焊接与机械连接三类。钢筋的连接接头应该能够传力，但是其传递内力的性能总不如整体钢筋(性能退化)。而高强钢筋由于强度较高，对其连接技术提出了更高的要求。设计与施工时，应根据不同的连接形式，对高强钢筋连接提出相应的要求。

1. 搭接连接的搭接长度

互相搭接的受力钢筋通过与周边握裹层混凝土的锚固作用实现力的传递，因此搭接传力的机理与锚固类似，故搭接长度可由相应的锚固长度折算而求得。钢筋的搭接也与钢筋的外形有关，高强钢筋的搭接长度也会因为所需传递内力较大而增加。

2. 焊接连接的钢筋可焊性

钢筋的焊接连接通过焊接接头的熔融金属直接传力。钢筋的可焊性与钢材的含碳量有关：碳当量 0.55 以上的高碳钢不可焊，碳当量较大的钢筋也不容易保证焊接质量。此外，不同工艺生产的钢筋，焊接对其力学性能的影响也不同。例如，余热处理的高强钢筋(RRB)会在焊接中退火而强度降低；细晶粒轧制工艺的高强钢筋(HRBF)在焊接中可能对钢筋的性能会有影响；焊接还可能在接头区域造成温度应力；接头的焊接质量不容易保证；焊接质量的检查比较困难。尤其对强度较高的高强钢筋，更有较大的困难。

3. 机械连接的钢筋加工适应性

机械连接多在钢筋端头加工螺纹，通过拧入带螺纹的套筒，通过连接套筒实现传力；也有通过对套筒直接挤压，或注入灌浆料，通过连接套筒实现传力。钢筋的表层硬度会影响加工螺纹的难度，如余热处理的高强钢筋(RRB)，由于表面硬度高，将大大缩短螺纹加工设备滚丝轮的寿命。而钢筋的外形偏差(直径偏小、不圆度、错台)也都会影响加工螺纹的质量，降低施工适应性及传力性能。

2.3 质量要求

2.3.1 质量稳定性

1. 性能离散度

钢筋的力学性能以及其他性能不应该有很大的离散，质量波动太大的钢筋很难控制施工质量。一般规模生产的钢筋质量比较稳定；小批量生产的钢筋质量较差；作坊式生产的钢筋离散度很大，质量最差。近年由于原材料涨价，大型钢铁企业多转产管材、板材等较高附加值的产品，而作为线材的钢筋，生产向低档企业转移，对钢筋的质量与性能控制造成了不利影响。

2. 重量及外形偏差

目前用于工程的钢筋重量偏差太大，且均为负偏差。钢铁企业普遍按负公差轧制钢筋，造成钢筋承载面积减小。这种钢筋不利于结构的安全，而且会影响机械连接的加工质量和传力性能。

钢筋的不圆度(椭圆)、错台(错半圆)等外形偏差，都会影响机械连接的螺纹加工和传力性能；变形钢筋的横肋、齿槽的形状偏差也会影响钢筋的粘结锚固性能。

3. 加工时效

钢筋冷加工或热处理以后，其力学性能会随时间而变化。钢筋性能随时间而发生变化的现象称为钢筋的“加工时效”。时效甚至还可能造成钢筋断裂的危险后果而影响结构的安全，因此必须加以控制。

4. 品牌真实性

化学成分和轧制工艺对钢筋性能的影响极大，表现为不同的钢筋牌号性能的差异。市场经济条件下追求利润，混淆牌号以次充好的现象时有发生。牌号“名不符实”而丧失品牌钢筋应有的实际性能，一方面会引起施工不便，另一方面更可能造成结构隐患，影响安全。

2.3.2 施工适应性

1. 识别标志

与传统钢筋外形单一的情况不同，目前普通的月牙肋钢筋有三种品牌(HRB、HRBF、RRB)，三种强度等级(335MPa、400MPa、500MPa)，在施工现场极容易发生混料错批的事故。钢筋上牌号及强度等级标志(字母或符号)不明显，往往造成上述错误。如果以钢筋纵肋的数量(二条、一条、无)标志品牌，月牙状横肋的旋向(左旋、右旋、交叉旋)标志强度等级，就可以很容易地加以区别。这将大大方便施工现场的识别，减少可能发生的差错。

2. 供货状态

直径不大于14mm的细直径钢筋可以按盘卷交货，需要在应用前加工调直。直条供货的钢筋在现场切断加工，就会造成余料。都增加了现场的施工工作量。如果钢筋按设计的要求，预先定长切断、弯折，做成钢筋半成品，就可减少现场的施工量。进一步在预制厂里做成焊接网片、箍筋，则现场施工将更加方便。建立钢筋专业加工配送中心，按设计配筋在受力较小处分解为钢筋的预制构件，在配送中心做成预制骨架，运输到现场后原位装配一连接，这种供货形式是未来钢筋供应及施工的最佳形式。

3. 调直性能

以盘卷形式供货的细钢筋，需机械调直或冷拉调直。利用钢筋余料闪光对焊接长以后的钢筋，也必须通过冷拉进行调直。冷拉调直超过屈服强度，会造成力学性能的变化而降低钢筋的延性，应该加以控制。

4. 弯曲性能

钢筋施工时须弯曲加工，故应通过一定弯弧内径的弯曲试验。某些钢筋(例如箍筋)在施工时还有可能调整形状，作反复弯曲。因此，还应满足反复试验的要求。延性较差的高强钢筋往往在施工阶段由于弯曲或反复弯曲发生裂缝甚至断裂，施工适应性较差。图2-4所示为两种不同高强钢筋弯曲性能的比较。400MPa级和500MPa级钢筋从直角弯折后反弯时，弯曲性能结果大不相同：400MPa级钢筋仍然完好(如图2-4*a*所示)；而更高强的500MPa级钢筋延性较差，形成裂缝并造成断裂(如图2-4*b*所示)。

(*a*)

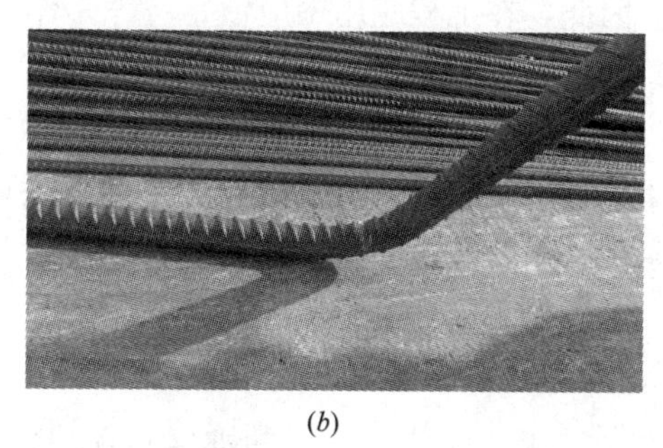

(*b*)

图2-4　高强钢筋反复弯折后的不同反应

(*a*)400MPa级钢筋直角弯折后反弯完好；(*b*)500MPa级钢筋直角弯折后反弯裂缝-断裂

2.4　经济性的要求

钢筋的经济性表现为其性能价格比，通常为强度价格比，即每元经费能够买到单位质量钢筋的设计强度，其单位为kg·MPa/元。图2-5(*a*)所示为我国近年普通钢筋的强度价格比；图2-5(*b*)所示为预应力筋的强度价格比。从图中的变化趋势可以明显看出：高强钢筋具有较好的经济性。

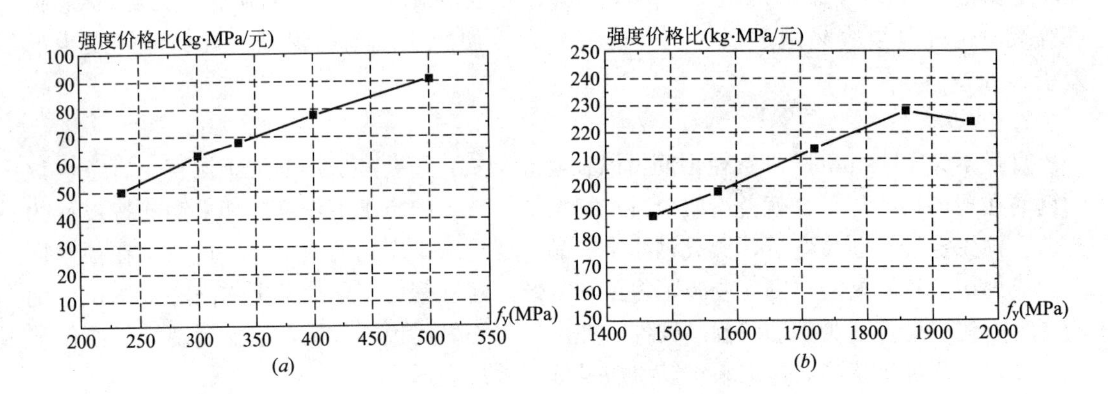

图 2-5 钢筋的强度价格比

(a)普通钢筋；(b)预应力筋

目前在推广高强钢筋的形势下，盲目追求钢筋高强度和相应经济利益的现象比较普遍。但是不顾其他性能(特别是延性)的倾向可能会引起各种问题，并留下安全隐患。作为结构技术人员对此应该有清醒的认识。对于混凝土结构用钢筋而言，高强、延性、施工适应性和经济性的综合性能，才是结构设计时钢筋优选的目标。

2.5 高强钢筋的性能与选用

提高钢筋强度有不同的途径，不同品牌的高强钢筋性能差别很大，影响其性能有各种因素。因此，在工程应用中应慎重考虑，作出科学、合理的选择。

2.5.1 材料组成成分的影响

1. 碳含量的影响

早期普通热轧钢筋材料的成分主要是铁(Fe)和碳(C)。235MPa 级的低碳钢钢筋强度低而延性特别好。随着含碳量的增加，强度提高而延性、可焊性、施工适应性急剧降低。因此，高碳钢不能作为钢筋的材料。

2. 合金化的影响

采用合金化方法可以提高强度，保留一定的延性，改善钢筋的综合性能。根据我国的资源情况，经多年探索，加入 2%的锰(Mn)和硅(Si)以后，20MnSi 钢筋强度提高到 335MPa，同时保留了较好的延性。此即在我国长期大量应用的 HRB335 热轧月牙肋钢筋。

3. 微量元素的影响

根据我国的资源情况，进一步在 20MnSi 钢筋中加入 0.04%的稀有元素钒(V)以后，20MnSiV 钢筋的强度提高为 400MPa，同时也保留了较好的延性。如果加入约 0.07%的钒(V)，则强度还可以进一步提高到 500MPa。如果加入钛(Ti)或铌(Nb)，则 20MnSiTi、20MnSiNb 也有同样的效果。这就是生产高强钢筋 HRB400、HRB500 的基本方法。但是随着强度的提高，钢筋的延性也逐渐降低。

2.5.2 生产工艺的影响

1. 轧制工艺的影响

除材料的组成成分(各种元素的含量)之外，碳及上述合金元素在材料中的分布(金相结构)对于钢筋性能的影响极大，而其又取决于钢筋的轧制成形工艺。一般情况下，轧制钢筋表层的强度高而延性差，反之亦然。因此同样材质的细钢筋强度比较高但延性差，而粗钢筋的强度就相对比较低，但延性较好。

2. 微合金热轧钢筋(HRB)

普通低碳钢材料组织为细密、均匀的铁素体和珠光体(如图 2-6*a* 所示)，可以通过轧制的方法将低碳钢筋的强度提高到 300MPa，而想继续提高钢筋强度，就必须采取其他的方法。普通热轧钢筋加入钒(V)、钛(Ti)或铌(Nb)合金元素以后强度提高，可用于生产 HRB400、HRB500 高强钢筋，仍保持了很好的延性。其弯曲性能、焊接性能、机械连接的加工能力、施工适应性等都很优良。生产 HRB 微合金化高强钢材，由于需加合金元素，其生产成本较高，同时将消耗宝贵的钒、钛、铌资源材料。我国的承德钢厂、攀枝花钢厂，其铁矿石中就含有钒、钛或铌元素，因此其生产成本较低。

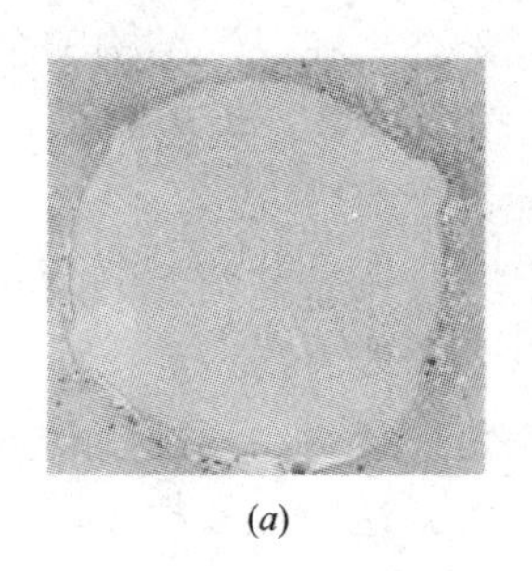
(*a*)

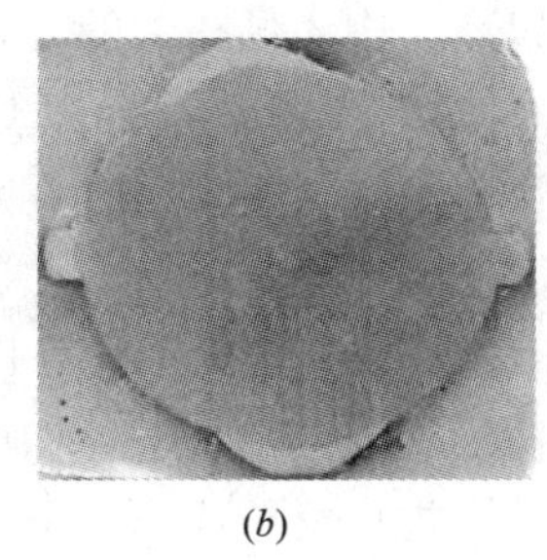
(*b*)

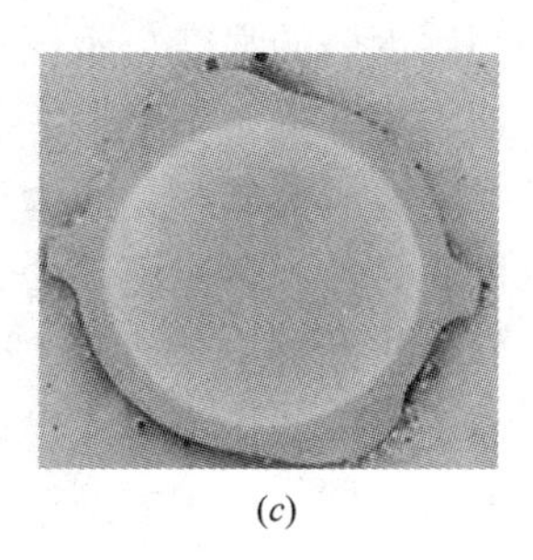
(*c*)

图 2-6 不同品牌钢筋的金相结构

(*a*)HRB 合金化；(*b*)HRBF 细晶粒；(*c*)RRB 余热处理

3. 细晶粒钢筋(HRBF)

利用钢筋冷却过程中的细晶粒状态，控温并加大轧制力度，使钢筋除表层局部为硬化的马氏体外，截面基本保持为铁素体和珠光体(如图 2-6*b* 所示)，生产的钢筋为细晶粒高强钢筋，牌号为 HRBF400、HRBF500。细晶粒钢筋的生产需要专用轧制设备和较高的工艺水平，其生产成本总体上低于微合金热轧钢筋，并可节约稀土元素。细晶粒钢筋强度提高，延性也较好，性能接近微合金化高强钢筋。但焊接(回火)可能引起金相结构以及钢筋性能的变化(强度降低)；施工适应性也稍差。其综合性能介于微合金化钢筋与余热处理钢筋之间。

4. 余热处理钢筋(RRB)

在钢筋轧制后期，通过淬水使表层强化以提高强度。然后利用芯部散出的余热对钢筋表层进行回火处理，以恢复部分延性。生产的钢筋为余热处理高强钢筋，牌号为 RRB400、RRB500。采用这种方法生产的高强钢筋成本最低。但是余热处理钢筋表层为硬化的马氏体(如图 2-6*c* 所示)，钢筋强度提高，但延性降低较多。此外，余热处理钢筋的冷弯性能变差，难以焊接且焊接时由于回火而导致强度降低，在钢筋机械连接需要加工螺纹时，由于表层硬化受到影响。由于延性较差的影响，总体上施工适应性较差。

5. 轧制外形的影响

我国普通钢筋的外形有两种：光面钢筋和月牙肋钢筋。光面钢筋的锚固性能太差，用作受力钢筋时末端必须加弯钩，而且裂缝控制性能也不好。国外多已将其淘汰，我国也准备在适当的时候淘汰。月牙肋钢筋的锚固性能较好，但是部分钢材轧制成横肋，基圆面积率为 0.94 左右，真正的承载受力面积比公称截面积减小 6%。应用时应注意这种差别。

6. 提高强度的其他工艺方法

高碳钢筋经过热处理可以得到强度很高但保留了一定伸长率的钢筋，预应力钢丝大多采用这种热处理的工艺生产。预应力钢绞线由其念绞而成，因此具有相同的性质。

通过冷加工(冷拉、冷拔、冷轧、冷扭、冷镦等)方法，改变钢筋的直径和长度，成为各种外形的冷加工钢筋(或钢丝)，可以提高强度，但延性大幅度降低，成为“硬钢”而容易发生脆性断裂，施工适应性也变差。

2.5.3 高强钢筋的选用

1. 钢筋强度与延性的适当选择

混凝土结构中的钢筋，应根据应用结构的部位、构件的作用、受力的主辅，科学地选择，合理利用钢筋的强度与延性，以高、中、低搭配的方式配筋。在保证结构安全的条件下尽可能地物尽其用，节约材料。钢筋的应用并不是强度越高越好，因为高强钢筋延性差；也不是延性越大越好，因为延性钢筋消耗宝贵的合金元素，价格较高。

在以承载力控制进行配筋的情况下，如高层建筑的柱、大柱网公共建筑的梁和柱，其配筋采用延性较好的 HRB500、HRB400 的高强钢筋，可以有效地节约钢筋用量，改善结构性能。而在以构造措施方式进行截面配筋的情况下，如小跨度楼板、小高层的剪力墙等的配筋，如果采用 500MPa 级钢筋就会提高材料成本，钢筋的高性能也发挥不出来。在这种条件下，最宜采用 300MPa 级钢筋。在无需考虑构件延性的情况下，如地下的基础筏板，采用余热处理的 RRB500、RRB400 时，就可有效降低材料成本。

低强、低延性的低成本钢筋，也有其适当应用的场合。因此在混凝土结构的设计与施工中，应对钢筋从强度与延性等方面做到“物尽其用”。对于强度为 300MPa 级的钢筋，急需增加 HRB300 带肋钢筋这一新牌号。HRB300 钢筋特别适用于小跨度楼板、小高层剪力墙、多层—低层住宅、农村房舍的配筋，也特别适合于结构的构造筋、架立筋、分布筋等辅助配筋。

此外，将来还应该继续扩大预应力钢筋的用量，以改善结构的抗裂性能。

2. 考虑钢筋的锚固与连接性能

混凝土结构中应普遍采用带肋钢筋，以改善钢筋与混凝土的锚固和裂缝控制性能。光圆钢筋 HPB300 只宜用作焊接网和箍筋，用于受力配筋就必须在端部增加弯钩；作为构造配筋将降低混凝土的裂缝控制能力。因此用 HRB300 月牙肋钢筋代替 HPB300 光圆钢筋，将进一步节约钢筋。

对于粗钢筋，特别是大直径的高强钢筋不宜搭接连接，因为采用搭接将造成搭接长度过长，导致钢筋材料的浪费，同时对混凝土施工与结构受力都不利。大直径的高强钢筋难以保证质量，因此也不宜采用焊接。而小直径钢筋，则可以采用搭接，因为采用机械连接，就会增加成本。

在选择结构用钢筋时，锚固与连接性能也是必须考虑的因素。

3. 满足钢筋的施工适应性

钢筋的强度越高，延性就越差。强度高、延性差的钢筋难以加工：冷弯或反复弯曲时易产生裂缝，发生断裂。而且钢筋的产品质量稳定性不易保证；施工适应性比较差。延性好的钢筋，则施工适应性较好。设计进行配筋选择时，应考虑满足施工的技术水平及实际条件。

4. 应用钢筋的经济性

混凝土结构用钢筋并非强度—延性和综合性能越高越好，还应考虑价格和环保的因素。应努力做到“精打细算，物尽其用”，避免片面追求高强—高性能而造成不必要的浪费。

本章参考文献

［1］ 陈肇元. 要大幅度提高建筑结构设计的安全度. 建筑结构，1999，(1).

［2］ 徐有邻. 采用高强材料提高混凝土结构安全度的建议. 建筑科学，1999，(5).

［3］ 徐有邻. 混凝土结构用钢筋的合理选择. 建筑结构，2000，(7).

［4］ 徐有邻，周氏. 混凝土结构设计规范理解与应用. 北京：中国建筑工业出版社，2002.

［5］ 徐有邻. 汶川地震震害调查及对结构安全的反思. 北京：中国建筑工业出版社，2009.

［6］ 徐有邻，白生翔. 热轧带肋高强钢筋在混凝土结构中应用技术导则. 北京：中国建筑工业出版社，2010.

第3章 高强钢筋应用相关标准规范

3.1 设计规范

经过长期的实验研究及试点工程应用，新版《混凝土结构设计规范》GB 50010—2010中强调高强钢筋的应用，并作为本次规范修订工作的主要内容。在建筑行业中积极推广应用高强钢筋是贯彻建设领域“四节一环保”技术政策、落实“节能减排”国家可持续发展基本国策的一个重要方面。在本次修订中，对于高强钢筋提出了“优先使用400MPa级钢筋，积极推广500MPa级钢筋，用HPB300级钢筋取代HPB235级钢筋，逐步限制、淘汰335MPa级钢筋”的原则。

根据这一原则，本次规范修订中，新增加500MPa级高强钢筋；确定400MPa级高强钢筋作为混凝土结构的主力配筋；以400MPa级、500MPa级高强钢筋替代HRB335钢筋；并以HPB300钢筋取代HPB235钢筋。这就实现了钢筋应用技术的升级换代。

通过多年实验研究及工程实践，在《热轧带肋高强钢筋在混凝土结构中应用技术导则》RISN-TG007-2009的基础上，规范修订中增加了有关500MPa级高强钢筋的内容，主要为：混凝土结构构件的配筋选用要求；500MPa级高强钢筋的设计参数取值；正常使用极限状态验算荷载组合的变化；受弯构件裂缝宽度与刚度计算的改变；钢筋的锚固—连接措施；结构抗震设计对抗震钢筋性能的要求等。通过上述修订，500MPa级高强钢筋应用的主要障碍已经解决。

3.1.1 混凝土结构构件配筋选用要求

在《混凝土结构设计规范》GB 50010—2010 4.2.1条中提出了混凝土结构的普通钢筋的选用要求，如下：

纵向受力普通钢筋宜采用HRB400、HRB500、HRBF400、HRBF500钢筋，也可采用HPB300、HRB335、HRBF335、RRB400钢筋；

梁、柱纵向受力普通钢筋应采用HRB400、HRB500、HRBF400、HRBF500钢筋；

箍筋宜采用HRB400、HRBF400、HPB300、HRB500、HRBF500钢筋，也可采用HRB335、HRBF335钢筋。

这里对《混凝土结构设计规范》GB 50010—2010的规定进行解释：规范明确以微合金或细晶粒的400MPa级、500MPa级的HRB400、HRB500、HRBF400、HRBF500钢筋作为主力配筋，在一般中“宜采用”，而在梁柱中则为“应采用”，加大了推广、应用的力度。同时，将HPB300、HRB335、HRBF335、RRB400钢筋定位为“也可采用”的范围。这是因为必要的辅助配筋还是需要这类钢筋，采用高强钢筋发挥不了其高强—高性能，反而会造成浪费。同样，箍筋施工时必须弯折，需要一定的延性。故应优先采用微合金、细晶粒和低碳钢的HRB400、HRBF400、HPB300钢筋。高强但延性较差的HRB500、

HRBF500 钢筋排序反而在后，只宜用于螺旋配置的约束箍筋。在 HPB300 光圆钢筋未被 HRB300 月牙肋钢筋取代之前，保留 HRB335 钢筋，以满足工程结构对这类辅助配筋的要求。

以下为对混凝土结构中，普通钢筋选用的具体要求进行更为详细的解释。

1. 纵向受力钢筋

将 400MPa 级、500MPa 级高强钢筋用作大跨、重载结构(如大型公共建筑、高层建筑等)的梁、柱、杆类构件的纵向受力钢筋。而 300MPa 级或 400MPa 级钢筋可以用作轻载结构(如低层—多层住宅、农房等)以及面状构件(板、墙、壳等)的受力钢筋。

2. 延性配筋

微合金钢筋(HRB)及细晶粒钢筋(HRBF)在结构配筋设计中可以进行塑性内力重分布设计或弹塑性分析的设计。

带后缀“E”的为有抗震性能要求的钢筋，可以作为抗震钢筋使用。

3. 基础配筋

余热处理钢筋(RRB400)可用作基础或大体积混凝土等对结构延性要求不高的混凝土构件的配筋。

4. 次要配筋

余热处理钢筋(RRB400)及 HPB300、HRB335、HRBF335 钢筋可用于受力较小构件的钢筋或辅助配筋，如过梁、圈梁、构造柱、低层—多层住宅、农房等的配筋。

5. 横向钢筋

梁中的弯筋选用原则同纵向受力钢筋。

箍筋施工时有弯曲要求，可选用延性较好的 300MPa 级、400MPa 级钢筋。500MPa 级高强钢筋不宜反复弯折(特别在钢筋绑扎中不能再打开 135°弯钩)，用作箍筋时宜用作约束作用的连续螺旋配箍或一笔画箍。

用于局部受压区域的约束配筋可选用 400MPa 级、500MPa 级高强钢筋的网片。

6. 构造钢筋

架立筋：余热处理 RRB400 钢筋或 HPB300、HRB335、HRBF335 钢筋。

分布筋：小直径的 RRB400 钢筋及 HPB300、HRB335、HRBF335 钢筋。

防裂筋：小直径的 RRB400 钢筋及 HPB300、HRB335、HRBF335 钢筋。

7. 淘汰钢筋

刻痕钢丝、HPB235 钢筋，已经不能适应建筑用钢筋发展的需要，将与国际接轨而予以淘汰，由更适用的钢筋替代而不再列入设计规范。

月牙肋 HRB335、HRBF335 可以先淘汰直径 16mm 及以上的钢筋而保留直径 14mm 及以下的盘卷状细钢筋，用作辅助钢筋及构造配筋。待钢筋标准列入 HRB300 钢筋以后，再行淘汰。

8. 合理的钢筋消耗

经对各类建筑与不同结构体系进行的综合分析，在建筑工程中合理的钢筋应用比例约为：强度等级 300MPa 级钢筋约为 20%(目前包括 HRB335、HRBF335 钢筋，将来为 HRB300 热轧带肋钢筋)；400MPa 级高强钢筋约为 60%；500MPa 级高强钢筋约为 20%。另加一定数量的钢筋网片与预应力筋。

各强度等级钢筋的合理应用比例，是针对建筑工程中各类建筑与结构体系的平均数，具体项目的比例应根据建筑类型、结构体系、受力大小而定。大城市和沿海发达地区的大型公共建筑和高层建筑较多，则高强钢筋应用比例增加；而欠发达地区和村镇的住宅、农房相对较多，高强钢筋应用比例则将相应降低。此外，高烈度地震区对有抗震性能要求的钢筋应用比例会有较大的增加。因此，在推广、应用高强钢筋时，应该因地制宜而不能一律强求确定的比例。

要实现各强度等级钢筋的合理应用比例，首先就要求钢铁行业在淘汰235MPa级钢筋的同时，增加HRB300热轧带肋钢筋。使我国建筑用普通钢筋真正形成300MPa级、400MPa级、500MPa级的完整系列，并对该三个等级的热轧带肋钢筋能均衡生产，并保证充分的市场供应。

其次要求建筑设计技术人员能坚持科学、合理地选择和应用高强钢筋，做到应用钢筋的强度等级高、中、低兼顾；延性好、中、差都有。真正做到“物尽其用，各得其所”。

最后要求施工企业树立绿色施工的理念。积极配合设计，从钢筋采购、钢筋验收与质量控制、钢筋的加工等方面做好高强钢筋的推广与应用工作。

3.1.2 钢筋的强度设计参数

1. 钢筋强度类型及关系

(1) 强度实测值：由钢筋试件试验的实测力值除公称截面积计算而得，通常以其平均值 f_m 表达。

(2) 强度标准值：普通钢筋(软钢)以屈服强度标准值标志强度等级。预应力筋(硬钢)由极限强度标准值作为强度等级的标志。由强度的平均值 f_m 及离差(变异系数 δ)可以确定具有95%保证率的强度标准值 f_k。

$$f_k=f_m(1-1.645\delta) \tag{3-1}$$

式中 δ——变异系数。

(3) 强度设计值：考虑必要的安全储备，强度标准值再除以钢筋的材料分项系数 γ_s 就可以得到强度设计值 f。

$$f=f_k/\gamma_s \tag{3-2}$$

式中 γ_s——材料分项系数，软钢1.10(其中500MPa级高强钢筋延性较差，取为1.15)；硬钢则取1.2以上。

2. 钢筋的抗拉强度

钢筋按受力阶段的不同，有屈服强度和极限强度两种。

(1) 屈服强度

强度标准值用于使用状态验算；强度设计值用于承载力计算。普通钢筋取屈服台阶应力，标准值 f_{yk} 及设计值 f_y 在规范表中均有表达。

(2) 极限强度

钢筋断裂前相应于最大拉力(断裂)的应力，用于进行结构防连续倒塌验算。普通钢筋的极限强度标准值 f_{stk} 在规范表中均有表达。

应说明的是，用作受剪、受扭、受冲切箍筋的承载力计算时，钢筋强度设计值 f_{yv} 不应大于360MPa。当用作约束配箍时，则箍筋的强度设计值不限。此外，不同强度等级的钢筋，承载力计算时各自取设计强度。因为无论钢筋强度等级高低，承载力极限形态时，先后均能达到屈服。

3. 钢筋的抗压强度

无法用试验测定钢筋的抗压强度。通常考虑钢筋与混凝土协调变形，取混凝土极限变形相应的应变值 0.002，按协调变形条件乘以钢筋的弹性模量，确定钢筋的抗压强度不超过 400MPa。但是，考虑构件中混凝土受到的约束作用，极限应变也将有所提高，故对 500MPa 级高强钢筋的抗压强度设计值取为 410MPa。不排除将来进一步研究以后，对 500MPa 级高强钢筋的抗压强度设计值再作适当的调整。

4. 钢筋强度的设计参数

《混凝土结构设计规范》GB 50010—2010 的第 4.2.2 条规定：普通钢筋的强度标准值应具有不小于 95%的保证率。

普通钢筋的屈服强度标准值 f_{yk}、极限强度标准值 f_{stk}应按表 3-1(《混凝土结构设计规范》GB 50010—2010 表 4.2.2-1)采用。

普通钢筋强度标准值(N/mm²) **表 3-1**

种类	符号	公称直径 d(mm)	屈服强度 f_{yk}	抗拉强度 f_{stk}
HPB300	Φ	6～22	300	420
HRB335、HRBF335	Φ	6～50	335	455
HRB400、HRBF400、RRB400	Φ	6～50	400	540
HRB500、HRBF500	Φ	6～50	500	630

《混凝土结构设计规范》GB 50010—2010 的第 4.2.3 条规定：普通钢筋的抗拉强度设计值 f_y、抗压强度设计值 f'_y应按表 3-2(《混凝土结构设计规范》GB 50010—2010 表 4.2.3-1)采用。

普通钢筋强度设计值(N/mm²) **表 3-2**

种类	f_y	f'_y
HPB300	270	270
HRB335、HRBF335	300	300
HRB400、HRBF400、RRB400	360	360
HRB500、HRBF500、RRB500	435	410

当构件中配有不同种类的钢筋时，每种钢筋应采用各自的强度计算值。横向钢筋的抗拉强度设计值 f_y 应按表 3-2 中 f_y 的数值采用；当用作受剪、受扭、受冲切承载力计算时，其数值大于 360N/mm² 时应取 360N/mm²。

上述《混凝土结构设计规范》GB 50010—2010 规定确定了两个问题：

不同种类钢筋配筋时，取各自的强度计算值进行承载力计算。因为无论钢筋屈服强度是否高低不同，在承载能力极限形态的大变形情况下，先后都能够达到屈服强度。

《混凝土结构设计规范》GB 50010—2010 对承受横向剪力的情况。由于剪应力过高时，相应的钢筋应变太大，引起很宽的斜裂缝，且受剪破坏属于非延性性质，应该严加控制。因此，《混凝土结构设计规范》GB 50010—2010 规定其强度计算值不大于 360N/mm²。故 500MPa 级高强钢筋不宜用作箍筋。但是对于用作围箍—约束的横向钢筋，高强度可以发挥，高强钢筋的强度计算值不受此规定的限制，高强度的优势可以得到发挥。

3.1.3 钢筋的变形参数及延性指标

1. 弹性模量

普通钢筋在屈服之前呈很好的线性变形特性，这个线性特征就是钢筋的弹性模量。各种钢筋的弹性模量相差不大，其数值稳定在 $2\times10^5 N/mm^2$ 左右。

《混凝土结构设计规范》GB 50010—2010 的第 4.2.5 条规定：普通钢筋的弹性模量 E_s 应按表 3-3(《混凝土结构设计规范》GB 50010—2010 表 4.2.5)采用。

钢筋的弹性模量($\times10^5$ N/mm^2) **表 3-3**

种类	弹性模量 E_s
HPB300 钢筋	2.10
HRB335、HRB400、HRB500 钢筋 HRBF335、HRBF400、HRBF500 钢筋 RRB400 钢筋 预应力螺纹钢筋	2.00
消除应力钢丝、中强度预应力钢丝	2.05
钢绞线	1.95

注：必要时采用实测的弹性模量。

这里还有两个问题需要说明：钢筋的弹性模量实测值和其非线性变形。

(1) 钢筋的弹性模量实测值

应该说明的是，《混凝土结构设计规范》GB 50010—2010 表 4.2.5 所列的是弹性模量的平均值而非其他特征值(标准值或计算值)。此外，由于钢筋的基圆面积率小于 1(月牙肋钢筋为 0.94 左右)，实际受力面积小于公称截面积；生产钢筋有偏差(一般都是负偏差，最大可达−6%)；冷拉调直时，伸长(允许 1%～4%)造成的面积缩小，实际钢筋的弹性模量可能因为面积削弱较多而小于材料的弹性模量，且数值很不稳定。因此《混凝土结构设计规范》GB 50010—2010 表 4.2.5 特地加注表达：当有必要时，可以采用实测的方法确定钢筋真正的变形参数—实测弹性模量。

(2) 钢筋的非线性变形

还应该说明：普通钢筋屈服以后，应力增长减缓而应变大幅度增加。弹性模量已不复存在。钢筋受力后期的变形参数逐渐减小，应力—应变关系呈复杂变化的趋势，在《混凝土结构设计规范》GB 50010—2010 附录中用本构关系曲线表达。因此从钢筋受力的全过程而言，弹性模量只是其受力早期的一个变形参数特征值。

2. 钢筋的延性

钢筋的延性表现为两个指标：最大力下的总伸长率和强屈比。

(1) 最大力下的总伸长率(均匀伸长率)

由于传统钢筋的断口伸长率只反映颈缩—断裂局部区域的残余变形，不是钢筋延性的真正代表。国内外工程界已普遍改用均匀伸长率(δ_{gt})作为描述钢筋延性的指标。为保证结构安全，本次《混凝土结构设计规范》GB 50010—2010 修订首次明确提出钢筋均匀伸长率(δ_{gt})的指标。《混凝土结构设计规范》GB 50010—2010 第 4.2.4 条规定：普通钢筋在最大力下的总伸长率 δ_{gt}不应小于表 4.2.4 规定的数值。表 3-4 中第 5 列还增加了《混凝土结构设计规范》GB 50010—2010 第 11.2.3 条第 3 款的抗震钢筋最大力下的总伸长率的要求，在此作一并表达。

普通钢筋在最大力下的总伸长率限值　　表 3-4

钢筋品种	HPB 光面钢筋	HRB/HRBF 带肋钢筋	RRB 带肋钢筋	HRB-E/HRBF-E 抗震钢筋
δ_{gt}(%)	10.0	7.5	5.0	9.0

应该指出的是：钢筋的均匀伸长率即其极限应变，在钢筋标准中称为最大力下总伸长率 A_{gt}。《混凝土结构设计规范》GB 50010—2010 要求的均匀伸长率指标(即最低限值)，与相应的钢筋产品标准及国外规范基本相同。高强钢筋在一般情况下都能达到，并有相当的裕量。

由于微合金化(HRB)和细晶粒(HRBF)的强度钢筋具有较好的延性和足够的变形能力，因此可以根据《混凝土结构设计规范》GB 50010—2010 第 5.4 节的规定，进行混凝土连续梁和连续板的塑性内力重分布的分析和计算，而带后缀“E”的钢筋，具有更高的延性，其均匀伸长率不小于 9.0%，因此可以作为抗震钢筋，应用于结构的重要受力部位。

(2) 强屈比

钢筋拉断时的极限状态与屈服状态力学参量的比值称为强屈比，其反映了从屈服到断裂之前破坏过程的长短。因此，强屈比是钢筋延性与安全储备的重要指标。热轧钢筋(软钢)的强屈比很大，随着强度的提高，高强钢筋的强屈比减小，而硬钢往往会发生无预兆的脆性断裂破坏，对构件受力和结构安全十分不利。一般强屈比指极限强度与屈服强度的比值，实际变形和耗能的强屈比相差更大。

《混凝土结构设计规范》GB 50010—2010 在第 11.2.3 条第 1 款和第 2 款中，提出了对抗震钢筋实测强屈比的要求与超强比的限制的要求：对强屈比(抗拉强度实测值与屈服强度实测值的比值)不应小于 1.25，超强比(屈服强度的实测值与标准值的比值)不应大于 1.3。规定强屈比与超强比的目的也是为了保证在重要的结构构件中钢筋有必要的延性以能够实现梁端的塑性铰机能，保证梁端的塑性铰不延迟出现，避免断裂、倒塌现象的发生。

3.1.4 钢筋的本构关系及弹塑性分析

1. 钢筋的变形性能

实际工程中应用的普通钢筋，在受力以后经历了弹性、屈服、强化、断裂几个受力阶段。即使在承载力极限状态相应的钢筋屈服以后，到最大力(极限承载力)及断裂之前，还有很长的强化阶段。因此，在钢筋受力的后期，变形模量都会逐渐减小(割线模量)，处于非线性的状态。

2. 结构的弹塑性分析

经典的传统设计将普通钢筋视为理想的弹塑性材料，屈服前为服从弹性模量的理想线性变形；屈服后则为理想塑性，应力为屈服强度而变形无限扩展。这种近似假定虽然简化了计算，但造成较大偏差，而且不能反映构件后期受力状态。为了克服传统设计的局限，发掘延性钢筋后期强度的潜力，可以对混凝土结构进行弹塑性非线性分析。对混凝土结构进行防连续倒塌设计时，也要依靠应用弹塑性非线性分析方法。

3. 本构关系的意义

为解决近代复杂结构及特殊作用下的结构分析问题，多要采用弹塑性的非线性分析方法。而材料的本构关系(应力—应变曲线)是解决结构分析的三大基本方程(内力平衡、变形协调、本构关系)中不可缺少的条件之一。对混凝土结构而言，就必然要用到结构材料(包括钢筋)更准确的应力—应变关系。运用比较复杂的非线性本构关系进行分析计算，这也是混凝土结构不同于其他材料结构的重要特点。修订《混凝土结构设计规范》的附录中就给出了建议的钢筋本构关系。

有了钢筋的本构关系和弹塑性非线性分析方法，高强钢筋的高强度和后期受力性能将得到更有效的发挥，有利于高强钢筋的推广、应用。

4. 钢筋的本构关系

钢筋的本构关系，即其应力—应变关系曲线，是依靠若干应力—应变的特征点来描述的。强度的特征值可为平均值、标准值或设计值，分别适用于不同的分析目的。平均值用于变形分析，标准值用于疲劳验算及防连续倒塌设计，强度设计值则用于承载力计算。各种强度值之间的关系前已有述，不再重复。

为适应弹—塑性分析的需要，在《混凝土结构设计规范》GB 50010—2010 的附录 C 第 C.1 节中，还以特征值的形式给出了钢筋本构关系的数学表达式和应力—应变曲线。《混凝土结构设计规范》GB 50010—2010 的第 C.1.1 条和第 C.1.2 条，对有屈服点的普通钢筋(软钢)，本构关系以“弹性段”、“屈服段”和“强化段”的三折线形式表达(如图 3-1*a* 所示)。其中控制的特征点为“屈服”、“强化”和“极限”，其数值均可由相应的强度及伸长率经计算确定，也可通过实测确定。对无屈服点钢筋(硬钢)，其本构关系以“弹性段”、“塑性段”的二折线形式表达(如图 3-1*b* 所示)。其中控制的特征点为“条件屈服”和“极限”，其数值可由相应的强度及伸长率经计算确定，或实测确定。

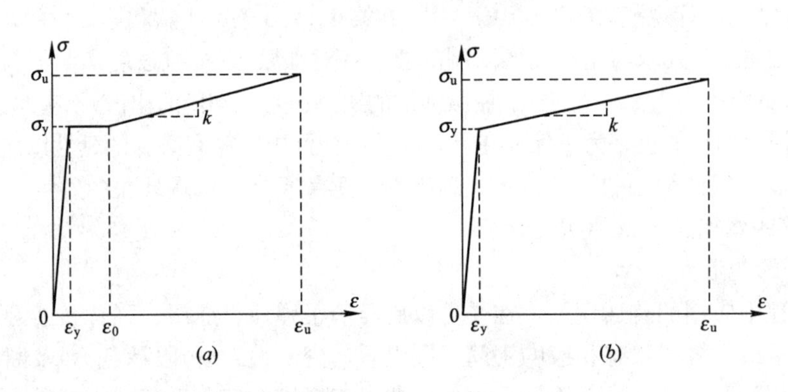

图 3-1　钢筋的本构曲线

(*a*)有屈服点钢筋；(*b*)无屈服点钢筋

考虑钢筋在反复加载情况下的包兴格效应，《混凝土结构设计规范》GB 50010—2010 附录的第 C.1.3 条还给出了钢筋在反复加载情况下的本构关系(应力—应变关系曲线方程及图形)。建议的钢筋卸载曲线为直线，并给出了钢筋反向再加载曲线的表达式。由于实际结构分析中很少应用，故不再详述。

3.1.5　高强钢筋混凝土构件的裂缝控制

1. 修订方案

本次《混凝土结构设计规范》GB 50010 修订采用高强钢筋，显著提高了构件的承载力，但这并不利于正常使用。钢筋并不因为强度提高而改变弹性模量，高应力带来的钢筋弹性伸长变形增大，引起了挠度和裂缝宽度加大的问题。这一问题已成为推广应用高强钢筋的最大障碍。因此配置高强钢筋的钢筋混凝土构件，其在受拉、受弯和偏心受压状态下的裂缝宽度验算，已成为本次修订的重点和必须解决的关键问题。为解决裂缝宽度的问题，曾经提出过五个修订方案。

方案一：放宽宽度限值

可以放宽裂缝控制，裂缝宽度限值由 0.3mm 改为 0.4mm。因为调查分析表明：横向受力裂缝对耐久性的影响实际并不太大，国外规范的裂缝宽度限值就比我国的规定宽松。但在本次《混凝土结构设计规范》GB 50010 修订的当时，国内房屋建筑各类裂缝问题的投诉太多，占消费者投诉的首位。尽管这些裂缝大多为间接裂缝，与受力裂缝完全不同，但一般群众并不理解。由于舆论压力太大，而且尚未进行足够多的工作而把握不大，故该方案未能实现。

方案二：降低使用荷载

某些国外规范(如欧洲规范等)对正常使用极限状态取荷载的准永久组合验算。故修订《混凝土结构设计规范》GB 50010 借鉴这种做法，按荷载准永久组合计算钢筋混凝土构件，以降低荷载效应及裂缝宽度的计算值。而对于预应力构件，由于裂缝控制不成问题，故仍取荷载的标准组合验算。当然，对同一正常使用极限状态取不同的荷载状态并不合理，有待今后《混凝土结构设计规范》GB 50010 修订继续完善。

方案三：改动公式的形式(大改)

可以改变构件裂缝宽度计算公式的形式，减小计算值以放宽裂缝控制。系统的试验研究表明：虽然试验实测的裂缝宽度偏小，但原《混凝土结构设计规范》GB 50010 公式反映影响裂缝宽度的因素以及变化规律，基本符合试验的结果。由于试验研究所得的影响参数及规律没有太大的变化，故计算公式没有必要作大的改动。而且无论是基本理论还是设计规范，也不宜经常改变，因此放弃了“大改”的方案。

方案四：变动公式的系数(中改)

也可以不改变计算公式的形式，而只调整计算公式中某些项的系数，以减小裂缝宽度计算值。原《混凝土结构设计规范》GB 50010 公式是 20 世纪 70、80 年代基于 235MPa 级、335MPa 级钢筋配筋构件的试验研究结果。现在混凝土结构的主力钢筋已提升为强度 400MPa、500MPa，应力水平大大提高了。实验分析表明：裂缝宽度并不随钢筋应力呈线性增长，而是渐趋缓和。故可以调整(减小)某些项的系数加以拟合，这是“中改”的方案。例如，计算公式中保护层厚度(C_s)项的系数，由 1.9 改为 1.6，也可以有较好的拟合效果。但是这种做法明显地改变了公式的形式，不到万不得已，尽量不改。

方案五：调整系数的取值(小改)

可以保留公式的形式完全不变，而只调整公式中某些系数的取值范围，这就是“小改”的方案。例如，将公式中的构件受力特征系数 α_{cr} 的取值作适当调整：受弯和偏心受压项的系数由 2.1 改为 1.9；1.7 改为 1.5，就足以将裂缝宽度的计算值减小 10%以上，同样也能与实验统计结果很好地吻合。这样，以最小的改动也解决了裂缝宽度控制的问题。

最终方案：方案二加方案五

在进行了大量的实验研究、分析对比、设计验算以后，本次《混凝土结构设计规范》

GB 50010 修订采用了第二方案加第五方案。两个方案并用的结果在设计和工程应用都表明：除高强的 500MPa 级钢筋在个别情况下受制于裂缝宽度以外，一般高强钢筋的应用已基本不成为问题。

2. 裂缝控制分级和验算荷载

根据《混凝土结构设计规范》GB 50010—2010 第 3.4.4 条和第 7.1.1 条的规定：结构构件正截面的受力裂缝控制分为三级，等级划分及要求应符合下列规定：

一级：严格要求不出现裂缝的预应力构件，按荷载标准组合计算时，构件受拉边缘混凝土不应产生拉应力，即由零应力控制：$\sigma_{ck}-\sigma_{pc}\leqslant 0$。

二级：一般要求不出现裂缝的预应力构件，按荷载标准组合计算时，预应力构件在荷载标准组合下，构件受拉边缘混凝土拉应力不应大于混凝土抗拉强度的标准值，即由抗拉强度控制：$\sigma_{ck}-\sigma_{pc}\leqslant f_{tk}$。

三级：允许出现裂缝的构件，对钢筋混凝土构件，按荷载准永久组合并考虑长期作用影响计算时，构件的最大裂缝宽度不应超过规定的最大裂缝宽度限值，即由最大裂缝宽度控制：$w_{max}\leqslant w_{lim}$。对预应力混凝土构件，按荷载标准组合并考虑长期作用影响计算时，构件的最大裂缝宽度不应超过规定的最大裂缝宽度限值(也由最大裂缝宽度控制：$w_{max}\leqslant w_{lim}$)。对二 a 类环境的预应力混凝土构件，尚应按荷载准永久组合计算，且构件受拉边缘混凝土的拉应力不应大于混凝土的抗拉强度标准值，即由抗拉强度控制：$\sigma_{ck}-\sigma_{pc}\leqslant f_{tk}$。

为解决高强钢筋的裂缝宽度问题，对于正常使用极限状态，钢筋混凝土构件一律改为按荷载准永久组合进行验算。出于对安全与耐久性的更高要求，预应力混凝土构件仍基本按荷载的标准组合进行验算。不排除将来通过研究和调查，统一改为按荷载准永久组合进行验算的可能。

3. 钢筋等效应力计算

对混凝土受弯构件正常使用极限状态下的裂缝控制进行验算时，最活跃的因素是受拉钢筋的应力。但钢筋的应力随荷载增加并非均匀变化而呈复杂状态，因此必须在一定基本假定的条件下进行推导和计算，求得其等效应力以后，再验算混凝土的裂缝控制。

《混凝土结构设计规范》GB 50010—2010 第 7.1.3 条规定了钢筋等效应力计算的下列基本假定：

(1) 平截面变形：受弯构件承载受力变形以后，平均截面的应变仍保持为平面。

(2) 压区应力三角形分布：使用状态下压区混凝土的应力呈三角形分布。

(3) 不考虑混凝土受拉：不考虑混凝土受拉强度，受拉区拉力全部由钢筋承担。

(4) 钢筋截面换算：采用换算截面，钢筋截面按弹性模量比折算成混凝土截面。

《混凝土结构设计规范》GB 50010—2010 第 7.1.4 条规定了钢筋等效应力计算的方法。

钢筋混凝土构件按荷载准永久组合进行计算：

轴心受拉构件
$$\sigma_{sq}=\frac{N_q}{A_s} \tag{3-3}$$

偏心受拉构件
$$\sigma_{sq}=\frac{N_q e'}{A_s(h_0-a_s')} \tag{3-4}$$

受弯构件
$$\sigma_{sq}=\frac{M_q}{0.87h_0A_s} \tag{3-5}$$

偏心受压构件 $$\sigma_{sq}=\frac{N_q(e-z)}{A_s z} \tag{3-6}$$

预应力混凝土构件按荷载标准组合进行计算：

轴心受拉构件 $$\sigma_{sk}=\frac{N_k-N_{p0}}{A_p+A_s} \tag{3-7}$$

受弯构件 $$\sigma_{sk}=\frac{M_k-N_{p0}(z-e_p)}{(\alpha_1 A_p+A_s)z} \tag{3-8}$$

4. 裂缝宽度计算

受弯构件开裂以后，裂缝截面和裂缝间截面的钢筋和混凝土的应力状态及裂缝分布，如图 3-2 所示。

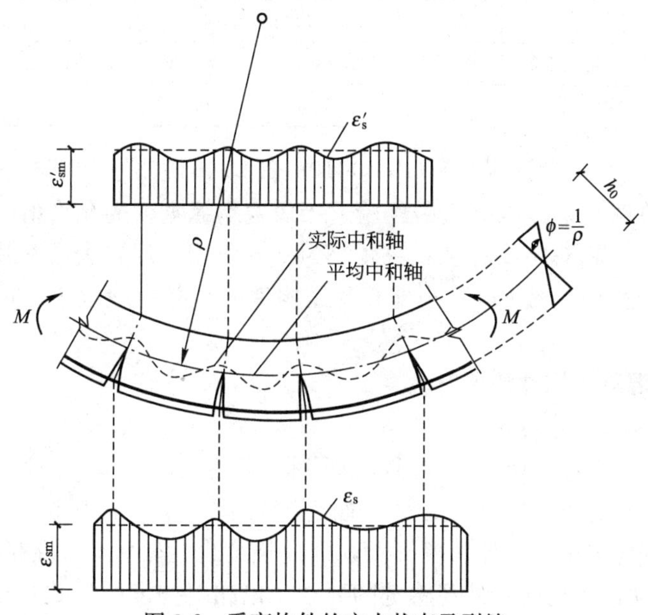

图 3-2 受弯构件的应力状态及裂缝

计算出受拉钢筋的等效应力 σ_s以后，考虑图 3-2 中的裂缝的间距以及钢筋应变的不均匀性，就可以通过计算平均裂缝间距内钢筋与混凝土的应变差，以计算裂缝的宽度。

《混凝土结构设计规范》GB 50010—2010 第 7.1.2 条规定：在矩形、T 形、倒 T 形和 I 形截面的钢筋混凝土受拉、受弯和偏心受压构件及预应力混凝土轴心受拉和受弯构件中，按荷载标准组合或准永久组合并考虑长期作用影响的最大裂缝宽度可按下列公式计算：

最大裂缝宽度 $$w_{max}=\alpha_{cr}\psi\frac{\sigma_s}{E_s}\left(1.9c_s+0.08\frac{d_{eq}}{\rho_{te}}\right) \tag{3-9}$$

钢筋应变不均匀系数 $$\psi=1.1-0.65\frac{f_{tk}}{\rho_{te}\sigma_s} \tag{3-10}$$

钢筋的等效直径 $$d_{eq}=\frac{\Sigma n_i d_i^2}{\Sigma n_i v_i d_i} \tag{3-11}$$

受拉钢筋配筋率 $$\rho_{te}=\frac{A_s+A_p}{A_{te}} \tag{3-12}$$

公式的形式没有改动，但受弯、偏心受压构件的构件受力特征系数 α_{cr}由 2.1、1.7 分别改为 1.9、1.5，见表 3-5 和表 3-6(《混凝土结构设计规范》GB 50010—2010 表 7.1.2-1 和

7.1.2-2)。即裂缝宽度的计算值减小了，总计放宽10%左右。

构件受力特征系数 **表3-5**

类型	α_{cr}	
	钢筋混凝土构件	预应力混凝土构件
受弯、偏心受压	1.9	1.5
偏心受拉	2.4	—
轴心受拉	2.7	2.2

钢筋的相对粘结特性系数 **表3-6**

钢筋类别	钢筋		先张法预应力筋			后张法预应力筋		
	光面钢筋	带肋钢筋	带肋钢筋	螺旋肋钢丝	钢绞线	带肋钢筋	钢绞线	光面钢丝
ν_i	0.7	1.0	1.0	0.8	0.6	0.8	0.5	0.4

此外，《混凝土结构设计规范》GB 50010—2010还做出了如下补充规定：保护层厚度较大而外观允许时，可以根据实践经验适当放宽裂缝宽度的允许值。环氧树脂涂钢筋由于粘结性能较差，相对粘结特性系数减小为0.8取用。配置表层网片钢筋的梁，裂缝宽度减小，可以乘折减系数0.7。小偏心受压构件的裂缝一般很小，可以不作裂缝宽度验算。

3.1.6 高强钢筋混凝土构件的挠度验算

1. 挠度验算要求

混凝土结构构件在弯、压、剪、扭作用下都会产生变形，但后三种变形都比较小，一般都忽略不计了。只有受弯构件的变形—挠度相对比较大，而需作正常使用极限状态的验算。高强钢筋由于应力很高，伸长变形大，因此挠度也比较大。《混凝土结构设计规范》GB 50010—2010从使用功能和外观感觉的要求，以相对挠度的形式提出了挠度验算限值的指标。《混凝土结构设计规范》GB 50010—2010第3.4.3条规定：

钢筋混凝土受弯构件的最大挠度应按荷载的准永久组合，预应力混凝土受弯构件的最大挠度应按荷载的标准组合，并均应考虑荷载长期作用的影响进行计算，其计算值不应超过表3-7(《混凝土结构设计规范》GB 50010—2010表3.4.3)中规定的挠度限值。

受弯构件的挠度限值 **表3-7**

构件类型		挠度限值
吊车梁	手动吊车	$l_0/500$
	电动吊车	$l_0/600$
屋盖、楼盖及楼梯构件	当$l_0<7$m时	$l_0/200(l_0/250)$
	当7m$\leqslant l_0\leqslant$9m时	$l_0/250(l_0/300)$
	当$l_0>9$m时	$l_0/300(l_0/400)$

注：1. 表中l_0为构件的计算跨度；计算悬臂构件的挠度限值时，其计算跨度l_0按实际悬臂长度的2倍取用；
2. 表中括号内的数值适用于使用上对挠度有较高要求的构件；
3. 如果构件制作时预先起拱，且使用上也允许，则在验算挠度时，可将计算所得的挠度值减去起拱值；对预应力混凝土构件，尚可减去预加力所产生的反拱值；
4. 构件制作时的起拱值和预加力所产生的反拱值，不宜超过构件在相应荷载组合作用下的计算挠度值。

2. 挠度计算

受弯构件的挠度，基本按结构力学的方法用弹性计算挠度，并以适当修正的方式反映非线性(塑性及开裂)的影响。《混凝土结构设计规范》GB 50010—2010 第 7.2.1 条规定了构件受弯刚度简化的原则：不均匀的受力及刚度，可以简化取同号区域最大弯矩处的最小刚度，并简化取区域内抗弯刚度相等。对变截面构件也取跨中最大弯矩截面的刚度计算，这种处理是偏于安全的。

由试验研究确定构件的短期刚度，再由观察分析经推导计算而得其长期刚度。然后采用结构力学的方法以长期刚度计算构件的挠度进行验算。

3. 刚度计算

根据《混凝土结构设计规范》GB 50010—2010 第 7.2.2 条和第 7.2.3 条的规定，钢筋混凝土矩形、T 形、倒 T 形和 I 形截面受弯构件的刚度，按下列公式计算：

短期刚度 B_s

$$B_s=\frac{E_sA_sh_0^2}{1.15\psi+0.2+\frac{6\alpha_E\rho}{1+3.5\gamma_f'}} \tag{3-13}$$

采用荷载准永久组合时的长期刚度 B

$$B=\frac{B_s}{\theta} \tag{3-14}$$

上述公式中，考虑简化处理的荷载长期作用对挠度增大的影响系数 θ，与受压区的配筋率 ρ'有关。因为压区的配筋制止了混凝土受压徐变，有利于减小挠度增长。《混凝土结构设计规范》GB 50010—2010 第 7.2.5 条规定：当压区无配筋($\rho'=0$)时，θ 取 2.0；对称配筋($\rho'=\rho$)时，θ 取 1.6；中间按内插法取值；翼缘位于受拉区的倒 T 形截面，θ 应增加 20%；预应力混凝土受弯构件，则取 $\theta=2.0$。

4. 挠度验算及调整

《混凝土结构设计规范》GB 50010—2010 对受弯构件的挠度控制限值，见表 3-7。受弯构件的挠度无关结构安全，对一般构件的设计也不起控制作用。但是对大跨度构件就可能成为问题。因为随着跨度增加，挠度会四次方倍地急剧加大，就很可能无法满足验算条件。为此扩大截面以增加抗弯刚度很不经济。此时可以利用“反拱”和“起拱”的方法解决。因此，配置高强钢筋的混凝土构件，挠度一般都不会成为问题。

在受弯构件的受拉区施加预应力，偏心压力造成受弯构件向上的“反拱”，可以抵消正常使用极限状态下的承载受力的部分挠度。《混凝土结构设计规范》GB 50010—2010 第 7.2.6 条规定：反拱值可以用结构力学方法按刚度 E_cI_0 计算，考虑长期作用还可乘以增大系数 2.0。重要、特殊的预应力构件，可以根据专门试验分析或考虑收缩、徐变等的影响通过计算确定。

但是反拱过大并不有利，还可能引起反拱裂缝。《混凝土结构设计规范》GB 50010—2010 第 7.2.7 条规定：对永久荷载相对较小的构件，还应考虑反拱过大的不利影响，反拱值不宜大于正常使用极限状态的挠度计算值。可以采取设计和施工的措施加以控制。

对非预应力的钢筋混凝土大跨度构件，还可以采用施工时“起拱”的方法控制挠度，即在施工支模时主动在跨中模板预设起拱—反挠度。结构建成投入使用以后，抵消正常使用极限状态下的承载受力变形，可以解决挠度过大的问题。但是，这需要设计方面经计算确定，并在设计文件中作明确表达，以便施工方面执行。施工规范中，也作出了相应的规定。

3.1.7 高强钢筋的锚固

1. 钢筋锚固机理

混凝土结构中的钢筋承受了全部拉力，为保证混凝土构件中混凝土与钢筋的协调受力，必须使钢筋端部有可靠的锚固并与混凝土之间有一定的粘结作用以控制混凝土的裂缝。粘结—锚固作用实现了钢筋与混凝土之间的传力及变形协调，是混凝土结构构件承载受力的基础。受力钢筋一旦失去锚固，将无法继续承载。特别在混凝土结构的关键受力区域，钢筋的锚固一旦丧失，就可能造成构件解体，结构倒塌的严重后果。因此保证钢筋的锚固，是特别重要的设计内容。

（1）锚固作用的构成

钢筋与混凝土之间的锚固作用由四部分力构成：混凝土与钢筋界面上的胶结力、混凝土表面与钢筋表面之间的摩阻力、钢筋横肋与混凝土咬合齿的机械咬合力、钢筋端部设置的弯钩或锚板对混凝土局部挤压的机械锚固力。胶结力由混凝土胶结材料在钢筋表面化学作用产生，但胶结力很小，一旦钢筋与混凝土发生滑移即消失；摩阻力主要由混凝土收缩将钢筋紧紧握固而产生，摩阻力也较小，且随钢筋的滑移发展，混凝土碎渣磨细而逐渐减小；带肋钢筋的横肋与混凝土的咬合是横肋对混凝土的机械挤压力与咬合力，其锚固作用最大，是锚固作用的主要成分；而钢筋端部弯钩或锚固板的机械挤压也具有很大的锚固力，但只有在钢筋发生相对滑移较大时才起作用。

（2）钢筋锚固的要求

钢筋锚固承载能力要求锚固破坏强度不低于钢筋的屈服强度。此外，构件在正常使用极限状态下也要求钢筋与混凝土界面相对滑移(粘结锚固变形)不能过大，以控制裂缝的宽度。影响锚固抗力的因素很多，经试验研究已定量确定的主要因素有：钢筋的外形、直径和强度、混凝土的强度、钢筋的锚固长度、混凝土保护层的厚度、构件的配箍情况、锚固位置、侧向压力等，严格的计算非常复杂和繁琐。

钢筋端部机械锚固的抗力与局部承压问题类似，与挤压面积和锚固的局部区域配筋有关。筋端机械锚固力只有在钢筋滑移较大时才发挥作用，而机械锚固力在总锚固作用中所起的作用和承载比例也呈不断变化的趋势。因此，钢筋机械锚固问题也十分复杂。

2. 锚固设计原则

钢筋的锚固力与钢筋—混凝土界面的面积(即锚固区域的钢筋表面积)有关，因此确定锚固长度是锚固设计的首要任务。当锚固长度不足时，应以钢筋端部的机械锚固作为补充。此外，为保证必要的锚固条件，锚固区域应采取一定的构造措施，以保证对锚固区域混凝土的围箍约束，这就是锚固设计的主要内容。

鉴于锚固问题的重要性和复杂性，国外规范多将钢筋的锚固和连接问题单独列为一章，通过比较复杂的计算方法进行设计，以充分反映各种因素对锚固的影响。而我国传统的设计习惯，往往采用表格的形式简单表达锚固长度，锚固长度一般为 $35d$ 左右。由于当时钢筋强度低而且品种少，这种方法并无不妥。近年随着钢筋强度的提高，特别高强钢筋的应用，锚固长度越来越大，而且为了控制锚固长度，还需要反映锚固条件的影响，单纯查表的设计方式已经很难适应。在 2002 版的《混凝土结构设计规范》GB 50010 中，已将确定锚固长度的方法由查表改为计算，本次《混凝土结构设计规范》GB 50010 修订更增加了以锚固条件修正系数计算锚固长度的要求。

本次《混凝土结构设计规范》GB 50010 修订强调推广高强材料，特别是 500MPa 级高强钢筋的应用，比传统的 HRB335 钢筋强度增加了 1.45 倍，所需的锚固长度将大幅度增加。此外，构件中纵向受力配筋的钢筋直径加大，加之结构形式的多样化，配筋构造逐渐趋于复杂，因此锚固长度的矛盾就更加突出。过长的锚固长度有时难以适应结构工程的实际情况。这个难度很大的矛盾必须解决。

3. 控制锚固长度的措施

(1) 锚固长度修正系数

利用试验研究中确定的有利(或不利)于锚固条件的因素，通过锚固长度修正系数的形式，在不减小锚固安全度的条件下，调整(缩短)锚固长度的计算值。可以在确定钢筋的基本锚固长度以后，再按钢筋的具体锚固条件，乘以锚固长度修正系数，得到受拉钢筋的锚固长度，将其控制在合理的范围内。

(2) 钢筋的机械锚固

传统设计中对光面钢筋已有采用钢筋末端弯钩以增强锚固的做法，近年在钢筋端部加锚板或焊锚筋的做法也逐渐推广、应用。依靠钢筋加工技术的进步，通过试验研究开发、应用各种机械锚固，可以控制钢筋的锚固长度。例如，在钢筋端部焊接锚板或贴焊锚筋，或加工螺纹再安装锚固板等，这些都可以减短钢筋的锚固长度。挖掘钢筋机械锚固的潜力，目的就是在基本不改变锚固设计的情况下，解决高强钢筋锚固长度过长的问题。

(3) 构件的锚固问题

分析各种构件的受力特点和对锚固的有利条件，可以适当减小构件中受力钢筋的锚固长度。例如，利用柱内的压应力和保护层厚度较大对锚固的有利影响，梁筋在节点中的锚固长度就可以减小；利用墙、板中分布钢筋的应力较小，且钢筋间距较大的有利条件，锚固长度也可以减小。这在《混凝土结构设计规范》GB 50010—2010 第 9 章结构构件的基本规定中多有阐述。

4. 锚固设计方法

(1) 基本锚固条件

影响锚固承载力的因素非常多，锚固设计中难以像国外规范一样都加以反映。因此《混凝土结构设计规范》GB 50010—2010 也只能按偏不利的锚固条件确定基本锚固长度，然后根据锚固条件的变化，以修正系数的方法对锚固长度加以调整。《混凝土结构设计规范》GB 50010—2010 中的基本锚固长度，是按薄保护层厚度、最小的构造配箍等作为基本锚固条件而确定的。

根据上述基本锚固条件，以锚固失效不小于钢筋屈服为条件确定临界锚固长度。同时太长的锚固长度也没有用，以钢筋拉断而不发生锚固破坏为条件确定极限锚固长度。结构设计中的实际锚固长度大于临界锚固长度而小于极限锚固长度，是根据试验研究和锚固可靠度分析、计算而确定的。

(2) 基本锚固长度

根据最不利的基本锚固条件，按较高的可靠指标(β=3.95)进行可靠度分析确定了钢筋的基本锚固长度，并与传统设计的锚固长度校准。其数值经试验检验介于临界锚固长度与极限锚固长度之间。基本锚固长度反映了钢筋的外形(锚固钢筋的外形系数)、强度等级(钢筋的抗拉强度设计值 f_y)、直径(d)与混凝土的强度等级(混凝土的抗拉强度设计值 f_t)的影响。

《混凝土结构设计规范》GB 50010—2010 第 8.3.1 条第 1 款规定：钢筋的基本锚固长度按下列公式计算：

$$l_{ab}=\alpha \frac{f_y}{f_t}d \tag{3-15}$$

公式中锚固钢筋的外形系数 α 按表 3-8(《混凝土结构设计规范》GB 50010—2010 表 8.3.1)取用。

锚固钢筋的外形系数 α 表 3-8

钢筋类型	光圆钢筋	带肋钢筋	螺旋肋钢丝	三股钢绞线	七股钢绞线
α	0.16	0.14	0.13	0.16	0.17

基本锚固长度以钢筋直径(d)相对值的形式表达。由于刻痕钢丝的锚固性能太差，本次修订已取消，不再列入表中。本次修订还将混凝土强度等级上限由 C40 提高到 C60，这是为了利用高强混凝土较高的锚固力，减短锚固长度。

(3) 设计锚固长度

反映锚固条件的影响，实际结构工程中的设计锚固长度为基本锚固长度乘锚固长度修正系数 ζ_a 的数值。《混凝土结构设计规范》GB 50010—2010 第 8.3.1 条第 2 款规定：受拉钢筋的锚固长度以根据锚固条件按下列公式计算：

$$l_a=\zeta_a l_{ab} \tag{3-16}$$

(4) 锚固区域的构造要求

锚固长度范围内应按要求配置横向构造钢筋，以约束钢筋锚固区段内的混凝土，确保保护层混凝土不因发生劈裂破坏而丧失锚固力。

《混凝土结构设计规范》GB 50010—2010 第 8.3.1 条第 3 款规定：锚固长度范围内横向构造钢筋的直径应不小于锚固钢筋直径的 $d/4$。对梁、柱等杆状构件箍筋间距不大于 $5d$，对墙、板等面状构件分布筋间距不大于 $10d$，且都不应大于 100mm，这里 d 为锚固钢筋的直径。

(5) 锚固长度修正系数

《混凝土结构设计规范》CB 50010—2010 第 8.3.2 条规定了受拉普通钢筋的锚固长度修正系数 ζ_a。修正分两种情况：不利条件下锚固长度增加；有利条件下锚固长度减小。

不利条件：粗钢筋的相对肋高较小，对锚固不利，乘大于 1 的修正系数 1.1。采用滑模工艺时，滑模施工将引起对钢筋的扰动而影响钢筋与混凝土咬合作用，也乘系数 1.1。环氧树脂涂层钢筋表面光滑，锚固较差，乘系数 1.25。这些情况锚固长度都须增加，但在实际工程中比较少见。

有利条件：钢筋外侧的混凝土保护层较厚，如为钢筋直径的 3～5 倍时，其锚固作用增强，可以乘系数 0.8～0.7 进行调整，以减小锚固长度。钢筋的实配面积往往大于钢筋的计算面积，故钢筋的实际应力一般小于设计值。此时可取计算钢筋面积与实配钢筋面积比作为修正系数(但当用于有抗震要求或直接承受动荷载的构件时不考虑该项修正)减短锚固长度。这两种情况在实际工程中十分普遍，可加以利用而减小锚固长度。

(6) 最小锚固长度

上述锚固长度的修正系数可以连乘计算，但是应有最小锚固长度的限制。根据《混凝土结构设计规范》GB 50010—2010 第 8.3.1 条第 2 款的规定：修正以后的锚固长度不应小于 0.6 倍基本锚固长度($0.6l_{ab}$)，且不应小于 200mm。

5. 钢筋的机械锚固

(1) 机械锚固的机理

钢筋锚固长度不足时，可以在钢筋端部设置弯钩或机械锚头。利用锚头的挤压力承载，将相当部分的锚固力集中于钢筋端部，这种做法称为“钢筋的机械锚固”。钢筋的筋端弯钩及机械锚头可以一直承载到钢筋屈服，因此机械锚固不存在承载力的问题。但是，当机械锚固真正发挥作用时，锚固钢筋的滑移已经很大了。因此仍然需要配合一定的锚固长度，以控制钢筋的滑移，这实际是控制裂缝宽度的问题。

(2) 机械锚固的形式

机械锚固的形式有弯钩、贴焊锚筋和锚板、锚头(锚固板)四类共六种。根据试验研究并参考国外规范，机械锚固前必须有一定的锚固长度(包括投影长度)。设计时作简化处理，机械锚固的锚固长度一律取为 0.6 倍基本锚固长度($0.6l_{ab}$)。根据《混凝土结构设计规范》GB 50010—2010 第 8.3.3 条的规定，弯钩、机械锚固的形式（如图 3-3 所示）和技术要求应符合表 3-9(《混凝土结构设计规范》GB 50010—2010 表 8.3.3)的规定。

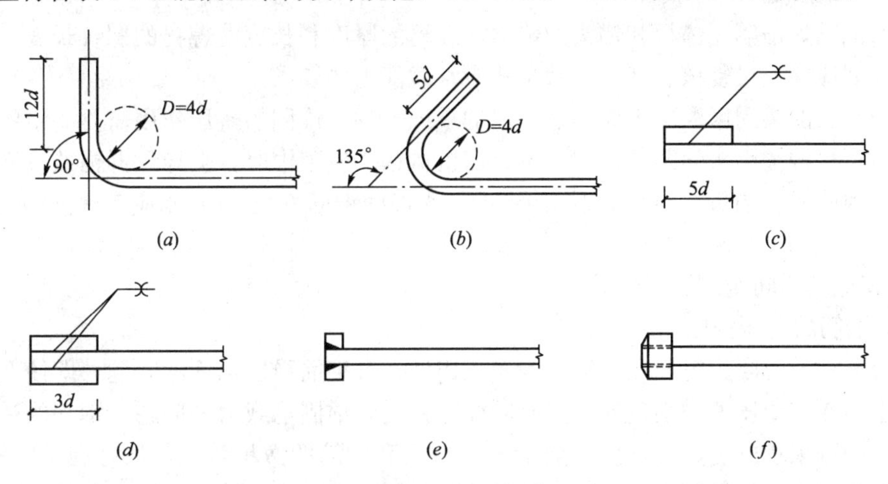

图 3-3 钢筋机械锚固的形式和技术要求

(a)90°弯钩；(b)135°弯钩；(c)一侧贴焊锚筋；(d)两侧贴焊锚筋；(e)穿孔塞焊锚板；(f)螺栓锚头

钢筋机械锚固的形式和技术要求 **表 3-9**

锚固形式	技术要求
90°弯钩	末端 90°弯钩，弯后直段长度 12d
135°弯钩	末端 135°弯钩，弯后直段长度 5d
一侧贴焊锚筋	末端一侧贴焊长 5d 同直径钢筋，焊缝满足强度要求
两侧贴焊锚筋	末端两侧贴焊长 3d 同直径钢筋，焊缝满足强度要求
焊端锚板	末端与厚度 d 的锚板穿孔塞焊，焊缝满足强度要求
螺栓锚头	末端旋入螺栓锚头，螺纹长度满足强度要求

(3) 锚固的方向性

钢筋端部的弯钩及一侧贴焊的锚筋，都是不对称受力的。因此当其位于构件截面的侧边或角部时，应该偏向内侧布置锚固锚头的方向(如图 3-4 所示)，防止由于偏向挤压力造成保护层混凝土外胀裂缝。

(4) 锚板和锚头的挤压面积

为保证足够的挤压—锚固力，《混凝土结构设计规范》GB 50010—2010 规定锚板和锚头的挤压面积应不小于锚筋截面面积的 4 倍。因此为满足挤压受力的要求。当锚板和锚头为方形时，边长应不小于 1.98d；圆形锚板时直径应不小于 2.24d；六边形锚板时直径应不小于 2.69d(如图 3-5 所示)。

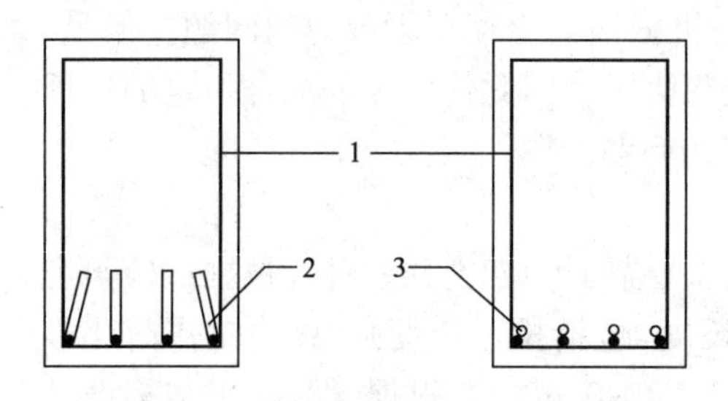

图 3-4　锚固钢筋的偏向性

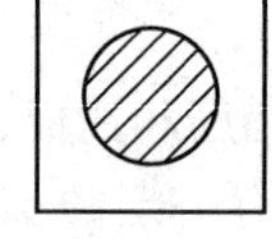
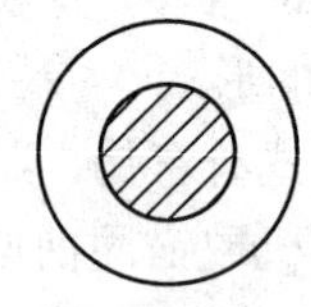
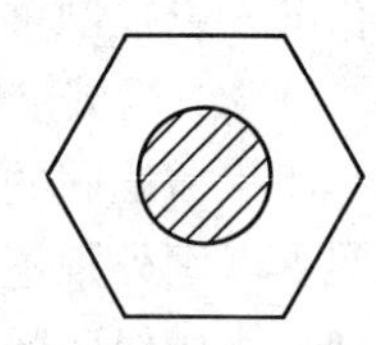

图 3-5　锚板和锚头的尺寸

(5) 连接强度和群锚的影响

为保证贴焊锚筋、锚板和锚头的传力，焊缝的厚度和长度、螺栓的螺纹长度、锚板的厚度等，都应该经过复核、计算，满足相应承载能力的要求。

机械锚头的锚固区混凝土要考虑一定的承载范围，锚固的挤压作用需要一定的混凝土厚度，包括机械锚固头间距与前后位置。当机械锚头较集中时，会导致群锚效应而降低锚固性能。因此机械锚头的间距应不小于 3d(d 为锚固钢筋直径)，否则应考虑群锚效应的不利影响。

6. 其他锚固问题

(1) 钢筋的受压锚固

混凝土柱及混凝土桁架上弦等均为受压构件，有钢筋受压锚固的问题。即使在受弯构件中，也存在有受压的锚固钢筋，因此同样存在受压锚固承载力的问题。钢筋的受压锚固与其所受的约束程度有关，一般钢筋端面的挤压和钢筋的镦粗效应，都有利于锚固传力。因此受压锚固比受拉锚固有利，锚固长度可以适当减小。

(2) 受压锚固长度

根据试验研究、可靠度分析、工程经验并参考国外的标准规范，《混凝土结构设计规范》GB 50010—2010 第 8.3.4 条规定，混凝土结构中的纵向受压钢筋的锚固长度不应小于相应受拉锚固长度的 70%(0.7lb)。

(3) 受压锚固的方向性和锚固区的构造

考虑钢筋偏压屈曲的影响，受压钢筋不能采用偏压的形式。末端弯钩和一侧贴焊锚筋的锚固形式，不应用于受压锚固的情况。

根据锚固区域混凝土约束的要求，对受压钢筋锚固长度范围内的横向配筋提出构造要求。与受拉锚固一致，比原《混凝土结构设计规范》GB 50010 规定有所加严。

(4) 疲劳—动载条件下的锚固

由于交变受力和动力荷载会造成钢筋锚固性能的蜕化，承受动力荷载构件的受力钢筋可以将末端焊接在钢板或角钢上锚固。该方法也可用于解决其他的锚固问题。

3.1.8 高强钢筋的连接

1. 基本概念

(1) 钢筋接头传力的要求

混凝土结构的尺度很大，而钢筋供货的长度有限。一般直条钢筋供货长度为 9m 或 12m，最长不超过 18m，因此工程结构中钢筋的连接就难以避免。从结构受力的角度而言，钢筋的连接接头应该具有不亚于整体钢筋的传力性能，才能维持结构应有的力学性能。

钢筋接头的传力性能包括：强度(承载力的传递)、刚度—变形裂缝(变形模量和相对伸长)、恢复力(卸载后是否有残余变形或裂缝)、破坏形态(有预兆的延性屈服或无预兆的脆性断裂：钢筋破坏、接头破坏或钢筋与接头的连接破坏)等项目。从结构性能而言，希望钢筋接头具有不亚于整根钢筋相应的全面传力性能。

(2) 钢筋接头的形式及弱点

目前我国主要的钢筋连接形式有：绑扎搭接、焊接连接、机械连接三种形式，各自适用于一定的工程条件。图 3-6 所示为现行三种钢筋连接形式与整体钢筋传力性能的比较。

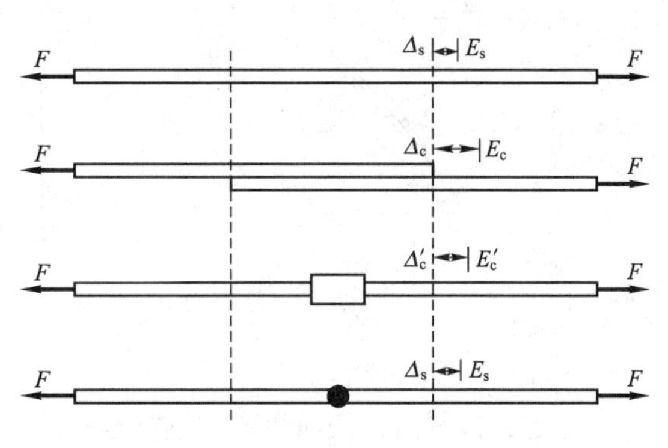

图 3-6 钢筋连接接头的传力性能

绑扎搭接：搭接施工最为简便，也比较可靠，与焊接和机械连接相比要多消耗一段搭接长度内的钢筋。搭接连接适用于直径较小的钢筋。但钢筋之间相对滑移会引起变形性能的蜕化—割线模量减小(如图 3-7 所示)，而且钢筋接头处的恢复性能变差，卸载以后会留下残余变形和裂缝(如图 3-8 所示)。

焊接连接：焊接是通过熔融钢筋母材实现直接传力，力学性能应该最为优越，其强度、变形、恢复力等在理想的条件下都能得到保证。通常，水平钢筋连接时可以采用钢筋闪光对焊，竖向钢筋连接可以采用钢筋电渣压力焊。但是，焊接的施工条件较差，受施工天气条件、施工人员技术水平与焊接设备影响较大，质量不容易保证；同时焊接质量又缺乏可靠的检验手段，而且也难以实行普遍的试验检验；还存在温度应力的影响以及虚焊、夹渣、内裂缝等引起无预兆脆性断裂的可能。最主要是对不同材质与工艺条件的高强钢筋(如余热处理 RRB 高强钢筋、细晶粒 HRBF 高强钢筋)难以保证焊接强度；同时大直径钢筋也难以施工焊接。

机械连接：机械连接近年发展很快，适用直径较粗的钢筋，工艺也相对比较简单，施工质量容易得到保证。机械连接有套筒冷挤压连接、锥螺纹连接与直螺纹连接(镦粗直螺纹、剥肋直螺纹、滚轧直螺纹)，但是各种机械连接都各自有一定的优点与缺点。

最早的套筒冷挤压连接优点是连接传力可靠、无需对钢筋进行机械加工，但现场冷挤压连接设备大、连接速度慢，其套筒耗材较大。锥螺纹连接的优点为钢筋端部锥螺纹加工比较方便，套筒拧紧质量有保证，但其达不到与钢筋等强的要求，接头容易“倒牙—拔出”而脆断。镦粗直螺纹连接是通过对钢筋端部镦头加大截面，再加工直螺纹通过套筒连接，镦粗直螺纹可与钢筋实现等强，但镦粗直螺纹要另加钢筋镦粗设备，而且当钢筋母材达不到规范要求时，会引起镦头处金相组织改变而容易发生脆断。剥肋直螺纹连接，螺纹加工设备较简洁，螺纹加工外形美观，标准丝头连接的接头达到等强度连接要求，但剥肋加工削弱了钢筋的基圆面积，加长螺纹丝头连接的接头难以达到与钢筋等强。直接的滚轧直螺纹连接，其钢筋的基圆面积未被切削而有较好的传力性能，可以与钢筋等强，但可能有“不完全齿”而外观不良。

此外所有通过螺纹传力的接头，由于螺纹配合负公差造成的空隙，仍难免变形性能的蜕化—割线模量减小以及恢复性能变差(如图 3-7 和图 3-8 所示)。尽管有关的机械连接规程回避了割线模量的检验指标，但是这种性能的蜕化是客观存在的，可能会对机械连接接头处的传力性能造成不利影响。

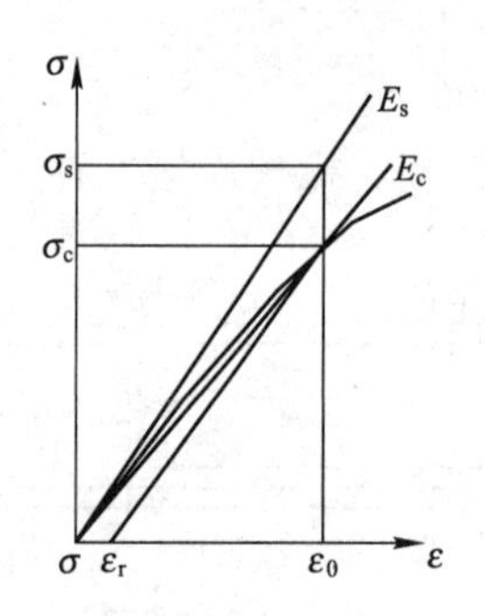

图 3-7 连接钢筋的割线模量

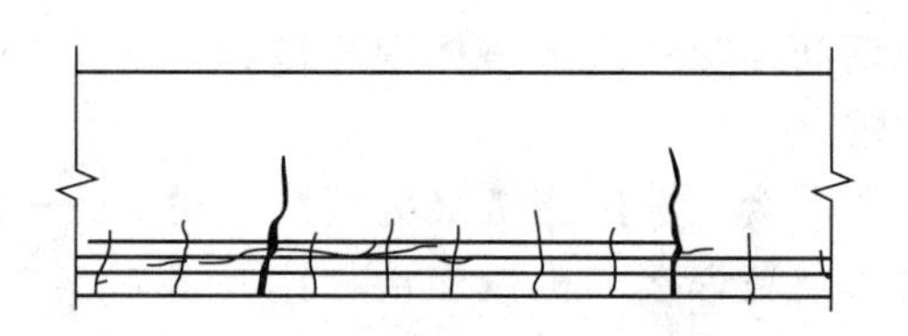

图 3-8 连接接头处的残余裂缝

(3) 钢筋连接的基本原则

从上述分析看出：任何形式的钢筋连接接头都不如直接传力的整根钢筋，都会因为连接而影响接头的传力性能。因此，《混凝土结构设计规范》GB 50010—2010 第 8.4.1 条提出了钢筋连接的基本原则如下：

接头位置：钢筋的连接接头宜设置在受力较小处。例如，在构件的反弯点附近(梁的跨边和柱的中部)或其他内力较小的部位设置接头，对结构性能的影响就会比较小。

接头数量：在纵向宜限制钢筋在同一构件范围内设置多个接头。例如，在一个跨度内或者同一层高内的同一根钢筋，接头数量就不宜超过两个。横向在同一连接区段内应控制钢筋的接头面积百分率。

避让原则：宜避开结构的关键受力部位。例如，有抗震设防要求框架结构的柱端、梁端箍筋加密区，地震时将承受极大的反复作用而形成塑性铰区，其受力性能极为重要。震害调查表明，传统工程施工在此处设置受力钢筋的连接接头就极为不妥，往往成为倒塌的诱因。因此，不宜在结构的关键受力部位设置钢筋的连接接头。现在某些广告式的宣传声称：某种连接形式完全不影响构件的结构性能，可以“不受限制地”应用于结构的“任何部位”。对于这种不科学的说法，稍有结构常识的技术人员都可以判别其漏洞，设计人员千万不能轻信。因此，在《混凝土结构设计规范》GB 50010—2010 的有关部分，首先就强调了上述设置钢筋连接的三条基本原则。

2. 钢筋的绑扎搭接连接

(1) 应用范围

鉴于近年钢筋强度提高(500MPa 级高强钢筋的应用)以及各种连接技术的迅速发展，修订《混凝土结构设计规范》GB 50010 对绑扎搭接连接的应用范围，较原《混凝土结构设计规范》GB 50010 适当加严。《混凝土结构设计规范》GB 50010—2010 第 8.4.2 条规定，绑扎搭接连接不得用于轴心受拉和小偏心受拉杆件的纵向受力钢筋。对搭接连接钢筋的限制直径为：受拉钢筋由 28mm 改为 25mm；受压钢筋由 32 mm 改为 28mm。

(2) 连接区段和接头面积百分率

绑扎搭接接头传力性能被削弱，搭接钢筋应该错开布置。钢筋接头端面位置应保持一定间距，避免通过接头的传力集中于同一区域而造成应力集中。首尾相接的布置形式，会在搭接端面引起应力集中和局部裂缝，应予以避免。

《混凝土结构设计规范》GB 50010—2010 第 8.4.2 条定义搭接连接区段为 1.3 倍搭接长度，在同一连接区段内应控制接头面积百分率。当搭接钢筋接头中心之间的纵向间距不大于 1.3 倍搭接长度(即搭接钢筋端部距离不大于 0.3 倍搭接长度)时，该搭接钢筋均属位于同一连接区段的搭接接头(如图 3-9 所示)。

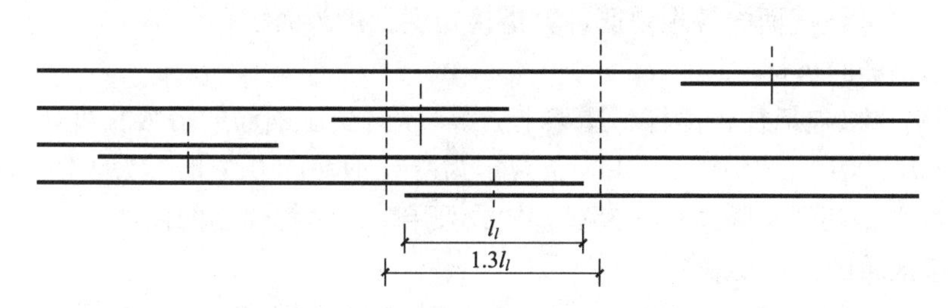

图 3-9　同一连接区段内纵向受拉钢筋绑扎搭接接头

《混凝土结构设计规范》GB 50010—2010 第 8.4.3 条规定，对在同一连接区段内的搭接钢筋的接头面积百分率作出了限制，对各种构件的受拉钢筋搭接接头面积百分率分别提出了要求。其中对梁类、板类、墙类构件，不宜大于 25%；柱类构件不宜大于 50%。当工程中确有必要时，梁类构件可以放宽到不宜大于 50%。对板类、墙类、柱类构件，尤其是预制装配整体式构件，在实现传力性能的条件下，可根据实际情况放宽。

当粗、细钢筋在同一区段搭接时，按较细钢筋的截面积计算接头面积百分率及搭接长度。这是因为钢筋通过接头传力时，均按受力较小的细直径钢筋考虑承载受力，而粗直径钢筋往往有较大的受力余量。此原则对于其他连接方式也同样适用。

(3) 搭接长度

受拉钢筋绑扎搭接的搭接长度，根据锚固长度并反映接头面积百分率的影响计算而得。这是因为钢筋搭接传力的实质，是两根相向锚固钢筋通过握裹层混凝土而实现钢筋之间的内力传递。根据有关的试验研究及可靠度分析，并参考国外有关规范的做法，《混凝土结构设计规范》GB 50010—2010 第 8.4.4 条规定了能够保证钢筋传力性能的搭接长度。

搭接长度随接头面积百分率的提高而增大。因为搭接接头受力后搭接钢筋之间将产生相对滑移。为了使接头在充分受力的同时，伸长变形(搭接传力的刚度)不致过差，这就需要相应增大搭接的长度。受拉钢筋的搭接长度 l_l 由锚固长度 l_a 乘搭接长度修正系数 ζ_l 按下列公式计算：

$$l_l = \zeta_l l_a \tag{3-17}$$

式中，搭接长度修正系数 ζ_l 见表 3-10(《混凝土结构设计规范》GB 50010—2010 表 8.4.4)。《混凝土结构设计规范》GB 50010 修订还规定：当纵向搭接钢筋接头面积百分率为表中数值的中间值时，修正系数可按内插取值，这比传统定点取值的做法更为合理。同时，还可以适当减小高强钢筋的搭接长度。

纵向受拉钢筋搭接长度修正系数 **表 3-10**

纵向搭接钢筋接头面积百分率(%)	≤25	50	100
纵向受拉钢筋搭接长度修正系数 ζ_l	1.2	1.4	1.6

为保证受力钢筋的传力性能，按接头百分率修正搭接长度以后，为保证安全，还提出了最小搭接长度 300mm 的限制。

(4) 并筋的搭接

并筋(钢筋束)采用分散、错开的搭接方式。这种布置有利于各根钢筋内力传递的均匀过渡，改善了搭接钢筋的传力性能及裂缝分布状态。因此，并筋应采用分散、错开搭接的方式实施连接，并按截面内各根单筋计算搭接长度及接头面积百分率。

(5) 受压钢筋的搭接

对受压构件中(包括柱、撑杆、屋架上弦等)纵向受压钢筋的搭接长度，《混凝土结构设计规范》GB 50010—2010 第 8.4.5 条规定为受拉钢筋的 0.7 倍。为了防止偏压引起的屈曲，受压纵向钢筋端头同样不应设置弯钩或采用单侧贴焊锚筋的做法。

(6) 搭接区域的构造要求

搭接接头区域的配筋构造措施(直径、间距等)对约束搭接区域的混凝土、保证钢筋之间的传力至关重要。本次修订时，《混凝土结构设计规范》GB 50010—2010 第 8.4.6 条规定了对受压钢筋搭接长度范围内的配筋构造要求，取与受拉钢筋搭接相同，这样简化了设计，比原《混凝土结构设计规范》GB 50010 要求也加严了。

此外根据工程经验，为防止粗钢筋在搭接钢筋端头的局部挤压产生混凝土的局部裂缝，提出了在受压搭接接头端部增加配箍的要求。对直径大于 25mm 的受压钢筋，两个端头以外 100mm 范围内，应配置 2 个约束箍筋。

3. 钢筋的机械连接

(1) 应用范围

钢筋机械连接是近年发展起来的新型钢筋连接技术。其通过接头处的连接套筒以挤压或螺纹咬合的机械作用，通过连接套筒实现两根钢筋之间力的传递。由于其体积小；现场施工操作方便；连接控制简单；施工质量相对有保证；适合于高强、粗直径钢筋的连接，因此得到广泛的应用。钢筋机械连接的施工质量应符合《钢筋机械连接通用技术规程》JGJ 107 的有关规定。

(2) 连接区段和接头面积百分率

连接区段：为避免机械连接钢筋接头处伸长变形的割线模量减小，引起相对伸长变形加大对传力性能的不利影响，以及在同一截面中不同钢筋受力不均匀(整筋受力大而连接钢筋受力小），应该控制接头面积的百分率。《混凝土结构设计规范》GB 50010—2010 第 8.4.7 条定义钢筋机械连接区段的长度为以套筒为中心，长度为 35d 的范围，并由此计算接头面积百分率。

接头面积百分率：机械连接的接头面积百分率不宜大于 50%。但对于板类、墙类等钢筋间距很大的构件，以及装配式构件的拼接处，可以根据具体情况适当放宽。

（3）保护层厚度和箍筋布置的调整

由于机械连接套筒直径加大，故对套筒处混凝土保护层厚度的要求有所放松，《混凝土结构设计规范》GB 50010—2010 第 8.4.7 条规定，保护层厚度的要求由“应”改为“宜”。这是因为套筒很短，影响保护层厚度减少的范围长度很小，不至于对耐久性造成明显的影响。

此外，由于机械连接套筒处直径加大对箍筋布置的影响，增补了在机械连接套筒两侧减小箍筋间距布置，以避开套筒的解决办法。

4. 钢筋的焊接连接

（1）应用范围

焊接接头通过熔触金属的连接而直接传力，理论上应该具有与整体钢筋几乎完全相同的传力性能。但影响焊接施工质量的不确定因素太多，焊接的施工质量不容易得到保证，而且焊接质量难以检验，还存在有温度应力等的影响。已有《钢筋焊接规程》JGJ 18 对焊接施工质量的控制及检验作出了有关的规定，但其抽样比例很小(1/200～1/300)，施工时必须严格执行。出于对安全的考虑，还是应该对焊接连接的应用范围加以控制。《混凝土结构设计规范》GB 50010—2010 第 8.4.8 条对此作出了规定。

细晶粒高强钢筋(HRBF)：细晶粒高强钢筋(如 HRBF400、HRBF500 钢筋)由在轧钢时采用特殊的控轧和控冷工艺，使钢筋组织晶粒细化，强度提高。但是对细晶粒高强钢筋，也存在焊后性能变化的问题，应经试验检验后方可采用焊接连接。

余热处理高强钢筋(RRB)：余热处理高强钢筋(如 RRB400 钢筋)由钢筋热轧过程中的余热热处理而提高强度。当进行焊接连接时，由于焊接温度可能影响金相组织变化及力学性能的改变(退火引起强度降低)，故不宜焊接。

合金化热轧钢筋(HRB)：即使是合金化的热轧钢筋，当直径过大时焊接质量也不容易保证。故 28mm 及以上的粗钢筋也应慎用焊接连接。

疲劳构件：当焊接连接用于承受疲劳荷载的构件时，也还有种种限制。

（2）连接区段和接头面积百分率

连接区段：为保证传力性能，纵向受力钢筋的焊接接头也应相互错开。钢筋焊接接头连接区段的长度为 35d 且不小于 500mm 的范围。凡接头中点位于该连接区段长度内的焊接接头，均属于同一连接区段。

接头面积百分率：焊接连接的纵向受拉钢筋的接头面积百分率不宜大于 50%，但对预制构件的拼接处，可根据实际情况放宽。纵向受压钢筋的接头百分率可不受此限制。

（3）有关注意事项

影响焊接施工质量的不确定因素太多：环境温度、电压稳定性、施焊位置、温度应力、操作者素质、施焊时的心理状态等，因此现场焊接质量不容易得到保证。问题还在于焊接质量难以实现可靠的检验：外观观察检查很难发现质量问题，且抽样试验检验的比例很小(1/200～1/300)，难以严密控制质量。

当施工失控时，还可能因为焊接接头质量的重大缺陷(内裂缝、夹渣、虚焊等)发生无预兆的断裂。因此，施工中必须严格执行《钢筋焊接规程》JGJ 18，以保证焊接的施工质量。

对于承受疲劳作用的构件，《混凝土结构设计规范》GB 50010—2010 第 8.4.9 条规定了当焊接连接用于承受疲劳荷载的构件时，应该遵循的种种限制。

3.1.9 钢筋的最小配筋率

1. 最小配筋率的意义

受力钢筋的最小配筋率是区分钢筋混凝土构件与素混凝土构件的界限。低于最小配筋率的配筋不能按受力钢筋考虑，而只能视为构造钢筋。确定最小配筋率原则是为了保证构件的延性破坏和结构的安全，因为混凝土是脆性材料而构件中的延性全靠钢筋维持。这个为保证构件安全的受力钢筋起码的限值，就是纵向受力钢筋的最小配筋率。

应该强调的是，受力钢筋的最小配筋率不仅是一个技术问题，还带有一定的社会性，都反映了当时的经济—技术的实际状况。因此，每个国家设计规范中的最小配筋率不同，因而还可能有很大的差别。

2. 受拉钢筋最小配筋率

(1) 受拉最小配筋机理

受弯及轴拉、偏拉构件中受拉钢筋的最小配筋率(ρ_{min})是根据“开裂即破坏”的概念而确定的，该原理至今仍为确定预应力构件最小配筋率的基本原则。图 3-10 为受拉钢筋开裂前后截面的受力状态。开裂前受拉区混凝土已呈塑性，中性轴下降(约为 $0.45h$)，拉应力呈矩形分布，总拉力约为 $0.45bhf_t$(如图 3-10a 所示)。开裂后全部拉力转由受拉钢筋承担，如果此时钢筋屈服，拉力为 A_sf_y(如图 3-10b 所示)。根据此“开裂即破坏”的条件，就可以推导出相应受拉钢筋的最小配筋率为 $45f_t/f_y$(%)。

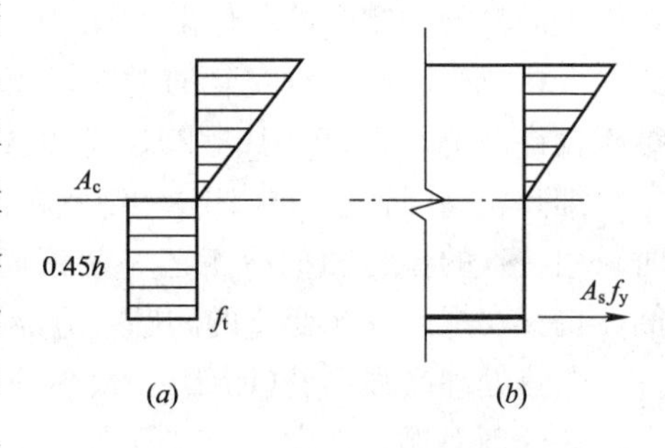

图 3-10 受拉钢筋最小配筋率的机理—开裂即破坏
(a)开裂前的应力状态；(b)开裂后的钢筋应力

(2) 配筋特征值

可以看出，最小配筋率受控于配筋特征值(f_t/f_y)，与混凝土及钢筋的相对强度有关。其物理意义为：混凝土强度越高材料越“脆”而对破坏形态不利，需要提高最小配筋率；而配置钢筋则可增加强度及延性，对应用高强钢筋有利，故采用高强钢筋时，可以降低最小配筋率。

(3) 双控原则

除了“开裂即破坏”为控制条件以外，从结构构造的角度，还提出了最小配筋率 0.20%的绝对值要求。因此，实际设计时采取这种“双控”的形式。还应指出的是，上述计算开裂前混凝土的拉力时，保护层中的混凝土也是起作用的。因此，计算配筋率时的底面积，应该是构件的全截面积(bh)而非有效截面积(bh_0)。

设置双控的原则是为了鼓励采用高强钢筋。如受弯构件中当混凝土强度等级采用

C30、钢筋采用 HRB335 时，其配筋特征值就将大于最小配筋率 0.20%，比采用 400MPa 级钢筋就要多用钢筋。而同样混凝土强度等级，当采用 400MPa 钢筋时，其配筋特征值就将小于 0.20%，故可按最小配筋率 0.20%控制，有利于节约钢筋用量。

3. 受压构件的最小配筋率

(1) 受压最小配筋机理

受压构件是指柱、墙之类以承受压力为主的构件。其中混凝土将承担绝大多数的压力，但截面中必须配置一定比例的钢筋，以保证构件的抗力具有一定的延性，避免混凝土压溃引发脆性破坏。

此外，由于混凝土受长期压应力作用，混凝土将逐步产生徐变，也会引起压力由混凝土向钢筋转移，过少的配筋就不能保证安全。因此，为了保证必要的延性和安全，受压构件也必须有最小配筋率的要求。

(2) 配筋特征值

从理论上进行推导，同样也可得到用配筋特征值(f_c/f_y)计算表达的受压钢筋最小配筋率。不同的是受压最小配筋率中，混凝土影响用抗压强度 f_c表示。但是《混凝土结构设计规范》GB 50010—2010 中抗震设计对柱的最小配筋没有采用反映配筋特征值(f_c/f_y)的表达形式，而直接规定了配筋率绝对值的规定。由于静力设计必须与抗震衔接，因此受压构件的最小配筋率并未能直接采用按配筋特征值计算的方式，而是直接给出了与钢筋强度等级对应的绝对值。

随着钢筋强度提高，最小配筋率由 0.6%(钢筋为 300MPa 或 335MPa)、0.55%(钢筋为 400MPa)、0.5%(钢筋为 500MPa)而渐次降低。这种方式实际也间接反映了配筋特征值的影响，即采用高强钢筋可以适当减小受压构件的最小配筋率，以鼓励采用高强钢筋。而混凝土强度等级超过 C60 时，由于高强混凝土的脆性影响，其最小配筋率应提高 0.1%。

(3) 双控原则

受压构件的配筋受力情况比较复杂。钢筋可能受压，大偏心构件受力时还可能受拉。因此对最小配筋率应该按全截面钢筋和一侧钢筋分别提出要求，这就是受压构件最小配筋率的“双控原则”。同样，计算配筋率的底面是构件的全截面积(bh)而非有效截面积(bh_0)。

4. 最小配筋率的提升

在物资匮乏的计划经济时代，我国的最小配筋率曾远低于世界各国的水平。但改革开放以后，情况有了变化。图 3-11 所示为我国历次《混凝土结构设计规范》中，受拉钢筋最小配筋率的变化，以及考虑主力钢筋强度变化而计算的最小配筋强度的变化。可以看出，随着国力增强及“以人为本、安全第一”设计思想的转变，我国的最小配筋率不断提高。本次《混凝土结构设计规范》GB 50010 修订，最小配筋率又有了一定程度的提高。随着时代进步与综合国力的进一步增强，不排除今后继续提高的可能性。

5.《混凝土结构设计规范》GB 50010—2010 中的最小配筋率

《混凝土结构设计规范》GB 50010—2010 第 8.5.1 条规定：钢筋混凝土结构构件中纵向受力钢筋的配筋百分率不应小于表 3-11(《混凝土结构设计规范》GB 50010—2010 表 8.5.1)规定的数值。

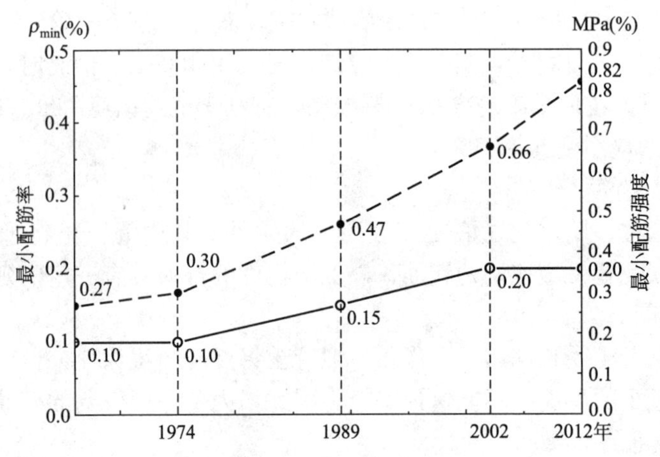

图 3-11　我国历次《混凝土结构设计规范》修订中最小配筋率及最小配筋强度的变化

纵向受力钢筋的最小配筋百分率 ρ_{min}（%）　　**表 3-11**

受力类型		最小配筋百分率
受压构件	全部纵向钢筋	0.50(500MPa 级钢筋) 0.55(400MPa 级钢筋) 0.60(300MPa 级、335MPa 级钢筋)
	一侧纵向钢筋	0.20
受弯构件、偏心受拉、轴心受拉构件一侧的受拉钢筋		0.20 和 $45f_t/f_y$ 中的较大值

(1) 受拉钢筋的最小配筋率

受弯构件、偏心受拉、轴心受拉构件一侧纵向受力钢筋的最小配筋百分率，取 0.20%和 $45f_t/f_y$ 中的较大值，按双控原则取用。

(2) 板类构件的最小配筋率

通常楼板(悬臂板除外)是安全层次比较低的受力构件，一般具有较大的安全裕量。根据工程经验及设计习惯，最小配筋率可以适当降低。《混凝土结构设计规范》GB 50010 修订规定：以配筋特征值表达的最小配筋百分率不变，而最小配筋率绝对值可以降低为 0.15%。这样处理，同样可以维持必要的结构性能。

(3) 受压构件的最小配筋率

受压构件的最小配筋率的绝对值分为：一侧钢筋 0.20%；全截面配筋根据钢筋强度等级不同而变化，为 0.5%～0.6%(见表 3-11)。与原《混凝土结构设计规范》GB 50010 比较，受压构件的最小配筋率有了调整。

《混凝土结构设计规范》GB 50010 修订中，一侧的最小配筋率保持不变，而全截面的最小配筋率也与混凝土及钢筋的相对强度(配筋特征值)有关。但为与抗震设计衔接而未直接采用计算的形式表达，而按材料强度等级调整。总体而言，受压构件的最小配筋率比原《混凝土结构设计规范》GB 50010 普遍增加了 0.05%左右。这是因为受压构件对结构安全的影响更为重要的缘故。

6. 大截面构件的最小配筋率

(1) 最小配筋率的不合理性

实际工程结构中还有不少因为构造要求或使用功能的需要，形成截面高度很大而承载内力极小的构件。若按最小配筋率的规定进行配筋，就会出现截面越大，配筋就要求越多的不合理结果。为减少不必要的浪费，修订《混凝土结构设计规范》GB 50010 在保证安全的条件下，就这种情况的最小配筋，作出了局部调整。

（2）基础筏板的最小配筋率

《混凝土结构设计规范》GB 50010—2010 第 8.5.2 条根据受力状态及工程经验规定：对卧置于地基上的混凝土基础筏板，最小配筋率可以适度降低，统一取为 0.15%。

（3）大截面受弯构件的最小配筋

结构中受力次要的大截面受弯构件，往往实际承载弯矩非常小。若按很大的截面计算最小配筋率进行配筋，就太不合理了，特别是配置高强钢筋时将导致很大的钢筋材料浪费。

《混凝土结构设计规范》GB 50010—2010 第 8.5.3 条规定：在这种情况下，可以用实际弯矩 M 和最小配筋率 ρ_{min} 反求其临界高度 h_{cr}，即在此临界高度下的最小配筋 A_{min} 已足可承受实际弯矩 M(如图 3-12 所示)。则在截面高度继续加大的情况下，仍可维持原有的实际配筋(最小配筋 A_{min})不变。虽然实际配筋率已经减少到最小配筋率以下，但应仍能保证构件应有的受弯承载力。临界高度 h_{cr} 及实际最小配筋率按下列公式计算：

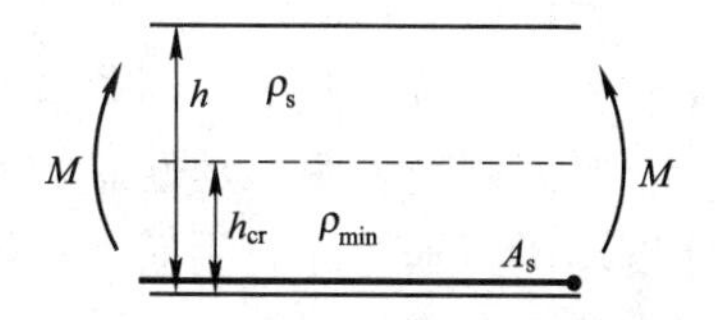

图 3-12　厚板承载的临界高度

$$h_{cr}=1.05\sqrt{\frac{M}{\rho_{min}f_y b}} \tag{3-18}$$

$$\rho \geqslant \frac{h_{cr}}{h}\rho_{min} \tag{3-19}$$

这样的实际最小配筋 A_{min}，在确保结构安全的条件下可以节省配筋。但为保证必要的配筋量，应限制临界厚度不小于截面之半($h/2$)，故减少配筋最多可以达到一半。

7. 各种构件的控制配筋

除了上述通用于所有情况的最小配筋率要求以外，对于压、弯、剪、扭等形形色色不同的受力形态和梁、板、墙、柱等结构构件，根据具体的受力或其他要求，还会提出各种特殊的最小配筋构造要求。这些控制配筋的要求，如果与钢筋的强度和结构安全无关，可以不采用高强钢筋。这些控制配筋的目的和形式大体如下：

（1）保证构件的结构性能

为了保证构件承载受力最基本性能，就有最小配筋的要求。为了保证不发生非延性的破坏，就有限制最大配筋率的要求。这些对控制配筋的要求，往往以配筋特征值或直接以配筋率的形式提出限制，设计时也必须予以满足。

（2）控制裂缝的需要

混凝土结构中往往由于混凝土收缩、温差、强迫位移、形状突变、非设计作用等原因而引起裂缝。为此就要配置控制构件裂缝的防裂钢筋。这些对控制裂缝的防裂钢筋，往往直接以钢筋的直径、间距、形状、布置方式的具体规定给出。同样在设计时也必须予以满足。

（3）满足构件的构造要求

作为混凝土构件两种材料的分布，应满足一定的构造要求。例如对架立筋、分布筋的直径、间距，甚至位置的规定。尽管并不涉及设计计算和安全问题，但设计时仍必须予以满足，因为这是混凝土结构中两种材料承载受力的基础。

注意事项：这些构造与控制配筋的要求分布在《混凝土结构设计规范》GB 50010—2010的各章、节、条、款中。其要求形式各异、种类繁多，同样需要在设计时遵守。由于内容太多且系统性差，难以一一详述。设计人员在遵守这些规定进行设计的同时，还应该明白这些规定的技术背景、相应的应用范围和条件而灵活应用。

3.1.10 有抗震性能要求的高强钢筋

1. 地震作用和钢筋受力机理

地震对建筑物的作用，实际是施加于建筑结构上，具有一定加速度的强迫位移。这个强迫位移将通过上部结构的动力特性，使结构各部位产生很大的加速度，并引起很大的位移与内力。这种作用需要结构构件有很好变形性能，这是抗震性能的最重要要求。如在罕遇地震作用下，混凝土结构的框架梁端应该出现塑性铰。这需要梁端的上下钢筋都能够产生较大反复拉伸变形，因此就对受力钢筋提出了很高的延性要求。

震害调查表明：延性差的钢筋，尽管强度高，但也会在地震中断裂破坏而引发结构整体倒塌；而延性好的钢筋，尽管强度低，但能保证在地震不发生断裂破坏，维持了结构有很大的变形而保证不发生断裂—倒塌破坏。从结构抗震的角度而言，钢筋的延性是不亚于强度的重要力学性能。

本次《混凝土结构设计规范》GB 50010修订中，提出积极推广应用高强钢筋。一般来说，钢筋随着强度的提高其延性随之降低。因此，为保证高强钢筋用于抗震关键部位变形的需要，特别对有抗震性能要求的高强钢筋，在《混凝土结构设计规范》GB 50010—2010第11.2.2条中，进一步强化了对抗震钢筋延性的要求。

2. 抗震钢筋的应用范围

与原《混凝土结构设计规范》GB 50010相比，对抗震钢筋的应用范围有所扩大，在原一、二抗震等级设计的框架的基础上，新增了三级抗震等级框架以及一、二、三级抗震等级设计斜撑构件的抗震要求。在按一、二、三级抗震等级设计的框架和斜撑的杆系构件中，纵向受力普通钢筋应采用有抗震性能要求的钢筋。

应该强调，并不是有抗震设防要求混凝土结构的所有构件，都必须采用抗震钢筋。例如，对于次梁、楼板以及剪力墙的配筋，都可以采用没有抗震性能要求的普通钢筋。有抗震性能要求的高强钢筋，一般需加微合金，并在生产工艺、质量检验方面有专门要求，其对资源和能源的消耗较大，钢筋成本较高，设计与施工中应特别注意这点。建筑设计与施工图审图时，不能任意扩大有抗震性能要求钢筋的应用范围，以免造成浪费。

3. 抗震钢筋的延性要求

按修订《混凝土结构设计规范》GB 50010对推广应用高强钢筋的要求，梁、柱的纵向受力钢筋应采用微合金化(HRB)或细晶粒(HRBF)的400MPa级、500MPa级高强钢筋。为保证高强钢筋的抗震性能，特对于抗震钢筋提出了高延性的抗震性能要求。抗震钢筋的延性性能要求包括三个方面：

(1) 强屈比

钢筋的抗拉强度实测值与屈服强度实测值的比值不应小于1.25。提出强屈比要求，就是要求抗震钢筋在钢筋屈服后至断裂的极限强度之间还有较长的发展过程和安全储备。即在遭遇罕遇地震的作用下，要求在梁端出现塑性铰以后，钢筋在地震作用的大变形条件下，还有足够的安全潜力，能够保证构件的基本抗震承载力。

(2) 超强比

钢筋的屈服强度实测值与屈服强度标准值的比值不应大于1.30。对超强比的限值要求是为了保证框架梁等构件，在达到某一承载力状态时，按设计要求在梁端出现塑性铰，保证“强柱弱梁”、“强剪弱弯”的抗震性能。如果钢筋强度超强过多，应该出现的塑性铰不能出现，将会影响混凝土结构应有的抗震性能。

(3) 均匀伸长率

钢筋最大力下的总伸长率实测值不应小于9%。这个要求是本次《混凝土结构设计规范》GB 50010修订中新增加的要求，是抗震钢筋的一项重要性能指标。均匀伸长率与传统的断口伸长率不同，是要求钢筋在达到最大拉力情况下的实测伸长率。这是保证抗震结构在大变形下，钢筋应具有足够的塑性变形能力而不至于断裂。这对于保证结构在地震作用下避免发生倒塌，具有重要意义。

4. 抗震钢筋牌号

抗震钢筋可以采用钢筋标准《钢筋混凝土用钢 第2部分：热轧带肋钢筋》GB 1499.2中，带后缀“E”的热轧带肋钢筋。但是必须保证上述三条延性性能。抗震钢筋的强度和弹性模量等其他性能的设计参数，可以按《混凝土结构设计规范》GB 50010—2010有关热轧带肋钢筋的规定采用。

5. 纵筋的锚固与连接

(1) 抗震锚固长度

锚固长度：考虑地震的反复作用对钢筋锚固的不利影响，《混凝土结构设计规范》GB 50010—2010第11.1.7条规定了纵向受力钢筋的抗震锚固长度。其应在一般锚固长度的基础上，乘以抗震锚固长度修正系数。

$$l_{aE}=\zeta_{aE}l_a \tag{3-20}$$

修正系数：锚固长度修正系数 ζ_{aE} 对一、二级抗震等级取1.15；三级抗震等级取1.05；四级抗震等级取1.00。

(2) 抗震钢筋的连接

纵向受力钢筋的连接可以采用绑扎搭接、机械连接或焊接的连接形式。

连接接头的位置，宜避开梁端、柱端的箍筋加密区。无法避开时，应采用机械连接或焊接的连接形式。

受力钢筋接头面积百分率不宜超过50%。

抗震搭接长度由抗震锚固长度乘搭接长度修正系数得出：

$$l_{lE}=\zeta_l l_{aE} \tag{3-21}$$

式中，纵向受拉钢筋搭接长度修正系数按《混凝土结构设计规范》GB 50010—2010第8.4.4条确定。

6. 箍筋及预埋件

(1) 箍筋

箍筋宜采用焊接封闭箍筋、连续螺旋箍筋或连续复合螺旋箍筋以加强约束。

非焊接封闭箍末端应加工为135°弯钩，弯后余长 $10d$。

搭接长度范围内箍筋的间距不大于 $5d$ 且 100mm。

(2) 预埋件

直锚筋截面积增大25%，且应适当增大锚板的厚度。

锚筋锚固长度增加10%；当不能满足时，靠近锚板处设置 $\phi10$ 的封闭箍筋。

预埋件不宜设置在塑性铰区，当不能避免时应采取有效措施。

3.2 施工与验收规范

钢筋工程是混凝土结构施工质量验收的分项工程之一，包括钢筋进场检查和验收、钢筋加工、钢筋连接、钢筋安装等内容。钢筋分项工程相关的主要现行标准有：

(1) 国家标准《混凝土结构工程施工规范》GB 50666—2011(本节简称《施工规范》)；

(2) 国家标准《混凝土结构工程施工质量验收规范》GB 50204—2002(2011年版)(本节简称《验收规范》)；

(3) 行业标准《钢筋机械连接技术规程》JGJ 107—2010(本节简称《机械连接规程》)；

(4) 行业标准《钢筋焊接及验收规程》JGJ 18—2012(本节简称《焊接规程》)。

以上标准中对钢筋工程的有关规定，主要是适用于各种强度等级钢筋的通用规定，但也包括针对高强钢筋的专门规定。本节主要介绍上述标准中钢筋工程有关条文，并对其作出释义。

3.2.1 钢筋进场检查和验收

钢筋进场时，应进行检查和验收。《施工规范》和《验收规范》对此分别作出规定。检查和验收的内容包括三个方面：

(1) 检查文件：检查钢筋出厂的产品合格证和出厂检验报告等质量证明文件。

(2) 检查外观：钢筋的外观应通过观察全数检查。钢筋应平直、无损伤，表面不得有裂缝、油污、颗粒状或片状老锈。

(3) 抽样复验：按国家现行有关标准的规定抽样检验屈服强度、抗拉强度、伸长率、弯曲性能及单位长度重量偏差。

钢筋进场检查和验收应按批进行。由于工程量、运输条件和各种钢筋的用量等的差异，很难对钢筋进场检查和验收的批量大小作出统一规定。实际检查和验收时，若有关标准中对进场检验作了具体规定，应遵照执行；若有关标准中只有对产品出厂检验的规定，则在进场检验时，批量应按下列情况确定：

(1) 对同一厂家、同一牌号、同一规格的钢筋，当一次进场的数量大于该产品的出厂检验批量时，应划分为若干个出厂检验批量，按出厂检验的抽样方案执行。

(2) 对同一厂家、同一牌号、同一规格的钢筋，当一次进场的数量小于或等于该产品的出厂检验批量时，应作为一个检验批量，然后按出厂检验的抽样方案执行。

(3) 对不同时间进场的同批钢筋，当确有可靠依据时，可按一次进场的钢筋处理。

每批钢筋的检验数量应按相关产品标准执行。热轧钢筋和余热处理钢筋要求每批抽取5个试件，先进行重量偏差检验，再取其中2个试件进行拉伸试验和弯曲；冷轧带肋钢筋和冷轧扭钢筋要求每批抽取 3 个试件，先进行重量偏差检验，再取其中 2 个试件进行拉伸试验和弯曲。

为推广应用认证产品，减少检测工作量和成本，《施工规范》对符合限定条件的产品进场检验作了适当调整。这里的“经产品认证符合要求的钢筋”系指经产品认证机构认证，认证结论为符合认证要求的产品。产品认证机构应经国家认证认可监督管理部门批准成立。对来源稳定且连续检验合格的钢筋，《施工规范》对其后的检验批量作了放宽一倍的规定。

热轧带肋钢筋的牌号有 HRB、HRBF、RRB 等三种，有时根据外观和力学性能尚不能准确区分钢筋牌号，实践中存在混用或冒用的可能。当无法准确判断钢筋品种、牌号时，应增加化学成分、晶粒度等检验项目。

3.2.2　成型钢筋应用

成型钢筋指采用专用设备，按规定尺寸、形状预先加工成型的普通钢筋制品。应用成型钢筋可减少钢筋损耗且有利于质量控制，同时缩短钢筋现场存放时间，有利于钢筋的保护。《施工规范》提倡采用专业化生产的成型钢筋，主要是根据国家产业政策的要求，从节约钢筋的角度出发。虽然钢筋的采用主要由设计图纸确定，但施工单位在具体工程实施过程中仍可通过设计变更等方式推广成型钢筋。

成型钢筋的专业化生产不同于传统的钢筋集中加工，应在专门场地采用自动化机械设备进行钢筋调直、切割和弯折，其性能应符合现行行业标准《混凝土结构用成型钢筋》JG/T 226—2008 的有关规定，加工企业应有较好的质量管理、控制手段措施。

成型钢筋进场时，应检查成型钢筋的质量证明文件、成型钢筋所用材料的质量证明文件及检验报告，并应抽样检验成型钢筋的屈服强度、抗拉强度、伸长率和重量偏差。检验批量可由合同约定，同一工程、同一原材料来源、同一组生产设备生产的成型钢筋，检验批量不宜大于 30t。

钢筋场外加工，推广应用专业化生产的成型钢筋与建筑工程推广商品混凝土类似，其有利于材料节约和环境保护，是钢筋工程未来发展的趋势。在成型钢筋推广的过程中，整个行业遇到了“瘦身钢筋”、“超负偏差钢筋”等不良现象的影响，阻碍了推广和技术进步。为应对工程中遇到的问题，促进成型钢筋应用的健康成长，在成型钢筋场外加工、进场验收的各环节，要求施工单位、监理单位细致检查，严把质量关。

3.2.3　钢筋代换

当施工中因钢筋采购或局部钢筋绑扎、混凝土浇筑困难等原因需要进行钢筋代换时，应经设计单位确认并办理相关手续。钢筋代换主要包括钢筋品种、级别、规格、数量等的改变，涉及结构安全，故《施工规范》予以强制。钢筋代换应按国家现行相关标准的有关规定，考虑构件承载力、正常使用(裂缝宽度、挠度控制)及配筋构造等方面的要求，不宜用光圆钢筋代换带肋钢筋。应按代换后的钢筋品种和规格执行《施工规范》对钢筋加工、钢筋连接等的技术要求。

如因大直径钢筋采购、加工困难等原因，可采用并筋代换形式。当采用并筋作为纵向钢筋或箍筋时，可按面积相等的原则等效为单根钢筋，并按等效直径进行正常使用极限状态验算及确定钢筋间距、锚固长度、搭接长度等构造措施。

由于我国工程管理体制的原因，在推广应用高强钢筋的过程中施工方的促进作用不如设计方明显。如设计没有采用高强钢筋，施工方也可通过设计变更等方式积极应用高强钢筋。

3.2.4 抗震设防结构对钢筋的要求

现行国家标准《混凝土结构设计规范》GB 50010—2010、《建筑抗震设计规范》GB 50011—2010 中均对抗震设防结构的钢筋性能提出了要求。当设计提出了抗震设防结构的钢筋要求时，应按设计执行。当设计无具体要求时，《施工规范》要求按一、二、三级抗震等级设计的框架和斜撑构件(含梯段)中的纵向受力钢筋应采用牌号带 E 的钢筋，俗称“抗震钢筋”。条文规定的框架包括各类混凝土结构中的框架梁、框架柱、框支梁、框支柱及板柱—抗震墙的柱等，其抗震等级应根据国家现行相关标准由设计确定；斜撑构件包括伸臂桁架的斜撑、楼梯的梯段等。

“抗震钢筋”的强度和最大力下总伸长率的实测值应符合下列规定：

(1) 钢筋的抗拉强度实测值与屈服强度实测值的比值不应小于 1.25；

(2) 钢筋的屈服强度实测值与屈服强度标准值的比值不应大于 1.30；

(3) 钢筋的最大力下总伸长率不应小于 9%。

以上规定与钢筋产品标准《钢筋混凝土用钢　第 2 部分：热轧带肋钢筋》GB 1499.2—2007 及《混凝土结构设计规范》GB 50010—2010、《建筑抗震设计规范》GB 50011—2010 等标准的规定均相同，其目的是为保证重要结构构件的抗震性能。抗拉强度实测值与屈服强度实测值的比值，工程中习惯称为“强屈比”；屈服强度实测值与屈服强度标准值的比值，工程中习惯称为“超强比”或“超屈比”；最大力下总伸长率习惯称为“均匀伸长率”。

根据国家建筑钢材质量监督检验中心对国内部分钢筋生产企业检验数据统计，常规生产的 400MPa、500MPa 级热轧带肋钢筋(牌号不带“E”的钢筋)中只有部分可完全满足三个指标要求，调研国内主要钢筋生产企业反馈的信息也与该统计结果相符。钢筋产品标准《钢筋混凝土用钢 第 2 部分：热轧带肋钢筋》GB 1499.2—2007 在 2009 年完成的 1 号修改单对“抗震钢筋”提出了表面轧有专用标志的要求，钢筋生产企业为满足三个指标要求，专门生产了 HRB335E、HRB400E、HRB500E、HRBF335E、HRBF400E 和 HRBF500E 六种“抗震钢筋”。在此之后，牌号不带 E 的普通钢筋能够满足三个指标的可能性进一步降低。

由于普通热轧钢筋符合三个指标的保证率较低，常规进场检验抽样方法无法准确判断整批钢筋性能是否能够满足三个指标要求，故《施工规范》不允许采用。《施工规范》要求采用“抗震钢筋”，是为了避免因钢筋进场检验不符合三个指标造成损失，也为了防止不合格钢筋抽检合格造成的错用。“抗震钢筋”的性能要求与表 5-1 中不带“E”钢筋牌号相同，并应符合三个抗震指标要求，钢筋进场时应进行专项检验。工程中可将牌号“抗震钢筋”作为普通热轧钢筋采用，反之则不允许。

由于相关标准中未规定斜撑构件的抗震等级，可将规范条文理解为“包含一、二、三级抗震等级框架的建筑中的斜撑构件”，即：建筑中有其他构件需要应用“抗震钢筋”时，此房屋中的斜撑构件就需要应用“抗震钢筋”；如房屋中没有一、二、三级抗震等级的框架，则此房屋中的斜撑构件也不需要应用“抗震钢筋”。

3.2.5 钢筋保护、存放及区分

施工现场应采取措施防止钢筋锈蚀或损伤。应做好钢筋堆放场地的防水措施，还应注

意焊接、撞击等原因造成的钢筋损伤。后浇带等部位的外露钢筋在混凝土施工前也应避免锈蚀、损伤。施工中发现钢筋脆断、焊接性能不良或力学性能显著不正常等现象时，应停止使用该批钢筋，并对该批钢筋进行化学成分检验或其他专项检验。对性能不良的钢筋，可根据专项检验结果进行处理。

钢筋在运输和存放时，不得损坏包装和标志，并应按牌号、规格、炉批分别堆放。施工过程中，要能够区分不同强度等级和牌号的钢筋，避免混用。带肋钢筋表面每隔 1m 左右的间距均轧有钢筋标志。

由于光圆钢筋没有轧制标志，光圆钢筋仅能够通过盘卷标牌来区分，故在工程中应用要特别注意，特别是建筑工程中用 HPB300 钢筋替代 HPB235 钢筋的过渡时期。

3.2.6　钢筋调直

盘卷供货的带肋钢筋和光圆钢筋加工前需进行调直，直条供货的钢筋如有较大弯曲也需要进行调直，《施工规范》的钢筋调直规定适用于上述情况，也适用于场内加工和场外专业化加工。钢筋调直分为机械调直和冷拉调直两种主要工艺。

机械调直对钢筋性能影响较小，有利于保证钢筋质量，控制钢筋强度，是《施工规范》推荐采用的钢筋调直方式。根据国家标准《验收规范》第 5.3.2A 条的规定，钢筋调直后应进行二次检验，只有采用无延伸功能的机械设备调直钢筋可以不检。《施工规范》强调，机械调直的调直设备不应具有延伸功能。无延伸功能可理解为调直机械设备的牵引力不大于钢筋的屈服力，可由施工单位检查并经监理(建设)单位确认。带肋钢筋进行机械调直时，还应注意保护钢筋横肋，以避免横肋损伤造成钢筋锚固性能降低。

如采用冷拉调直，应控制调直冷拉率，以免影响钢筋的力学性能。《施工规范》中未对“抗震钢筋”的冷拉率提出要求，主要是考虑到冷拉调直后，钢筋力学性能可能无法满足《施工规范》第 5.2.2 条强制性条文规定的指标要求，实际上也是限制了对“抗震钢筋”的冷拉调直。所有冷拉调直的钢筋都应按现行国家标准《验收规范》的有关规定二次检验断后伸长率和重量负偏差。

《施工规范》对调直冷拉率的具体规定为“HPB300 光圆钢筋的冷拉率不宜大于 4%；HRB335、HRB400、HRB500、HRBF335、HRBF400、HRBF500 及 RRB400 带肋钢筋的冷拉率不宜大于 1%。”以上的技术规定的适用范围为冷拉调直。不得以增加强度、增加长度为目的对钢筋进行冷拉，通过冷拉方式增加钢筋(特别是带肋)长度应在工程中严格禁止。以往由于钢铁企业只生产 6.5mm 直径的 Q235 光圆盘条(HPB235 钢筋)，造成建筑工程中如设计选用 6mm 直径的 HPB235 钢筋，则工程中只能直接采用 6.5mm 直径钢筋，或者把 6.5mm 直径钢筋冷拉到 6mm 直径采用。按《施工规范》、《验收规范》的有关规定，6.5mm 直径钢筋冷拉到 6mm 使用将受到更多的限制。

《验收规范》局部修订后增加了钢筋调直后的检验规定。钢筋调直后应进行力学性能和重量偏差的检验，其强度应符合有关标准的规定。盘卷钢筋和直条钢筋调直后的断后伸长率、重量负偏差应符合表 3-12 的规定。采用无延伸功能的机械设备调直的钢筋，可不进行检查。增加检查规定是为加强对调直后钢筋性能质量的控制，防止冷拉加工过度改变钢筋的力学性能。对于初次进场的钢筋，应严格执行相关产品标准的指标要求规定，表 3-12 的规定不适用此种情况。

盘卷钢筋和直条钢筋调直后的断后伸长率、重量负偏差要求　　表 3-12

钢筋牌号	断后伸长率 A(%)	重量负偏差(%)		
		直径 6～12mm	直径 14～20mm	直径 22～50mm
HPB300	≥21	≤10	—	—
HRB335、HRBF335	≥16	≤8	≤6	≤5
HRB400、HRBF400	≥15			
RRB400	≥13			
HRB500、HRBF500	≥14			

注：1. 断后伸长率 A 的量测标距为 5 倍钢筋公称直径。
2. 重量负偏差(%)按公式$(W_0-W_d)/W_0\times100$计算，其中 W_0 为钢筋理论重量(kg/m)，W_d 为调直后钢筋的实际重量(kg/m)。
3. 对直径为 28～40mm 的带肋钢筋，表中断后伸长率可降 1%；对直径大于 40mm 的带肋钢筋，表中断后伸长率可降低 2%。

考虑到冷拉调直的实际情况，《验收规范》规定的检验批量为同一厂家、同一牌号、同一规格调直钢筋，重量不大于 30t 为一批，可供参考。当连续三批检验均一次合格时，批量可扩大为 60t。每批取 3 个试件，先进行重量偏差检验，再取其中 2 个试件经时效处理后进行力学性能检验。钢筋冷拉调直后的时效处理可采用人工时效方法，即将试件在沸水中煮 60min，然后在空气中冷却至室温。

3.2.7 钢筋弯折

钢筋弯折应采用专用设备一次弯折到位。对于弯折过度的钢筋，不得回弯。纵向受力钢筋的弯折后平直段长度应符合设计要求及现行国家标准《混凝土结构设计规范》GB 50010—2010 的有关规定。光圆钢筋末端作 180°弯钩时，弯钩的弯折后平直段长度不应小于钢筋直径的 3 倍。

《施工规范》关于钢筋弯折中弯折弯弧内直径的要求见表 3-13，此规定适用于纵向钢筋和箍筋。弯弧内直径及弯后平直段长度示意如图 3-13 所示。

钢筋弯弧内直径要求　　表 3-13

钢筋强度等级	300MPa 级光圆钢筋	335MPa 级、400MPa 级带肋钢筋	500MPa 级带肋钢筋	
			d<28mm	d≥28mm
弯弧内直径 D	≥2.5 d	≥4 d	≥6 d	≥7 d

注：表中 d 为弯折钢筋直径。

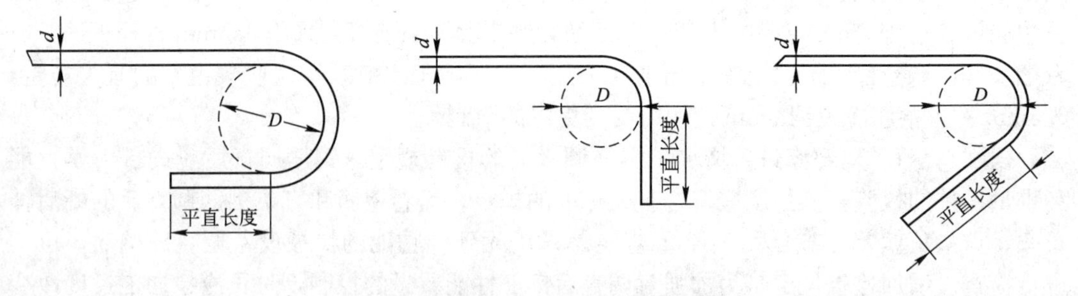

图 3-13　钢筋弯折弯弧内直径及弯后平直段长度示意图

除符合表3-13的规定外，位于框架结构顶层端节点处的梁上部纵向钢筋和柱外侧纵向钢筋，在节点角部弯折处的弯弧内直径，当钢筋直径为28mm以下时不宜小于钢筋直径的12倍，当钢筋直径为28mm及以上时不宜小于钢筋直径的16倍。此规定是根据《混凝土结构设计规范》GB 50010—2010的相关规定提出的。对大直径钢筋，此规定的施工难度较大，可在节点中应用钢筋锚固板以避免钢筋弯折。

以往版本的《施工规范》及《验收规范》中规定了弯起钢筋弯折处(或规定作不大于90°弯折时)的弯弧内直径不应小于5d。《施工规范》考虑到弯起钢筋应用较少，且带肋钢筋弯弧内直径均已不小于5d，光圆钢筋应用量逐渐减少，故不再重复此规定。

光圆钢筋受拉时，其末端应做成180°弯钩，弯钩的弯后平直段长度不应小于3d；当受压时，末端可不做弯钩。对于光圆钢筋的180°弯钩和作箍筋弯折，《施工规范》统一规定弯弧内直径不应小于2.5d，但根据光圆钢筋的各种具体应用情况，尚应执行箍筋弯弧内直径要求等较严规定。

钢筋作箍筋使用时，弯折处的弯弧内直径尚不应小于箍筋围绕的纵向受力钢筋直径。箍筋弯折处纵向受力钢筋为搭接钢筋或并筋时，应按钢筋实际排布情况确定箍筋弯弧内直径。拉筋弯折处，弯弧内直径除应按本条规定外，尚应考虑拉筋实际勾住钢筋的具体情况，如拉筋同时勾住纵向钢筋和外围箍筋，则应按实际情况取较大的弯弧内直径。

3.2.8 箍筋、拉筋的弯钩

除焊接封闭箍筋外，箍筋、拉筋的末端均应弯钩。当设计提出了弯钩规定时，应按设计执行。当设计无具体要求时，《施工规范》提出了具体规定：

(1)《施工规范》规定“对一般结构构件，箍筋弯钩的弯折角度不应小于90°，弯折后平直段长度不应小于箍筋直径的5倍”，为保证箍筋受力可靠，工程多采用135°弯钩，如图3-14(a)所示。

(2) 除第1款规定外，对有抗震设防要求或设计有专门要求的结构构件，箍筋弯钩的弯折角度不应小于135°，弯折后平直段长度不应小于箍筋直径的10倍和75mm两者之中的较大值，如图3-14(b)所示。有抗震设防要求的结构构件，即设计图纸和相关标准规范中规定具有抗震等级的结构构件；设计专门要求指构件受扭、弯剪扭等复合受力状态，也包括全部纵向受力钢筋配筋率大于3%的柱。

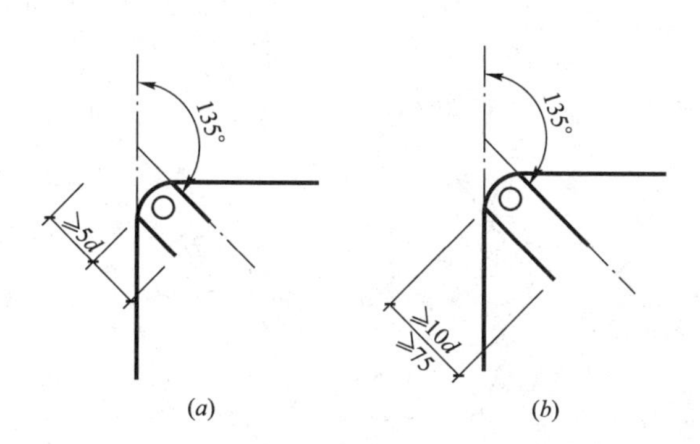

图3-14 箍筋弯钩构造

(a)一般结构构件；

(b)抗震设防要求及其他特殊要求构件

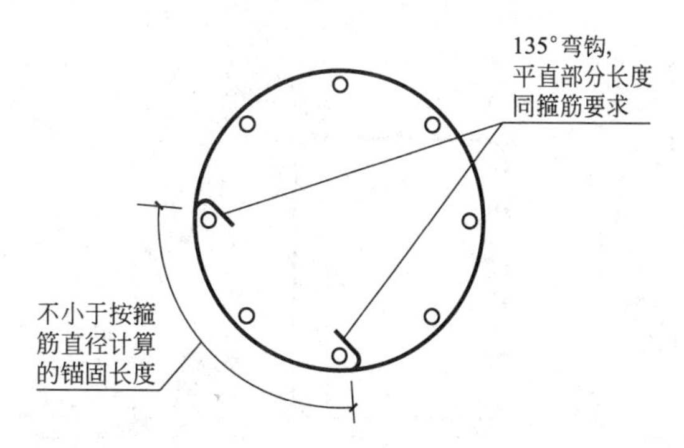

图3-15 圆形箍筋构造示意

(3) 圆形箍筋的搭接长度不应小于其受拉锚固长度(如图 3-15 所示)，有抗震设防要求的圆柱按抗震锚固长度确定。圆形箍筋两末端均应作 135°弯钩，弯折后平直段长度同普通箍筋。单个圆箍筋和螺旋箍筋的搭接均应符合此规定。

(4) 拉筋包括梁、柱复合箍筋中单肢箍筋，梁腰筋间拉结筋，剪力墙、楼板钢筋网片拉结筋等。用作梁、柱复合箍筋中单肢箍筋或梁腰筋间拉结筋时，拉筋两端弯钩均应为 135°，弯折后平直段长度应符合箍筋的有关规定加工两端 135°弯钩拉筋时，可做成一端 135°另一端 90°，现场安装后再将 90°弯钩端弯成满足要求的 135°弯钩。用作剪力墙、楼板等构件中的拉结筋时，两端弯钩可采用一端 135°另一端 90°，弯折后平直段长度不应小于拉筋直径的 5 倍。拉筋构造示意如图 3-16 所示。

图 3-16　拉筋弯钩构造

(*a*)用作箍筋；(*b*)剪力墙、楼板等构件中拉结筋

3.2.9　焊接封闭箍筋

焊接封闭箍筋可靠性好，可节约钢筋用量，是国家标准《混凝土结构设计规范》GB 50010—2010 推荐使用的箍筋形式，在《焊接规程》有详细的施工操作和验收规定。

焊接封闭箍筋应用宜以闪光对焊为主；采用气压焊或单面搭接焊时，应注意最小直径适用范围，单面搭接焊适用于直径不小于 10mm 的钢筋，气压焊适用于直径不小于 12mm 的钢筋。批量加工的焊接封闭箍筋应在专业加工场地并采用专用设备完成。

根据焊接封闭箍筋的特点，考虑便于施焊、有利于结构安全等因素，对焊接前箍筋加工提出了焊点部位的要求如下(如图 3-17 所示)：

(1) 每个箍筋的焊点数量应为 1 个，焊点宜位于多边形箍筋中的某边中部，且距箍筋弯折处的位置不宜小于 100mm。

(2) 矩形柱箍筋焊点宜设在柱短边，等边多边形柱箍筋焊点可设在任一边；不等边多边形柱箍筋焊点应位于不同边上。

(3) 梁箍筋焊点应设置在顶边或底边。

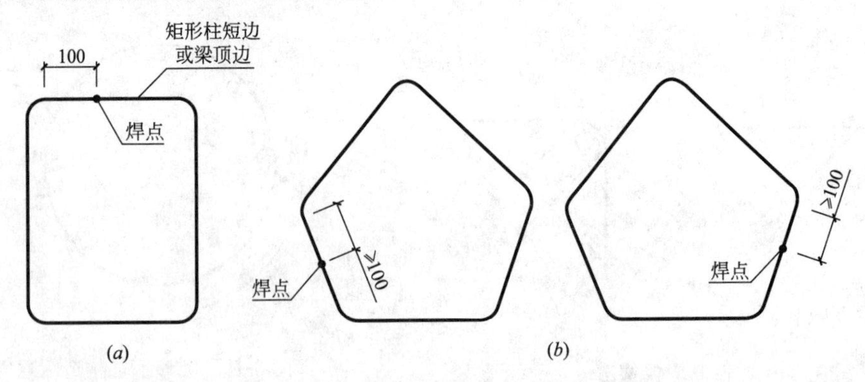

图 3-17　封闭焊接箍筋加工示意

(*a*)矩形柱或梁；(*b*)不等边多边形柱

3.2.10 机械锚固

弯钩或机械锚固措施是减少带肋钢筋锚固长度的有效方式。钢筋锚固板是近年来发展起来的新型商品化钢筋机械锚固措施，其具有安装快捷、质量及性能易于保证、锚固性能好等优点，可用作框架梁柱节点处钢筋锚固；简支梁支座、梁或板的抗剪钢筋锚固；桥梁、水工结构、地铁、隧道、核电站等各类混凝土结构工程的钢筋锚固等。钢筋锚固板工程应用可执行行业标准《钢筋锚固板应用技术规程》JGJ 256—2011。

3.2.11 钢筋连接方式

当施工中因钢筋采购或局部钢筋绑扎、混凝土浇筑困难等原因需要进行钢筋代换时，应经设计单位确认并办理相关手续。钢筋代换主要包括钢筋品种、级别、规格、数量等的改变，涉及结构安全，故《施工规范》予以强制。钢筋代换应按国家现行相关标准的有关规定，考虑构件承载力、正常使用(裂缝宽度、挠度控制)及配筋构造等方面的要求，不宜用光圆钢筋代换带肋钢筋。应按代换后的钢筋品种和规格执行《施工规范》对钢筋加工、钢筋连接等的技术要求。

如因大直径钢筋采购、加工困难等原因，可采用并筋代换形式。当采用并筋作为纵向钢筋或箍筋时，可按面积相等的原则等效为单根钢筋，并按等效直径进行正常使用极限状态验算及确定钢筋间距、锚固长度、搭接长度等构造措施。

3.2.12 钢筋机械连接

我国已应用的钢筋机械连接方式有直螺纹连接、套筒挤压连接、锥螺纹连接等。直螺纹连接是目前应用最广的连接方式，又细分为镦粗直螺纹连接、滚轧直螺纹连接、薄肋滚轧直螺纹连接等方式。各种机械连接接头的适用范围、工艺要求、套筒材料、质量要求等应符合《机械连接规程》的有关规定。

机械连接施工操作应注意下列问题：

(1) 加工钢筋接头的操作工人应经专业培训合格后上岗，人员应相对稳定，以保证机械连接的连接质量。

(2) 钢筋接头的加工应经工艺检验合格后方可进行。虽然机械连接受带肋钢筋性能变化影响较小，但对于内外硬度相差较大的余热处理钢筋或细晶粒热轧钢筋，存在损伤丝头加工机具、影响接头性能等问题。由于近年来钢筋生产企业为控制成本，钢筋生产多增加在线穿水冷却工艺，钢筋性能变化较大。使用中应注意不同批次钢筋对机械连接的影响，钢筋原材料性能变化较大时应重新进行工艺检验。

(3) 应采取措施控制机械连接接头的混凝土保护层厚度，并宜符合现行国家标准《混凝土结构设计规范》GB 50010—2010 中受力钢筋最小保护层厚度的规定。任何情况下钢筋接头的保护层厚度不应小于 15mm。接头之间的横向净间距不宜小于 25mm。

(4) 直螺纹接头和锥螺纹接头安装后应使用专用扭力扳手校核拧紧扭力矩，安装用管钳、扭力扳手和校核用扭力扳手应区分使用，两者的精度、校准要求均有所不同。挤压接头安装应从套筒中央开始，依次向两端挤压，压痕直径的波动范围应控制在供应商认定的允许波动范围内，并提供专用量规进行检验。

(5) 同一连接区段内纵向受力钢筋的接头面积百分率应符合下列规定：

① 受压接头可不受限制。

② 受拉接头不宜超过 50%。对板、墙、柱及装配式混凝土结构构件连接处受拉接头

可根据实际情况适当放宽。

③ 直接承受动力荷载的结构构件中不应超过50%。

3.2.13 钢筋焊接

钢筋的对接焊接，可采用闪光对焊、电弧焊、电渣压力焊或气压焊。钢筋骨架和钢筋网片的交叉焊接宜采用电阻点焊。钢筋与钢板的T型连接，宜采用埋弧压力焊或电弧焊。

各种焊接接头的工艺要求、焊条及焊剂选择、质量要求等应符合《焊接规程》的有关规定。

钢筋焊接施工属于专业施工，从事钢筋焊接施工的焊工应持有钢筋焊工考试合格证，并应按照合格证规定的范围上岗操作。焊接施工操作应注意下列问题：

(1) 对从事钢筋焊接施工的班组及有关人员应经常进行安全培训，并制定和实施安全技术措施，加强对焊工的劳动保护和安全防护，防止发生烧伤、触电、火灾、爆炸以及烧坏设备等事故。

(2) 在钢筋工程焊接施工前，参与该项工程施焊的焊工应进行现场条件下的焊接工艺试验，经试验合格后，方可进行焊接。相对于机械连接，焊接受钢筋化学成分、轧制工艺的变化影响更大，施工中一定要重视钢筋对焊接质量的影响，做好施工前的工艺试验。焊接过程中，如果钢筋牌号、直径发生变更，应再次进行焊接工艺试验。工艺试验使用的材料、设备、辅料及作业条件均应与实际施工一致。

(3) 焊接的施工质量受到操作人、焊接材料、焊接设备、焊接环境等多因素的影响。虽然我国钢筋焊接已有成熟的工艺和经验，但考虑到现今工程量大而一线操作工人素质参差不齐，应加强焊接施工过程中的质量控制。

(4)《混凝土结构设计规范》GB 50010—2010规定"细晶粒热轧钢筋及直径大于28mm的普通热轧钢筋，其焊接应经试验确定；余热处理钢筋不宜焊接"，与《焊接规程》的规定有所不同，工程实际操作中应予以重视。

(5) 电渣压力焊只应使用于柱、墙等构件中竖向受力钢筋的连接，不得超范围使用。

(6) 施工中随意进行的定位焊接可能损伤纵向钢筋、箍筋，对结构安全造成不利影响。钢筋安装过程中，如因施工操作原因需对钢筋进行焊接，需按《焊接规程》的有关规定进行施工，焊接质量应满足其要求。不允许因钢筋定位需要进行不符合焊接质量要求的"虚焊"。

(7) 同一连接区段内纵向受力钢筋的接头面积百分率应符合下列规定：

① 受压接头可不受限制。

② 受拉接头不宜超过50%。装配式混凝土结构构件连接处受拉接头可根据实际情况适当放宽。

③ 直接承受动力荷载的结构构件中不宜采用。

3.2.14 钢筋绑扎搭接连接

1. 概述

钢筋绑扎搭接是最原始、施工操作最简单的钢筋连接方式，其优点为受施工操作影响最小，但也有浪费搭接段钢筋的明显缺点。《混凝土结构设计规范》GB 50010—2010规定"轴心受拉及小偏心受拉杆件的纵向受拉钢筋不得采用绑扎搭接；其他构件中的钢筋采用绑扎搭接时，受拉钢筋直径不宜大于25mm，受压钢筋直径不宜大于28mm。"

2. 施工操作

钢筋绑扎搭接施工比较简单，要求在接头中心和两端用铁丝扎牢即可，铁丝的直径和长度应根据钢筋直径确定。在梁、柱类构件的纵向受力钢筋搭接长度范围内，应按下列要求设置箍筋：

(1) 箍筋直径不应小于搭接钢筋较大直径的 0.25 倍。

(2) 受拉搭接区段的箍筋间距不应大于搭接钢筋较小直径的 5 倍，且不应大于 100mm。

(3) 受压搭接区段的箍筋间距不应大于搭接钢筋较小直径的 10 倍，且不应大于 200mm。

(4) 当柱中纵向受力钢筋直径大于 25mm 时，应在搭接接头两个端面外 100mm 范围内各设置两个箍筋，其间距宜为 50mm。

3. 接头百分率要求

各接头的横向净间距 s 不应小于钢筋直径，且不应小于 25mm。接头连接区段的长度应为 $1.3l_l$（l_l为搭接长度），凡接头中点位于该连接区段长度内的接头均应属于同一连接区段。同一连接区段内，纵向受压钢筋的接头面积百分率可不受限制；纵向受拉钢筋的接头面积百分率应符合下列规定：

(1) 梁类、板类及墙类构件不宜超过 25%，基础筏板不宜超过 50%。

(2) 柱类构件，不宜超过 50%。

(3) 当工程中确有必要增大接头面积百分率时，对梁类构件，不应大于 50%；对其他构件，可根据实际情况适当放宽。

4. 搭接长度要求

与机械连接、焊接的实际施工操作相同，绑扎搭接连接也是根据规范要求及现场施工条件确定接头百分率目标值，并根据目标值确定搭接长度。

《混凝土结构设计规范》GB 50010—2010 规定钢筋绑扎搭接长度 l_l为钢筋锚固长度 l_a 乘以纵向受拉钢筋搭接长度的修正系数 ζ_l，修正系数 ζ_l可按表 3-14 取值，当纵向搭接接头面积百分率为表中中间值时，修正系数可按内插取值。

纵向受拉钢筋搭接长度修正系数 **表 3-14**

纵向搭接钢筋接头面积百分率(%)	≤25	50	100
ζ_l	1.2	1.4	1.6

《施工规范》附录 C 提出了简便的纵向受力钢筋的最小搭接长度确定方法。当纵向受拉钢筋的绑扎搭接接头面积百分率不大于 25%时，其最小搭接长度应符合表 3-15 的规定。当纵向受拉钢筋搭接接头面积百分率为 50%时，其最小搭接长度应按《施工规范》表 C.0.1 中的数值乘以系数 1.15 取用；当接头面积百分率为 100%时，应按《施工规范》表 C.0.1 中的数值乘以系数 1.35 取用；当接头百分率为 25%～100%的中间值时，修正系数可按内插取值。

纵向受拉钢筋的最小搭接长度 **表 3-15**

钢筋类型		混凝土强度等级								
		C20	C25	C30	C35	C40	C45	C50	C55	≥C60
光面钢筋(300 级)		48d	41d	37d	34d	31d	29d	28d	—	—
带肋钢筋	335 级	46d	40d	36d	33d	30d	29d	27d	26d	25d
	400 级	—	48d	43d	39d	36d	34d	33d	31d	30d
	500 级	—	58d	52d	47d	43d	41d	39d	38d	36d

《施工规范》附录C还提出了不同情况下的受拉钢筋搭接长度修正方法，并规定任何情况下受拉钢筋搭接长度不应小于300mm。具体如下：

（1）当带肋钢筋的直径大于25mm时，其最小搭接长度应按相应数值乘以系数1.1取用。

（2）对环氧树脂涂层的带肋钢筋，其最小搭接长度应按相应数值乘以系数1.25取用。

（3）当施工过程中受力钢筋易受扰动时（如滑模施工），其最小搭接长度应按相应数值乘以系数1.1取用。

（4）对末端采用弯钩或机械锚固措施的带肋钢筋，其最小搭接长度可按相应数值乘以系数0.6取用。

（5）当带肋钢筋的混凝土保护层厚度为搭接钢筋直径的3倍，且配有箍筋时，其最小搭接长度可按相应数值乘以系数0.8取用；当带肋钢筋的混凝土保护层厚度为搭接钢筋直径的5倍，且配有箍筋时，其最小搭接长度可按相应数值乘以系数0.7取用；当带肋钢筋的混凝土保护层厚度大于搭接钢筋直径的3倍且小于5倍，且配有箍筋时，修正系数可按内插取值。

（6）对有抗震要求的受力钢筋的最小搭接长度，对一、二级抗震等级应按相应数值乘以系数1.15采用；对三级抗震等级应按相应数值乘以系数1.05采用。

注：上述第(4)、(5)情况同时存在时，可仅选其中之一执行。

3.2.15 安装绑扎要求

钢筋安装绑扎的基本要求如下：

（1）除梁顶、梁底的钢筋网外，墙、柱、梁钢筋骨架中各竖向面钢筋网交叉点应全数绑扎；板上部钢筋网的交叉点应全数绑扎；板底部钢筋网的边缘部分需全部扎牢，中间部分可间隔交错绑扎。

（2）填充墙构造柱纵向钢筋与主体结构钢筋同步绑扎，将有利于构造柱与主体结构可靠连接、上下贯通，避免后植筋施工引起的质量及安全隐患。混凝土浇筑施工时可先浇框架梁、柱等主要受力结构，后浇构造柱混凝土。

（3）多处构件钢筋距边缘的起始距离宜为50mm，包括：梁端第一个箍筋；柱、暗柱、剪力墙边缘构件底部第一个箍筋；楼板边第一根钢筋的位置；墙体底部第一个水平分布钢筋等等。此规定是根据工程实践经验提出的。

（4）箍筋转角处应有纵向钢筋，当梁上部纵向钢筋未能贯通全跨时，应在跨中箍筋转角处设置架立钢筋。架立钢筋的直径根据梁的跨度可为8～12mm，架立钢筋与纵向钢筋的搭接长度可为150～200mm。

（5）钢筋安装应采取可靠措施防止钢筋受模板、模具内表面的脱模剂污染。

第4章　高强钢筋工程应用设计要点

4.1　高强钢筋在结构设计中遇到的主要问题

我国新修订的《混凝土结构设计规范》GB 50010—2010以及相关的配套设计规范中已明确将400MPa级和500MPa级钢筋作为混凝土结构的主要受力钢筋，以300MPa级等钢筋作为辅助配筋，并规定了相应的材料性能指标和构造要求，为高强钢筋混凝土结构的设计提供了依据。但通过对前期应用高强钢筋试点工程设计的调查，以及在部分省市对设计、施工人员推广高强钢筋的培训过程中了解到高强钢筋在结构的设计和应用中尚存在一些问题，主要有以下几方面：

(1) 部分设计和施工人员对高强钢筋的品种、性能、规格和应用范围不够熟悉，对当地高强钢筋的供货状况不够了解，不能合理地选用不同品种的高强钢筋，有的还担心高强钢筋供货渠道不畅造成设计变更，不敢贸然采用高强钢筋(尤其是500MPa级钢筋)。

新修订的《混凝土结构设计规范》GB 50010—2010虽然对微合金化钢筋(HRB400、HRB500)、细晶粒化钢筋(HRBF400、HRBF500)和余热处理钢筋(RRB400)在应用方面提出了要求，目的是使各类钢筋各得其用，取得更好社会效益和经济效益。但不少设计和施工人员对微合金化钢筋、细晶粒化钢筋和余热处理钢筋的性价比和应用范围尚不够了解，大多只选用HRB400、HRB500钢筋，造成市场上几乎见不到细晶粒化钢筋和余热处理钢筋，而微合金化钢筋价格相对较高，有时经济效益不很明显，在一定程度上影响了高强钢筋的推广。

此外，500MPa级钢筋尚未普遍生产，规格也不够齐全，有的试点工程为使用500MPa级钢筋不得不从外地购买，虽然节省了一定数量的钢筋，但因钢筋价格偏高，钢筋费用反而增加，也影响了500MPa级钢筋的进一步推广。

因此加强设计和施工人员对高强钢筋的品种和性价比知识的培训，保证不同品种规格高强钢筋供货渠道的畅通，打消设计施工人员使用高强钢筋的顾虑，是推广应用高强钢筋的重要工作之一。

(2) 高强钢筋设计中的锚固和梁、柱节点的构造较难处理。钢筋在混凝土中的锚固，尤其是在梁、柱节点处的锚固是保证钢筋强度的充分发挥，在地震等灾害发生时仍能使结构保持必要整体性的重要构造措施。为了使钢筋有足够的锚固承载力和锚固刚度，在结构设计中必须保证钢筋有足够的锚固长度。钢筋的强度越高，所需要的锚固长度就越大，400MPa级钢筋抗拉强度设计值f_y=360MPa，比335MPa级钢筋(f_y=300MPa)高20%，500MPa级钢筋抗拉强度设计值f_y=435MPa，比335MPa级钢筋高45%，在其他条件相同时所需的锚固长度也将分别增加20%和45%。采用高强钢筋后锚固长度的增加将给梁、柱节点以及主、次梁交接处的构造设计带来一定困难。

例如，当梁、柱边节点或主、次梁交接处设计为刚结点时，为保证受拉钢筋的锚固承载力和锚固刚度，采用钢筋弯折或加端锚板等机械锚固措施后，梁纵向受力钢筋伸入节点的水平锚固长度仍需大于或等于 $0.4l_{aE}$（l_{aE}为纵向受拉钢筋的抗震锚固长度）。当混凝土强度等级为C30、受力钢筋直径 d=22mm、抗震等级为三级时，采用335MPa级钢筋所需的水平锚固长度 $0.4l_{aE}$为 271mm；采用400MPa级和500MPa级钢筋后，所需的水平锚固长度 $0.4l_{aE}$则分别增大到326mm和394mm；当抗震等级为一、二级时，采用335MPa级钢筋的水平锚固长度为297mm，而采用400MPa级和500MPa级钢筋后，水平锚固长度分别增大到357mm和431mm；如果采用直径更大一些的钢筋，则水平锚固长度还要增加。钢筋强度提高后节点处水平段锚固长度的增大使某些框架柱和主梁的截面尺寸不能满足锚固要求，给设计造成了一定困难，这种现象在采用400MPa级钢筋时设计人员已有一定反映，当采用500MPa级钢筋后节点的锚固构造问题会更加突出。

提高混凝土强度等级可减小锚固长度，如将混凝土强度等级提高为C50、受力钢筋直径仍为 d=22mm、抗震等级为三级时，采用335MPa级、400MPa级和500MPa级钢筋所需的水平锚固长度 $0.4l_{aE}$则分别减少为205mm、246mm和298mm；当抗震等级为一、二级时则分别减少为225mm、270mm和326mm；锚固长度比采用C30混凝土减少了约25%，框架柱和主梁的截面尺寸则有可能满足锚固要求。因此，高强钢筋如何与高强度混凝土的应用相匹配，并选择合适的结构形式和构件截面尺寸，是应用高强钢筋设计中应注意的问题。

(3) 采用高强钢筋后在正常使用极限状态下钢筋的工作应力增大，裂缝宽度也相应增大，使得某些受弯构件的钢筋用量受裂缝宽度限值的控制，节约钢筋效果不明显。

一般而言，在按承载力计算配筋的混凝土构件中，钢筋的强度越高，节约钢筋效果越明显。按照等强代换的原则，用400MPa级钢筋代换335MPa级钢筋，理论上可节约钢筋16.7%；用500MPa级钢筋代换335MPa级钢筋，理论上可节约钢筋31%。但由于采用高强钢筋后在正常使用极限状态下钢筋的工作应力增大，如335MPa级钢筋计算裂缝宽度时的工作应力 σ_{sq}约为200MPa；而采用400MPa级和500MPa级钢筋后计算裂缝宽度时的工作应力 σ_{sq}分别增大到250MPa和300MPa，在其他条件相同时计算裂缝宽度也分别增大约25%和50%。高强钢筋的工作应力增大，使得某些受弯构件的计算裂缝宽度超过规定限值，不得不增加配筋以满足裂缝宽度限值的要求，如何避免或减少这种情况也是设计时应注意的问题。

(4) 新修订的《混凝土结构设计规范》GB 50010—2010以及相关的配套设计规范颁布时间不长，某些设计人员对其中有关高强钢筋条款规定的理解不够，尚不能合理地使用高强钢筋，做到“精打细算，物尽其用”。

如新修订的《混凝土结构设计规范》GB 50010—2010规定400MPa级和500MPa级钢筋的抗拉强度设计值 f_y 分别为360MPa和435MPa，但当用作受剪、受扭、受冲切承载力计算时，其数值大于360MPa时应取360MPa。显然采用500MPa级钢筋作为受剪、受扭和受冲切构件的箍筋时，其强度不能充分发挥，而应采用400MPa级钢筋做箍筋。

又如，《混凝土结构设计规范》GB 50010—2010规定对于板类受弯构件（不包括悬臂板）的受拉钢筋，当采用强度等级为400MPa级、500MPa级钢筋时，其最小配筋百分率允许采用0.15和 $45f_t/f_y$ 的较大值。一般民用建筑的现浇混凝土楼板活荷载较小，其受力钢筋的用量大多由最小配筋百分率确定，钢筋的抗拉强度设计值 f_y 越大，最小配筋百分率也越小；如当楼板混凝土等级为C30时，采用335MPa级钢筋的最小配筋率为0.215%，用400MPa级钢筋代替335MPa级钢筋后的最小配筋率降为0.179%，按最小配筋率计算的钢筋用量可减小16.7%。目前钢材市场上400MPa级钢筋的各种直径规格均较齐全，在大多数情况下板类构件中用400MPa级钢筋代替335MPa级钢筋无论是按承载力计算配筋还是按最小百分率配筋，均可显著节约钢筋。对于某些跨度较大、要求承载力较高的板类构件，配筋率和所需钢筋的直径均较大，还可考虑采用500MPa级钢筋，节约钢筋的效果将更为明显。

再如，《混凝土结构设计规范》GB 50010—2010中列出的各抗震等级下框架柱和框支柱全部纵向受力钢筋的最小配筋百分率表是采用500MPa级钢筋时的数值，并规定当采用400MPa级和335MPa级钢筋时，最小配筋百分率应分别增加0.05和0.1，即框架柱和框支柱在按最小配筋率配筋时，采用500MPa级钢筋的用钢量最少，采用400MPa级钢筋的用钢量略有增大，而采用335MPa级钢筋的用钢量最多。因此对于框架柱和框支柱，无论是按承载力计算配筋(钢筋的强度能充分发挥)，还是按最小配筋率配筋，采用高强钢筋均能节省钢筋用量。

4.2 高强钢筋设计中锚固长度和裂缝宽度分析

在前期应用高强钢筋试点工程设计时遇到的问题中，(1)、(4)两方面的问题随着国家推广应用高强钢筋各项政策的落实，以及设计人员对新规范理解的进一步深入，将逐渐得到解决。而对于钢筋强度提高带来的锚固长度增加和正常使用极限状态下裂缝宽度的增大，则需进一步分析，以供设计人员在应用高强钢筋设计中选用不同强度等级钢筋时参考。

4.2.1 锚固长度分析

新修订的《混凝土结构设计规范》GB 50010—2010规定受拉钢筋的锚固长度应按下列公式确定：

$$l_{aE}=\zeta_{aE}l_a \tag{4-1}$$

$$l_a=\zeta_a l_{ab} \tag{4-2}$$

$$l_{ab}=\alpha\frac{f_y}{f_t}d \tag{4-3}$$

式中，l_{aE}为纵向受拉钢筋的抗震锚固长度；ζ_{aE}为纵向受拉钢筋抗震锚固长度修正系数，对一、二级抗震等级取$\zeta_{aE}=1.15$，对三级抗震等级取$\zeta_{aE}=1.05$，对四级抗震等级取$\zeta_{aE}=1.00$；l_a为纵向受拉钢筋的(非抗震)锚固长度，ζ_a为锚固长度修正系数，l_{ab}为受拉钢筋的基本锚固长度；α为锚固钢筋的外形系数，对热轧带肋钢筋取$\alpha=0.14$；f_y和f_t分别为钢筋和混凝土抗拉强度的设计值，d为锚固钢筋的直径。从以上公式可以看出，钢筋的强度越高，所需要的锚固长度就越大；抗震等级越高或钢筋的直径越大，所需的锚固长度也越大。

图4-1～图4-3所示为当梁、柱节点处柱的混凝土强度分别为C30、C40和C50时，采用335MPa级、400MPa级和500MPa级钢筋所需的水平锚固长度$0.4l_{aE}$的比较。从图4-1可以看出，当混凝土强度等级为C30时，335MPa级钢筋在各级抗震等级下的水平锚固长

度 0.4l_{aE}均小于 400mm，对于一般中、小型多层框架结构的边柱（常用的柱截面尺寸为 400mm×400mm），梁受力钢筋在柱中的水平锚固长度较容易实现；当钢筋的直径不大于 20mm 时，水平锚固长度 0.4l_{aE}一般不超过 250mm，对于框架主、次梁节处（主梁宽度一般为 250～300mm）次梁受力钢筋的锚固也较易处理。400MPa 级钢筋在各级抗震等级下，当梁中钢筋的直径不大于 25mm 时，其水平锚固长度 0.4l_{aE}也小于 400mm，边节点处梁中受力钢筋在柱中的水平锚固长度也可实现；当次梁中受力钢筋直径不大于 16mm 时，水平锚固长度 0.4l_{aE}不超过 250mm，主、次梁节点处次梁受力钢筋的锚固也能够处理。500MPa 级钢筋因其抗拉强度较高，所需的水平锚固长度 0.4l_{aE}也最大，从图 4-1 可以看出当采用 C30 混凝土时，当钢筋直径大于 22mm 后，500MPa 级钢筋的水平锚固长度接近或大于 400mm，对于中、小型多层框架结构的边柱节点，梁中受力钢筋的水平锚固长度较难实现；当次梁中受力钢筋直径大于 14mm 后，水平锚固长度 0.4l_{aE}也超过了 250mm，给主、次梁节处次梁受力钢筋的锚固也造成一定困难。

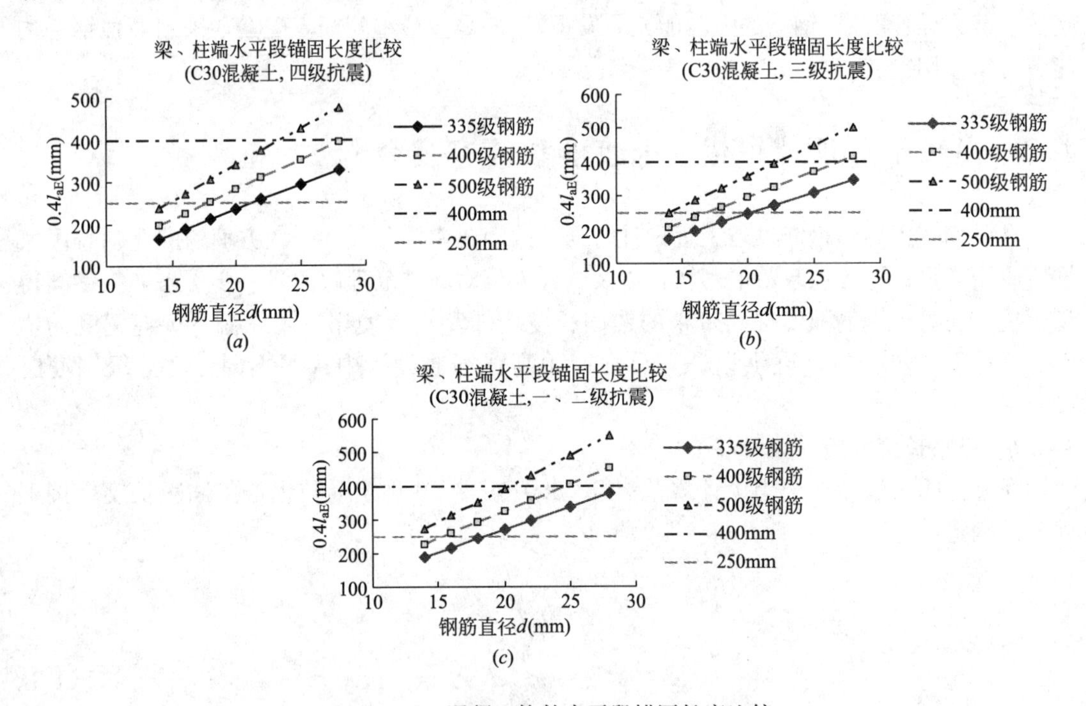

图 4-1 C30 混凝土构件水平段锚固长度比较

(*a*)抗震等级为四级；(*b*)抗震等级为三级；(*c*)抗震等级为一、二级

从图 4-2 可以看出，当混凝土强度等级提高到 C40 时，梁受力钢筋在节点处所需的水平锚固长度有一定减小。在各级抗震等级下，400MPa 级钢筋在直径大于 25mm 后的水平锚固长度仍小于 400mm，钢筋直径不超过 20mm 时的水平锚固长度不超过 250mm，边柱节点以及主次梁节处受力钢筋的锚固要求均容易满足。500MPa 级钢筋则只有在直径小于 22mm 或小于 16mm 时，边柱节点或主次梁节点处受力钢筋的锚固才能满足要求，其应用仍受到一定限制。

从图 4-3 可以看出，当混凝土强度等级提高到 C50 时，在各级抗震等级下 500MPa 级钢筋在直径大于 25mm 后，其所需的水平锚固长度 0.4l_{aE}小于或接近 400mm，当钢筋在直

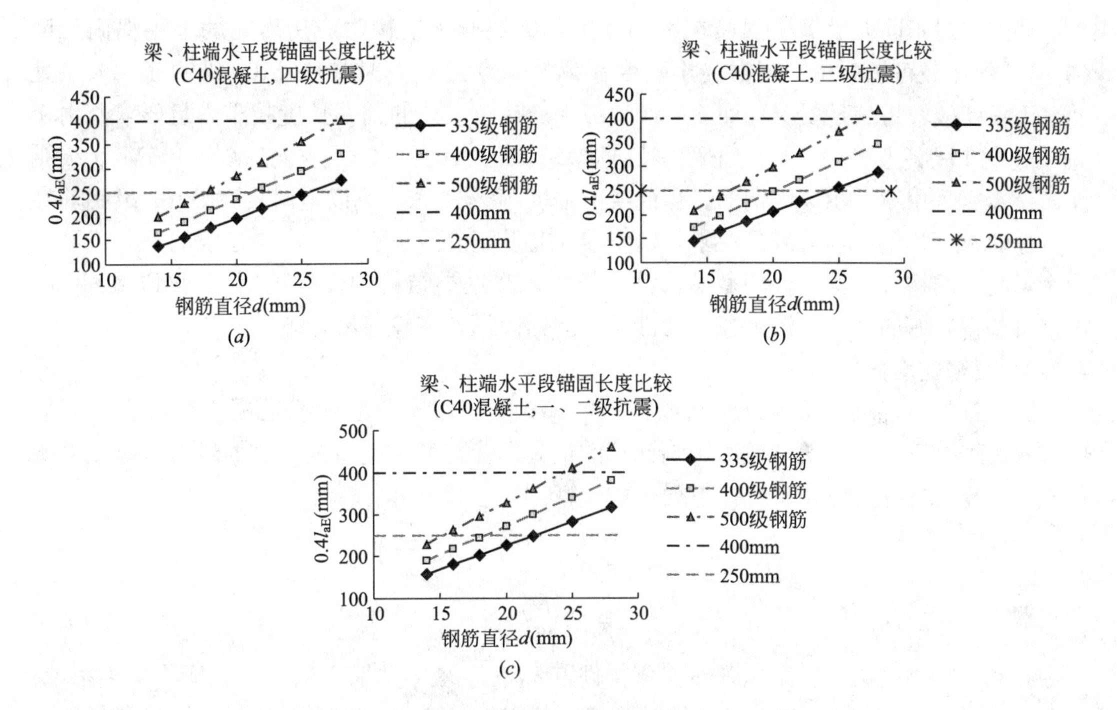

图 4-2　C40 混凝土构件水平段锚固长度比较

(*a*)抗震等级为四级；(*b*)抗震等级为三级；(*c*)抗震等级为一、二级

径不大于 18mm 时水平锚固长度 $0.4l_{aE}$小于或接近 250mm，较容易满足边柱节点以及主次梁节处受力钢筋的锚固要求。

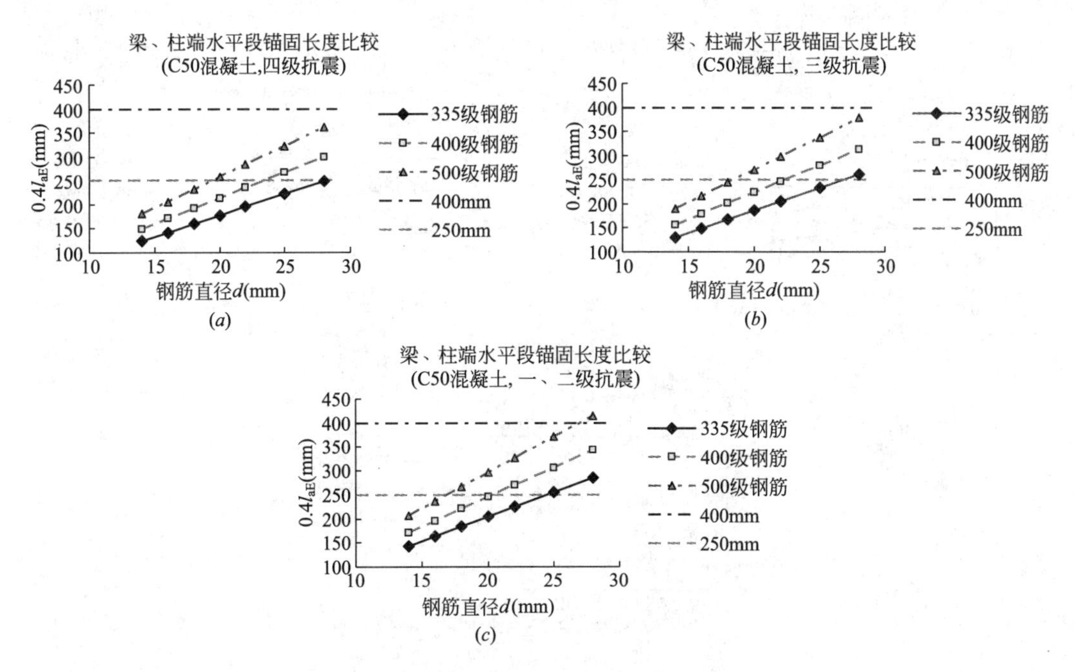

图 4-3　C50 混凝土构件水平段锚固长度比较

(*a*)抗震等级为四级；(*b*)抗震等级为三级；(*c*)抗震等级为一、二级

从以上对不同强度等级钢筋在不同强度等级混凝土结构中应用所需的水平锚固长度($0.4l_{aE}$)的比较可以看出，当混凝土强度等级为C30或C40时，400MPa级钢筋在节点处的锚固长度较容易满足要求，而500MPa级钢筋在节点处的锚固长度较难满足要求。由于C30或C40混凝土多用于中、小型多层框架结构，因此，这类结构宜采用400MPa级钢筋，而不宜采用500MPa级钢筋。当混凝土强度等级为C50或以上时，500MPa级钢筋在节点处的锚固长度才容易满足要求，C50或以上强度混凝土多用于高层建筑的下部或需要较大承载力的构件，梁、柱的截面尺寸也较大，在这类结构构件中采用500MPa级钢筋，不仅可获得更好的社会经济效益，构件节点的锚固设计也较容易处理。

4.2.2 裂缝宽度分析

新修订的《混凝土结构设计规范》GB 50010—2010规定，钢筋混凝土构件在荷载效应准永久组合下并考虑长期效应影响计算的最大裂缝宽度不应超过规定的最大裂缝宽度限值 w_{lim}，最大裂缝宽度 w_{max}应按下列公式计算：

$$w_{max}=\alpha_{cr}\psi\frac{\sigma_{sq}}{E_s}\left(1.9c_s+0.08\frac{d_{eq}}{\rho_{te}}\right) \tag{4-4}$$

$$\sigma_{sq}=\frac{M_q}{0.87h_0A_s} \tag{4-5}$$

式中，α_{cr}为构件受力特征系数，对受弯构件取$\alpha_{cr}=1.9$；ψ为裂缝间钢筋应变不均匀系数；σ_{sq}为准永久组合弯矩 M_q 作用下裂缝截面钢筋的应力；E_s 为钢筋弹性模量；c_s 为最外层纵向受拉钢筋外边缘至受拉区底边的距离(mm)；d_{eq}为纵向受拉钢筋的等效直径(mm)。

从上述公式中可看出，钢筋在荷载效应准永久组合下的工作应力越大，裂缝宽度也越大。此外钢筋直径、混凝土强度以及保护层厚度对裂缝宽度也有一定的影响。

1. 梁裂缝宽度分析

图4-4所示为相当于一类环境下(保护层厚度20mm，$c_s=30$mm，$d=20$mm)，混凝土

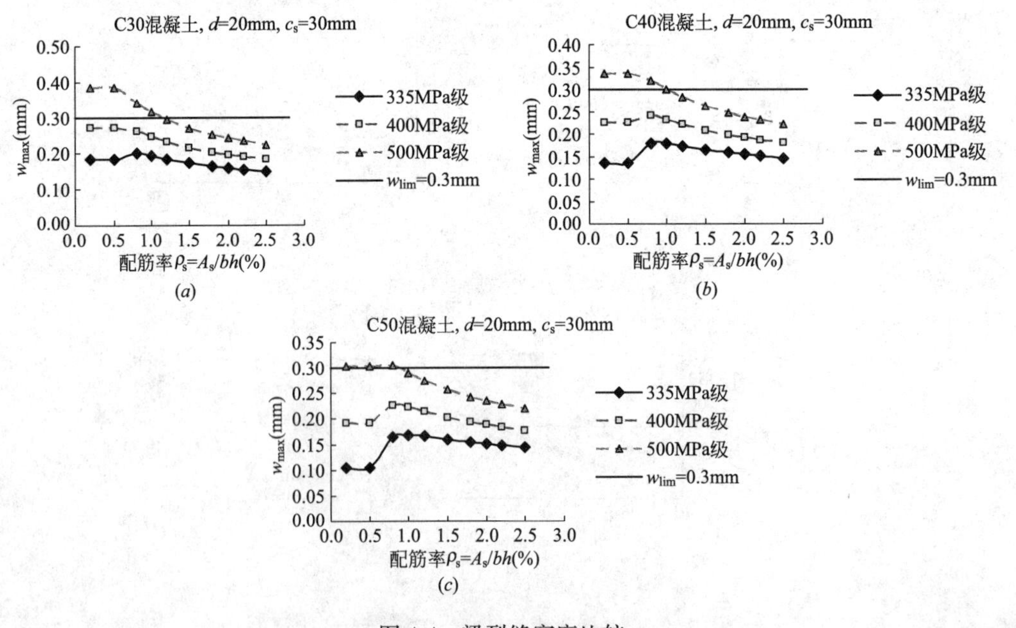

图4-4 梁裂缝宽度比较

(a)C30混凝土；(b)C40混凝土；(c)C50混凝土

强度分别为 C30、C40 和 C50 时，梁的计算裂缝宽度比较。可以看出，采用 335MPa 和 400MPa 级钢筋时，在准永久组合弯矩 M_q 作用下的计算裂缝宽度均小于规定的限值(0.3mm)；采用 500MPa 级钢筋时，当混凝土强度等级为常用的 C30 和 C40 配筋率小于 1%时，计算裂缝宽度超过 0.3mm，不满足要求；只有当配筋较大(1%～1.5%以上)时，裂缝宽度才可满足要求。从图 4-4(*c*)还可看出，采用 500MPa 级钢筋只有当混凝土强度等级为 C50 或以上时，在各种配筋率下的计算裂缝宽度方可满足要求。

由于梁的混凝土多为 C30 或 C40 级，从上面对梁裂缝宽度的比较可以看出，在大多数情况下采用 400MPa 级钢筋作为梁的受力主筋，其裂缝宽度容易满足要求。只有当梁承受的荷载较大(配筋率较大)或采用高强度混凝土(如高层建筑转换层大梁)时，才宜采用 500MPa 级钢筋作为梁的受力主筋。

2. 板裂缝宽度分析

板类构件中受力钢筋的直径较小，混凝土保护层厚度也较小，在相同的钢筋工作应力下，裂缝宽度也较小。图 4-5 和图 4-6 所示为相当于一类或二 a 类环境下(保护层厚度 15～20mm，c_s＝20mm)，混凝土强度等级为 C30 和 C40、受力钢筋直径分别为 d＝14mm 和 d＝12mm 时，采用 335MPa 级、400MPa 级和 500MPa 级钢筋时计算裂缝宽度的比较。从图 4-5 和图 4-6 中可以看出，在一类环境下(最大裂缝宽度限值 w_{lim}＝0.3mm)，当板中受力钢筋直径不大于 d＝14mm 或 d＝12mm 时，335MPa 级、400MPa 级和 500MPa 级钢筋在各种配筋率下的计算裂缝宽度均小于规定的限值(0.3mm)；在二 a 类环境下(最大裂缝宽

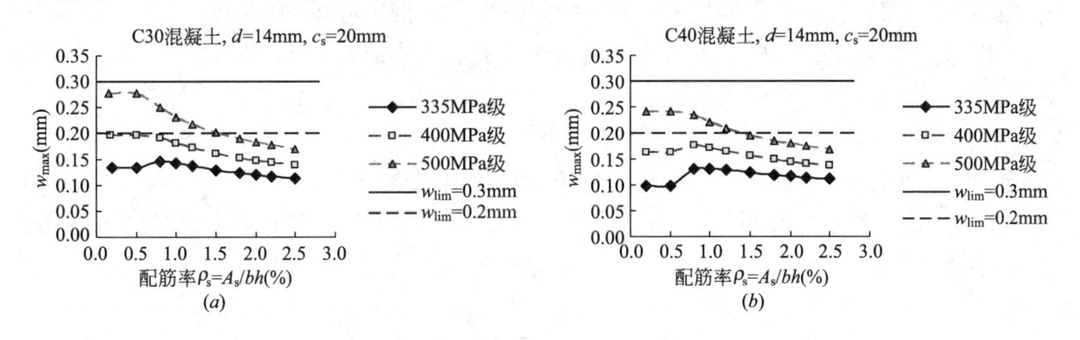

图 4-5　d＝14mm 钢筋板裂缝宽度比较

(*a*)C30 混凝土；(*b*)C40 混凝土

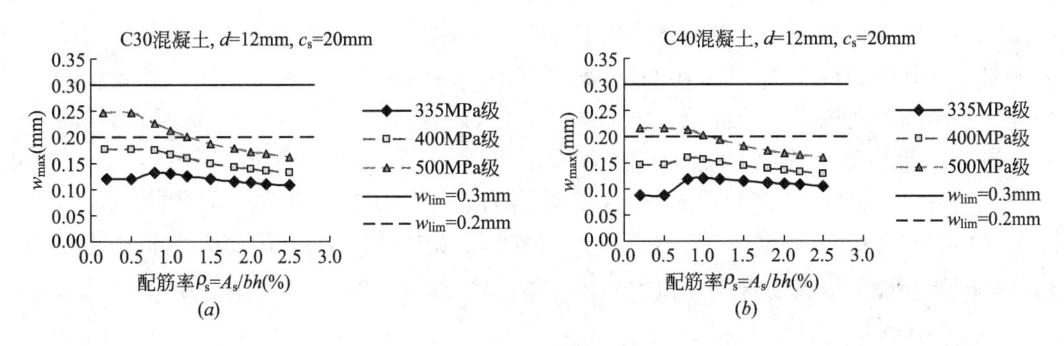

图 4-6　d＝12mm 钢筋板裂缝宽度比较

(*a*)C30 混凝土；(*b*)C40 混凝土

度限值 w_{lim}=0.2mm)，335MPa 和 400MPa 级钢筋在各种配筋率下的计算裂缝宽度均小于规定的限值(0.2mm)；而 500MPa 级钢筋，当配筋率较小时的计算裂缝宽度大于规定的限值(0.2mm)，只有当配筋率大于 1.5%以后计算裂缝宽度才小于规定的限值。

由以上分析可以看出，对于板类构件采用 400MPa 级钢筋在一类或二 a 类环境下的裂缝宽度均能满足要求，适用性较好；采用 500MPa 级钢筋在一类环境下的裂缝宽度能满足要求，而在二 a 类环境下当配筋率较小时的裂缝宽度不能满足要求。

4.3 高强钢筋推广应用的设计原则

从以上对 400MPa 级和 500MPa 级钢筋的锚固长度和裂缝宽度的分析可以看出，对于量大面广的中小型钢筋混凝土结构，构件的截面尺寸不很大，混凝土强度等级多为 C30 或 C40 时，400MPa 级钢筋的锚固长度和裂缝限值均容易满足要求，具有较广泛的适用性；而 500MPa 级钢筋只有当混凝土强度较高(C50 或以上)、配筋率较大时，锚固长度和裂缝限值才容易满足要求，适用于需要较大承载力的构件和板类构件。此外，从目前钢筋的生产和品种供应情况来看，400MPa 级钢筋生产时间较长，产品质量稳定，规格齐全，设计人员有较大的选择性；而 500MPa 级钢筋尚未普遍生产，只适用于某些大型、钢筋用量大的工程。

综合考虑钢筋的适用性和产品供应等因素，在现阶段推广应用高强钢筋的设计中，应优先采用 400MPa 级钢筋作为受力钢筋。但同时应积极推广应用 500MPa 级钢，尤其在一些采用高强度混凝土、需要较大承载力配筋率较大的结构或构件中，应用 500MPa 级钢筋不仅适用性较好、节约钢筋效果更明显，而且还能有效改善节点钢筋密集现象，提高工程质量。

此外，钢筋混凝土结构中除了受力钢筋外，还需配置一定数量的构造钢筋和辅助钢筋，如架立筋、网片和吊钩等，这些钢筋可采用价格较低但延性很好的 300MPa 级等钢筋，做到精打细算、物尽其用，以取得更为显著的社会效益和经济效益。

4.4 高强钢筋在结构设计中的合理应用

要在结构设计中科学合理地应用高强钢筋，首先要将高强钢筋用于按承载力计算配筋的构件中，因为在这种构件中钢筋的强度能够充分发挥，钢筋的强度越高，节省钢筋的效果越明显。其次是在选用钢筋(400MPa 级或 500MPa 级)时，要兼顾锚固、裂缝控制、梁端塑性铰功能以及抗震的延性要求。如按一、二、三级抗震等级设计的框架和斜撑构件，其纵向受力钢筋最大力下的总伸长率实测值不应小于 9%，还应选用牌号带“E”的 HRB400E 或 HRB500E 钢筋。此外还要理解和合理运用规范中有关高强钢筋的规定(如最小配筋率等)，以达到节约钢筋的效果。下面对 400MPa 级或 500MPa 级钢筋在几种结构构件中的适用性和节材效果作一初步分析，可供设计人员选用高强钢筋时参考。

1. 框架柱和框支柱

由于抗震设计轴压比限值的要求，在多高层结构的框架柱和框支柱中有相当比例的柱的纵向受力钢筋是按最小配筋百分率配筋的，表 4-1 列出了按《混凝土结构设计规范》

GB 50010—2010 规定计算的各级抗震等级下，采用 335MPa、400MPa 和 500MPa 级钢筋柱的全部纵向受力钢筋最小配筋百分率以及用钢量的比较，表 4-1 中括号内的数值为 400MPa 和 500MPa 级钢筋按最小配筋百分率计算的钢筋用量占 335MPa 级钢筋用量的比值。

从表 4-1 中可看出用 400MPa 级钢筋代替 335MPa 级钢筋，按最小配筋百分率计算的钢筋用量可减小 4%～8%；用 500MPa 级钢筋代替 335MPa 级钢筋，按最小配筋百分率计算的钢筋用量可减小 8%～17%。由于在按承载力计算配筋的柱中，钢筋强度越高，节约钢筋的效果也越明显，因此对于柱类构件无论是按计算配筋还是最小配筋百分率配筋，纵向受力钢筋采用 500MPa 级钢筋的节材效果最好，纵向受力钢筋采用 400MPa 级钢筋也有较明显的节材效果。

不同强度钢筋最小配筋百分率比较(%)　　表 4-1

柱类型		中柱、边柱			角柱、框支柱		
钢筋级别		335 级	400 级	500 级	335 级	400 级	500 级
抗震等级	一级	1.0	0.95(0.95)	0.9(0.90)	1.2	1.15(0.96)	1.1(0.92)
	二级	0.8	0.75(0.94)	0.7(0.88)	1.0	0.95(0.95)	0.9(0.90)
	三级	0.7	0.65(0.93)	0.6(0.86)	0.9	0.85(0.94)	0.8(0.89)
	四级	0.6	0.55(0.92)	0.5(0.83)	0.8	0.75(0.94)	0.7(0.88)

《混凝土结构设计规范》GB 50010—2010 还规定柱箍筋加密区箍筋的体积配筋率 ρ_v 应符合下式的规定：

$$\rho_v=\lambda_v\frac{f_c}{f_{yv}} \tag{4-6}$$

式中，λ_v 为与轴压比、抗震等级以及箍筋形式有关的系数；f_c 为混凝土轴心抗压强度设计值；f_{yv}为箍筋抗拉强度设计值。当采用 335MPa、400MPa 和 500MPa 级钢筋做柱的箍筋时，其抗拉强度设计值 f_{yv}可分别取 300MPa、360MPa 和 435MPa，箍筋强度越高，所需的体积配筋率 ρ_v 越小。因此，在柱中用 400MPa 和 500MPa 级钢筋代替 335MPa 级钢筋做箍筋，可明显减少箍筋用量。

从以上分析可以看出，在柱中采用高强钢筋节材效果显著，且柱中受力钢筋的锚固构造比梁中容易处理，也基本不存在裂缝宽度超过限值的问题。因此，在柱类构件中应大力推广应用高强钢筋，有条件时应积极采用 500MPa 级钢筋，节约钢筋的效果将更为显著。

2. 板类构件

板类构件中受力钢筋的直径较小，锚固构造等问题较容易处理。按承载力计算时 400MPa 钢筋在一类或二 a 类环境下的裂缝宽度均能满足要求；按最小配筋率配筋时，采用 400MPa 钢筋的用量也比采用 335MPa 级钢筋有明显减少，因此在板类受弯构件中也应以采用 400MPa 钢筋为主。

在板类构件中 500MPa 级按承载力计算配筋时节省钢筋的效果更为明显，但在二 a 类环境下当配筋率较小时的裂缝宽度不易满足要求，建议主要用于跨度较大、要求承载力较高、配筋率和所需钢筋的直径均较大的板中。有条件时在某些对延性要求不高的板类构件(如基础厚板)中还可采用价格较低的 RRB400 级钢筋，经济效益会更明显。

3. 梁类构件

在梁类构件中由于纵向受力钢筋锚固的需要以及受剪计算中箍筋抗拉强度的限制(≤360MPa)，在多数情况下宜采用400MPa级钢筋作为梁的受力主筋和箍筋，而不宜采用500MPa级钢。

在梁承受的荷载较大、截面尺寸和配筋率均较大、混凝土强度等级也较高时，采用500MPa级钢筋的裂缝宽度可满足要求，节点的锚固设计也较容易处理。在这种情况下可结合结构总体的配筋情况(如柱或板也采用500MPa级钢筋)，在梁中也采用500MPa级钢筋，不仅节约钢筋的效果明显，还可方便施工管理。

4.5 高强钢筋在结构分析与设计中的有关要求

新修订的《混凝土结构设计规范》GB 50010—2010以及相关的配套设计规范颁布实施后，有关设计软件已增加400MPa级和500MPa级钢筋以及300MPa级等钢筋的性能指标和设计方法，设计人员可方便的使用新的设计软件进行采用高强钢筋混凝土结构的分析和设计。根据前期对应用高强钢筋工程的调查和检查中遇到的问题，建议设计人员注意几下几点：

(1) 合理选用400MPa级和500MPa级钢筋以及300MPa级钢筋，提高钢筋应用的性价比。400MPa级和500MPa级钢筋主要用于受力钢筋，梁中的箍筋宜用400MPa级钢筋；而构造钢筋和辅助钢筋，如架立筋、防裂网片钢筋、吊钩等则可采用价格较低但延性很好的300MPa级等钢筋，做到精打细算、物尽其用，以取得更好的效益。

(2) 为方便施工防止差错，同一类构件中的纵向受力钢筋不宜将400MPa级和500MPa级钢筋混用。我国目前生产的335MPa、400MPa和500MPa级热轧带肋钢筋均为两面纵肋、月牙形横肋外形，其差别主要在于钢筋表面的标识，仅从外形上不易区分，在调查中曾发现有将400MPa和500MPa级钢筋混淆的情况。因此，在同一类构件中不宜将不同级别的纵向受力钢筋混用，以免出现差错。

(3) 400MPa级钢筋的裂缝控制和锚固构造均较容易满足要求，对大多数结构适用性均较好。500MPa级钢筋的节材效果更明显，但因存在锚固和裂缝控制等问题，主要用于荷载较大(配筋较多)、混凝土强度较高、梁柱截面尺寸也较大的结构或构件。当500MPa级钢筋用于大跨度梁时，因用钢量降低使钢筋工作应力增大，还应注意控制梁在荷载长期作用效应下的挠度。

4.6 高强钢筋在设计软件应用中的有关技术问题

目前国内新版的设计软件基本都已增加了400MPa级和500MPa级钢筋以及300MPa级钢筋的性能指标和设计方法，设计人员可方便的使用新的设计软件进行采用高强钢筋混凝土结构的分析和设计。总结前面对锚固长度、裂缝宽度以及工程实例用钢量分析的结果，建议设计时注意以下几点：

(1) 400MPa级钢筋用于混凝土结构具有较广泛的适用性，节约钢筋用量可达10%～15%，对一般强度等级为C30～C40的中、小型混凝土结构，可优先选用400MPa级钢筋。

（2）500MPa 级钢筋适用于混凝土强度较高、配筋率较大、梁柱截面尺寸也较大的结构或构件（如承受重载的转换层大梁、框架柱等）；在一般跨度梁中不宜采用 500MPa 级钢筋，尤其不宜将 500MPa 级钢筋用作梁的箍筋。

（3）同一类构件中的纵向受力钢筋不宜将 400MPa 级和 500MPa 级钢筋混用，以避免施工出现差错。

（4）辅助钢筋如架立筋、防裂钢筋、网片和吊钩等应采用 300MPa 级等钢筋。

本节以国内应用较广泛的某款设计软件为例，介绍高强钢筋在国内建筑结构设计软件中的应用。

4.6.1 设计软件功能简介

该套设计软件为国内自主研发的一套集建筑设计、结构设计、设备设计、节能设计于一体的大型建筑工程综合 CAD 系统。最新版软件运行主界面如图 4-7 所示。

图 4-7 设计软件主界面

应用该软件可以从建筑方案设计开始，建立建筑物整体的模型数据，建筑模型数据可直接接力后续的结构设计、设备设计、节能设计和概预算工程量统计分析等。其中结构设计模块，包括从结构建模、结构有限元分析、混凝土构件配筋设计，到混凝土施工图设计模块，涵盖了建筑结构设计的各项设计内容。

最新 2012 年 7 月版本的该软件，全面反映了下列新规范的设计要求：《混凝土结构设计规范》GB 50010—2010、《建筑抗震设计规范》GB 50011—2010、《高层建筑混凝土结构技术规程》JGJ 3—2010、《建筑结构荷载规范》GB 50009—2012、《建筑地基基础设计规范》GB 50007—2011、《砌体结构设计规范》GB 50003—2011 等。

4.6.2 在建模模块中高强钢筋的交互设定

钢筋参数的设定在建模模块中完成，建模模块为结构设计软件的入口，也是整个结构CAD的核心，通过它建立全楼结构模型。

在模型输入中，梁、柱纵筋与墙边缘构件纵筋的钢筋级别在菜单“【楼层定义】⇨【本层信息】”中设定，可以选择HRB400、HRB500的高强钢筋，可以分层不同设定(如图4-8所示)。梁柱箍筋、墙的分布钢筋级别在菜单“【设计参数】⇨【材料信息】页面”中设定(如图4-9所示)。

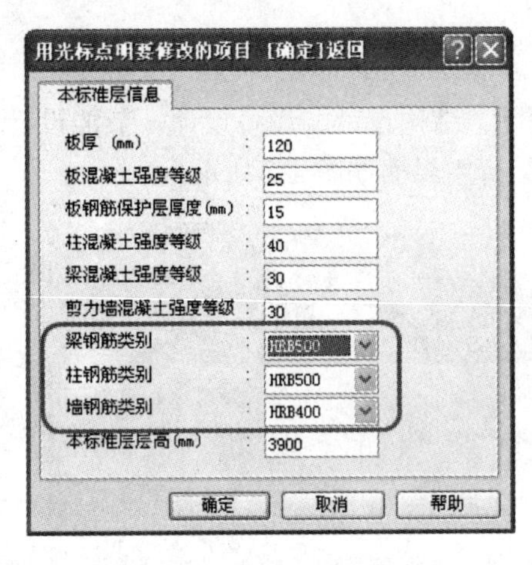

图4-8 本层信息设定界面图

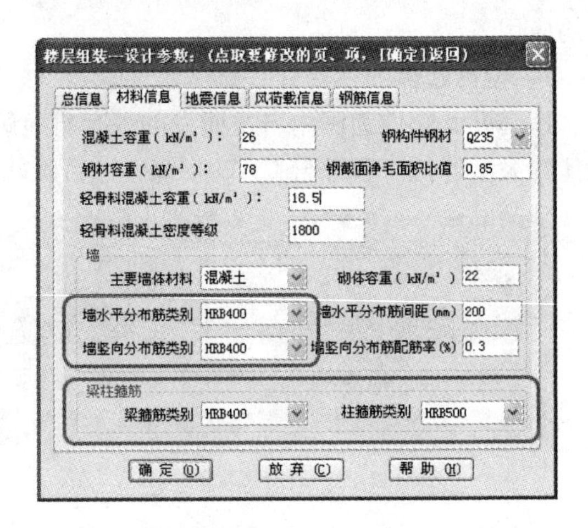

图4-9 材料信息设定界面

楼板钢筋级别在“【画结构平面图】”模块中的“【计算参数】”界面中设定，也可以选择采用HRB400、HRB500的高强钢筋，如图4-10所示。

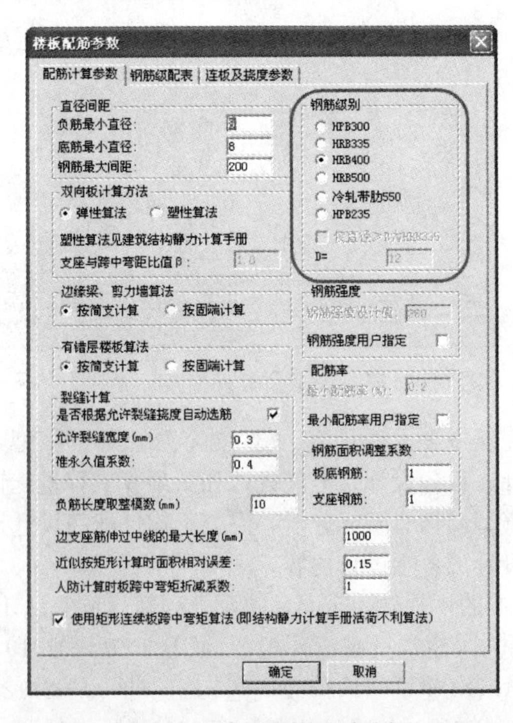

图4-10 楼板钢筋级别设定

4.6.3 结构分析与高强钢筋的配筋设计

在通过建模模块建立完成的模型，可以接力三维设计模块完成三维分析，并根据前面建模中指定的钢筋级别按照《混凝土结构设计规范》GB 50010—2010 完成配筋设计。

按《混凝土结构设计规范》GB 50010—2010 设计梁、柱、墙、楼板的配筋，采用高强钢筋，钢筋强度的提高(400MPa、500MPa 级别的钢筋强度设计值分别是 335MPa 级别钢筋的 1.2 倍、1.45 倍)使计算配筋面积明显减小，另外在构造配筋上也会有所减小。

1. 柱纵筋最小配筋率

非抗震情况，根据《混凝土结构设计规范》GB 50010—2010 第 8.5.1 条，400MPa、500MPa 级别的钢筋柱全截面构造配筋率较 335MPa 级别钢筋低 0.05%、0.1%(如图 4-11 所示)。

表 8.5.1 纵向受力钢筋的最小配筋百分率 ρ_{min} (%)

受力类型			最小配筋百分率
受压构件	全部纵向钢筋	强度级别 500N/mm^2	0.50
		强度级别 400N/mm^2	0.55
		强度级别 300 N/mm^2、335 N/mm^2	0.60
	一侧纵向钢筋		0.20
受弯构件、偏心受拉、轴心受拉构件一侧的受拉钢筋			0.20 和 45 f_t/f_y 中的较大值

图 4-11 《混凝土结构设计规范》GB 50010—2010 第 8.5.1 条配筋率要求

抗震情况下，根据《混凝土结构设计规范》GB 50010—2010 第 11.4.12 条，注 1 中(如图 4-12 所示)400MPa 级、500MPa 级的钢筋柱全截面构造配筋率也较 335MPa 级钢筋低 0.05%、0.1%。

表 11.4.12-1 柱全部纵向受力钢筋最小配筋百分率(%)

柱类型	抗震等级			
	一级	二级	三级	四级
中柱、边柱	0.9(1.0)	0.7(0.8)	0.6(0.7)	0.5(0.6)
角柱、框支柱	1.1	0.9	0.8	0.7

注：1 表中括号内数值用于框架结构的柱；
2 采用 335MPa 级、400MPa 级纵向受力钢筋时，应分别按表中数值增加 0.1 和 0.05 采用；
3 当混凝土强度等级为 C60 以上时，应按表中数值加 0.1 采用。

图 4-12 《混凝土结构设计规范》GB 50010—2010 第 11.4.12 条柱配筋率要求

2. 柱加密区体积配箍率

抗震情况下，柱加密区体积配箍率根据《混凝土结构设计规范》GB 50010—2010 第 11.4.17 条取值，从该式计算可以看出，柱加密区体积配箍率与箍筋的强度设计值成反比(如图 4-13 所示)，所以采用 400MPa、500MPa 级别箍筋较 335MPa 级别箍筋计算出的体积配箍率能明显减小(作为约束钢筋使用时，箍筋强度按实际强度取值，不受最大 360N/mm^2 的限制)。

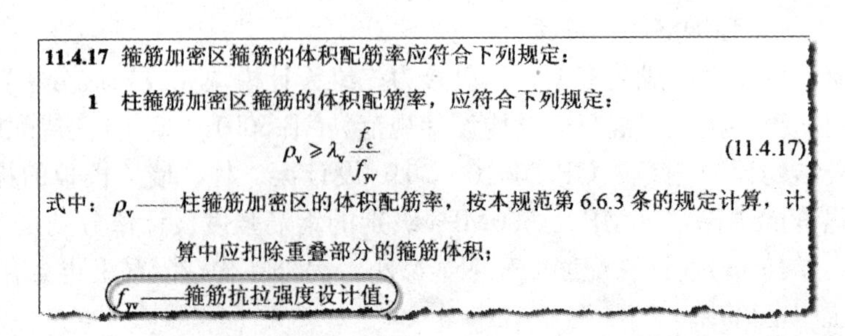

11.4.17 箍筋加密区箍筋的体积配筋率应符合下列规定：

1 柱箍筋加密区箍筋的体积配筋率，应符合下列规定：

$$\rho_v \geqslant \lambda_v \frac{f_c}{f_{yv}} \tag{11.4.17}$$

式中：ρ_v——柱箍筋加密区的体积配筋率，按本规范第6.6.3条的规定计算，计算中应扣除重叠部分的箍筋体积；

f_{yv}——箍筋抗拉强度设计值；

图 4-13 《混凝土结构设计规范》GB 50010—2010 第 11.4.17 条柱加密区体积配箍率要求

3. 梁纵筋受拉钢筋的最小配筋率

非抗震情况，根据《混凝土结构设计规范》GB 50010—2010 第 8.5.1 条(如图 4-11 所示)，抗震情况，根据《混凝土结构设计规范》GB 50010—2010 第 11.3.6 条(如图 4-14 所示)，单侧构造最小配筋率要求，也与纵筋强度相关，随着强度提高配筋率减小。

表 11.3.6-1 框架梁纵向受拉钢筋的最小配筋百分率(%)

抗震等级	梁中位置	
	支座	跨中
一级	0.40 和 80 f_t/f_y 中的较大值	0.30 和 65 f_t/f_y 中的较大值
二级	0.30 和 65 f_t/f_y 中的较大值	0.25 和 55 f_t/f_y 中的较大值
三、四级	0.25 和 55 f_t/f_y 中的较大值	0.20 和 45 f_t/f_y 中的较大值

图 4-14 《混凝土结构设计规范》GB 50010—2010 第 11.3.6 条框架梁纵向受拉钢筋的最小配筋率要求

4. 梁的最小配箍率

根据《混凝土结构设计规范》GB 50010—2010 第 9.2.9 条(如图 4-15 所示)、第 9.2.10 条(如图 4-16 所示)、第 11.3.9 条(如图 4-17 所示)，分别列出了梁箍筋各种情况下的构造最小配箍率要求，均与箍筋的强度设计值成反比，随着箍筋强度提高配筋率均会有所减小。

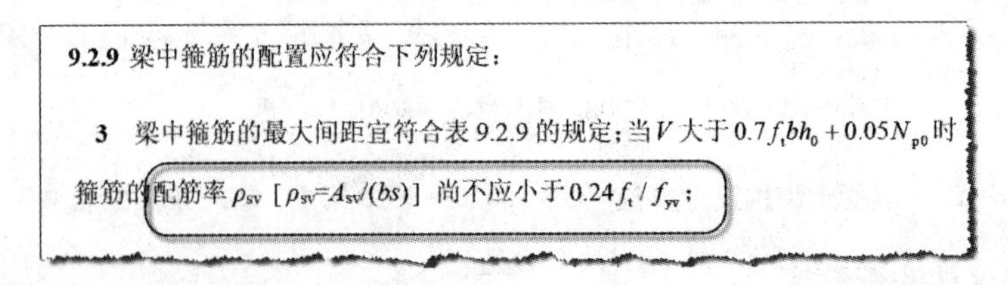

9.2.9 梁中箍筋的配置应符合下列规定：

3 梁中箍筋的最大间距宜符合表 9.2.9 的规定；当 V 大于 $0.7f_tbh_0+0.05N_{p0}$ 时箍筋的配筋率 ρ_{sv} [$\rho_{sv}=A_{sv}/(bs)$] 尚不应小于 $0.24f_t/f_{yv}$；

图 4-15 《混凝土结构设计规范》GB 50010—2010 第 9.2.9 条梁配箍率要求

9.2.10 在弯剪扭构件中，箍筋的配筋率 ρ_{sv} 不应小于 $0.28f_t/f_{yv}$。

图 4-16 《混凝土结构设计规范》GB 50010—2010 第 9.2.10 条弯剪扭梁配箍率要求

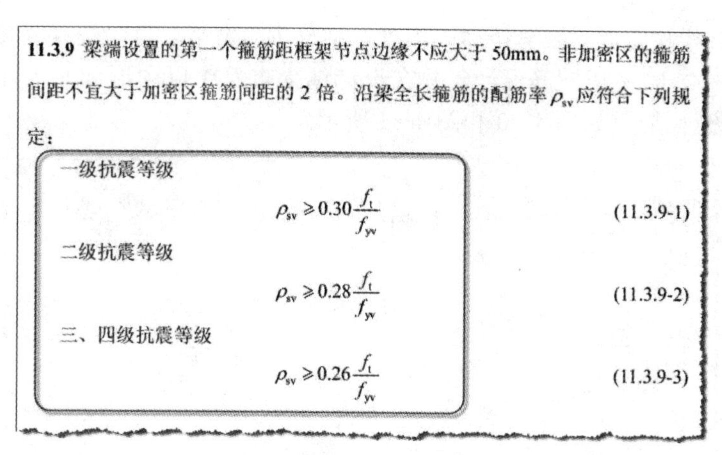

11.3.9 梁端设置的第一个箍筋距框架节点边缘不应大于 50mm。非加密区的箍筋间距不宜大于加密区箍筋间距的 2 倍。沿梁全长箍筋的配筋率 ρ_{sv} 应符合下列规定：

一级抗震等级

$$\rho_{sv} \geqslant 0.30\frac{f_t}{f_{yv}} \tag{11.3.9-1}$$

二级抗震等级

$$\rho_{sv} \geqslant 0.28\frac{f_t}{f_{yv}} \tag{11.3.9-2}$$

三、四级抗震等级

$$\rho_{sv} \geqslant 0.26\frac{f_t}{f_{yv}} \tag{11.3.9-3}$$

图 4-17 《混凝土结构设计规范》GB 50010—2010 第 11.3.9 条抗震情况梁配箍率要求

根据《混凝土结构设计规范》GB 50010—2010 第 4.2.3 条(如图 4-18 所示)，梁箍筋作为受剪、受扭承载力计算时，箍筋强度超过 360N/mm² 时，按 360N/mm² 取值，也就是说梁箍筋最大用到 400MPa 级别的钢筋，强度再高时，将无法发挥其全部强度。

4.2.3 普通钢筋的抗拉强度设计值 f_y、抗压强度设计值 f'_y 应按表 4.2.3-1 采用；预应力筋的抗拉强度设计值 f_{py}、抗压强度设计值 f'_{py} 应按表 4.2.3-2 采用。

当构件中配有不同种类的钢筋时，每种钢筋应采用各自的强度设计值。横向钢筋的抗拉强度设计值 f_{yv} 应按表中 f_y 的数值采用；但用作受剪、受扭、受冲切承载力计算时，其数值大于 360N/mm² 时应取 360N/mm²。

图 4-18 《混凝土结构设计规范》GB 50010—2010 第 4.2.3 条关于受剪钢筋强度取值的规定

5. 剪力墙约束边缘构件配箍率

根据《混凝土结构设计规范》GB 50010—2010 第 11.7.18 条列出了剪力墙约束边缘构件体积配箍率的要求，从该式计算可以看出，约束边缘构件体积配箍率与箍筋的强度设计值成反比(如图 4-19 所示)，所以采用 400MPa、500MPa 级别箍筋较 335MPa 级别箍筋计算出的体积配箍率能明显减小(作为约束钢筋使用时，箍筋强度按实际强度取值，不受最大 360N/mm² 的限制)。

11.7.18 剪力墙端部设置的约束边缘构件（暗柱、端柱、翼墙和转角墙）应符合下列要求(图 11.7.18)：

1 约束边缘构件沿墙肢的长度 l_c 及配箍特征值 λ_v 宜满足表 11.7.18 的要求，箍筋的配置范围及相应的配箍特征值 λ_v 和 $\lambda_v/2$ 的区域如图 11.7.18 所示，其体积配筋率 ρ_v 应符合下列要求：

$$\rho_v \geqslant \lambda_v \frac{f_c}{f_{yv}} \tag{11.7.18}$$

式中：λ_v——配箍特征值，计算时可计入拉筋。

图 4-19 《混凝土结构设计规范》GB 50010—2010 第 11.7.18 条约束边缘构件体积配箍率的规定

在三维设计模块完成三维分析后，根据三维分析内力结果自动按《混凝土结构设计规范》GB 50010—2010 完成配筋设计，并在设计结果查看中以图形和文本计算书的方式给出详细的配筋设计结果(如图 4-20 和图 4-21 所示)。

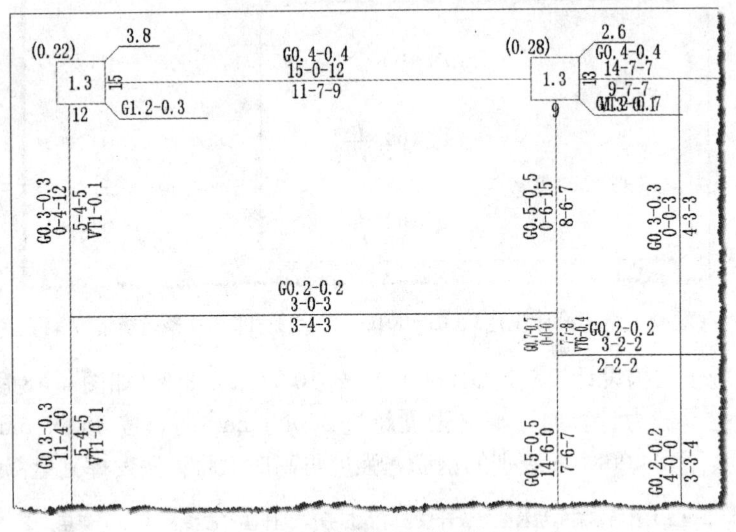

图 4-20　计算配筋简图输出

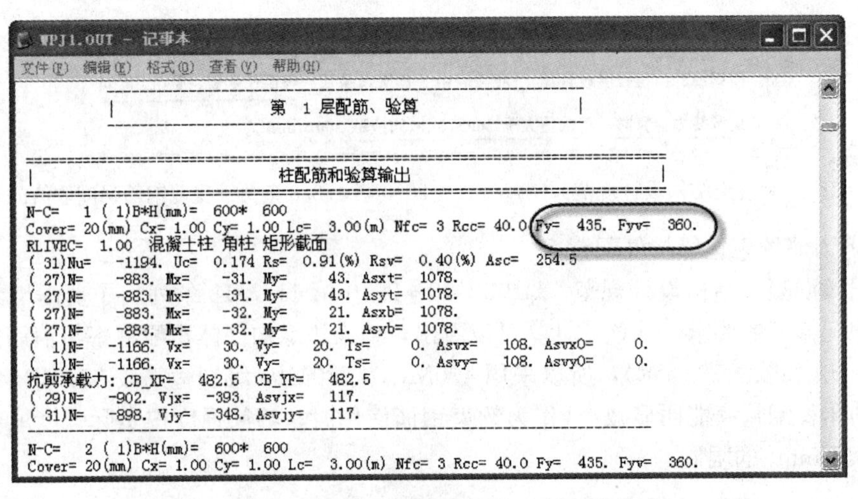

```
WPJ1.OUT - 记事本
文件(F) 编辑(E) 格式(O) 查看(V) 帮助(H)
           ------------------------------------------------
          |             第  1 层配筋、验算                 |
           ------------------------------------------------

===========================================================================
|                          柱配筋和验算输出                               |
===========================================================================
N-C=   1 ( 1)B*H(mm)=  600*  600
Cover= 20(mm) Cx= 1.00 Cy= 1.00 Lc=   3.00(m) Nfc= 3 Rcc= 40.0 Fy=  435. Fyv=  360.
RLIVEC=  1.00  混凝土柱 角柱 矩形截面
( 31)Nu=    -1194. Uc=  0.174 Rs=  0.91(%) Rsv=  0.40(%) Asc=  254.5
( 27)N=     -883. Mx=     -31. My=      43. Asxt=  1078.
( 27)N=     -883. Mx=     -31. My=      43. Asyt=  1078.
( 27)N=     -883. Mx=     -32. My=      21. Asxb=  1078.
( 27)N=     -883. Mx=     -32. My=      21. Asyb=  1078.
(  1)N=    -1166. Vx=      30. Vy=     20. Ts=      0. Asvx=    108. Asvx0=     0.
(  1)N=    -1166. Vx=      30. Vy=     20. Ts=      0. Asvy=    108. Asvy0=     0.
抗剪承载力: CB_XF=   482.5 CB_YF=   482.5
( 29)N=    -902. Vjx=  -393. Asvjx=   117.
( 31)N=    -898. Vjy=  -348. Asvjy=   117.
---------------------------------------------------------------------------
N-C=   2 ( 1)B*H(mm)=  600*  600
Cover= 20(mm) Cx= 1.00 Cy= 1.00 Lc=   3.00(m) Nfc= 3 Rcc= 40.0 Fy=  435. Fyv=  360.
```

图 4-21　SATWE 中计算配筋文本计算书输出

4.6.4　高强钢筋在梁、柱、墙、板施工图中的表示

在该结构设计软件中，基于建模模块建立完成的三维整体模型、三个空间分析模块完成的空间分析与构件配筋设计结果，可以完成施工图的自动绘制。混凝土施工图在绘制结构平面图与墙梁柱施工图模块中完成(如图 4-22 所示)。

施工图软件中，对于高强钢筋的表示符号如下：

Φ：400MPa 级钢筋(HRB400、HRBF400、RRB400)

Φ：500MPa 级钢筋(HRB500、HRBF500)

施工图在绘制施工图时，对于高强钢筋的锚固长度等构造要求自动按《混凝土结构设计规范》GB 50010—2010 的要求进行取值。

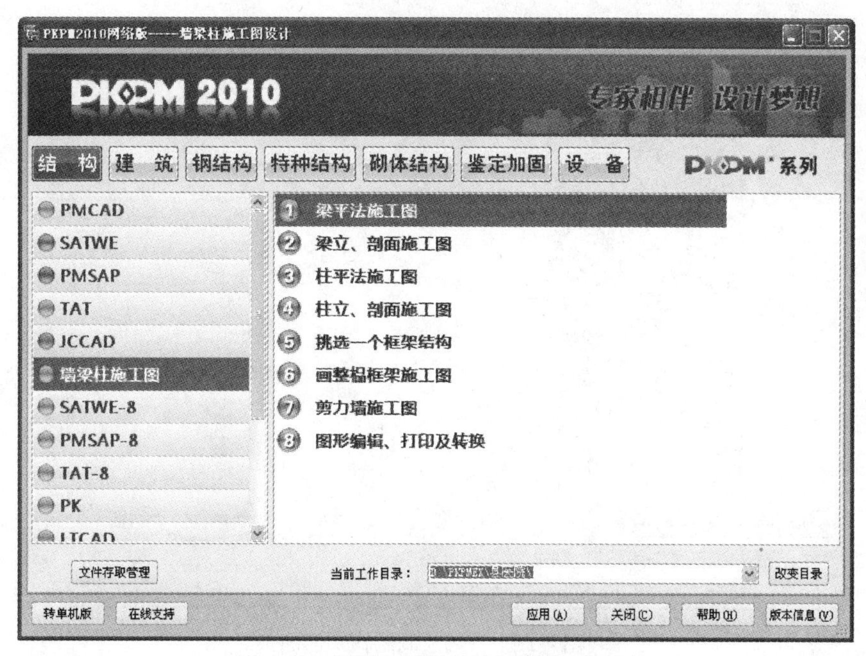

图 4-22 混凝土墙梁柱施工图绘制界面

1. 混凝土结构平面图

楼板结构平面图在建模模块的第 3 项菜单“【画结构平面图】”中完成(如图 4-23 所示)，可以自动根据房间楼板的区格计算楼板的弯矩、配筋及挠度、裂缝的计算，并可以输出详细的计算书。根据楼板的计算配筋结果进行自动归并，并按归并的结构绘制楼板结构平面图(如图 4-24 所示)。

图 4-23 画结构平面图菜单界面图

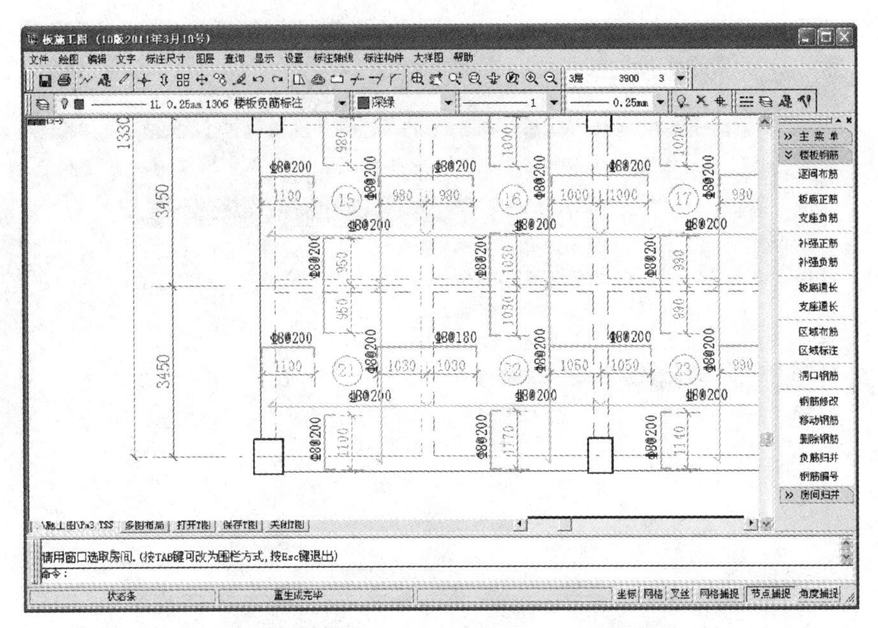

图 4-24　自动绘制结构平面图

2. 梁施工图

墙梁柱施工图模块可以读取前面结构分析与设计模块计算的配筋结果，自动进行梁的配筋归并，并自动选配钢筋，对于混凝土梁提供平法施工图画法（如图 4-25 所示），也提供了详细的立、剖面施工图画法，分别对应墙梁柱施工图模块中的第 1、2 项菜单（如图 4-26 所示）。

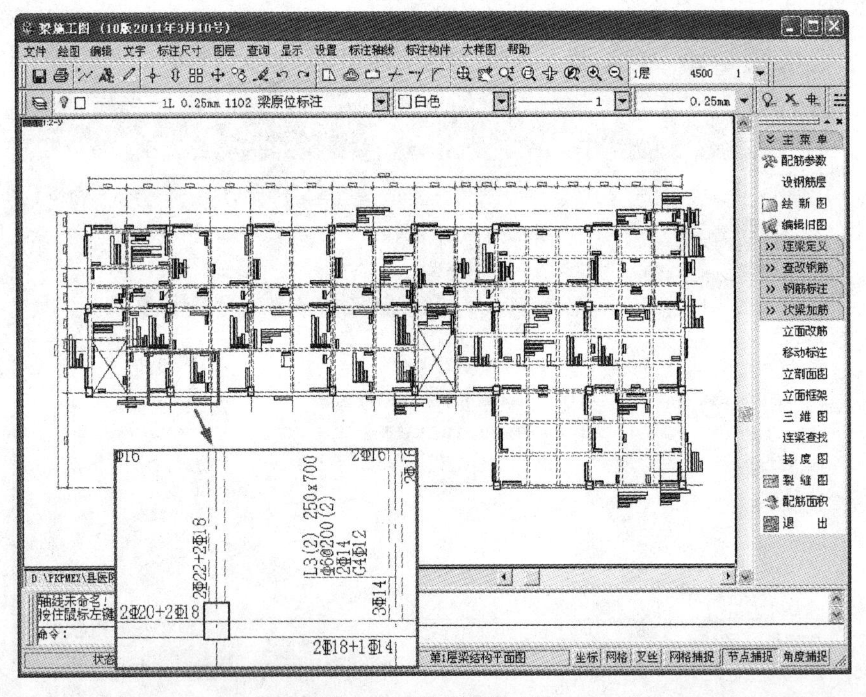

图 4-25　梁平面施工图

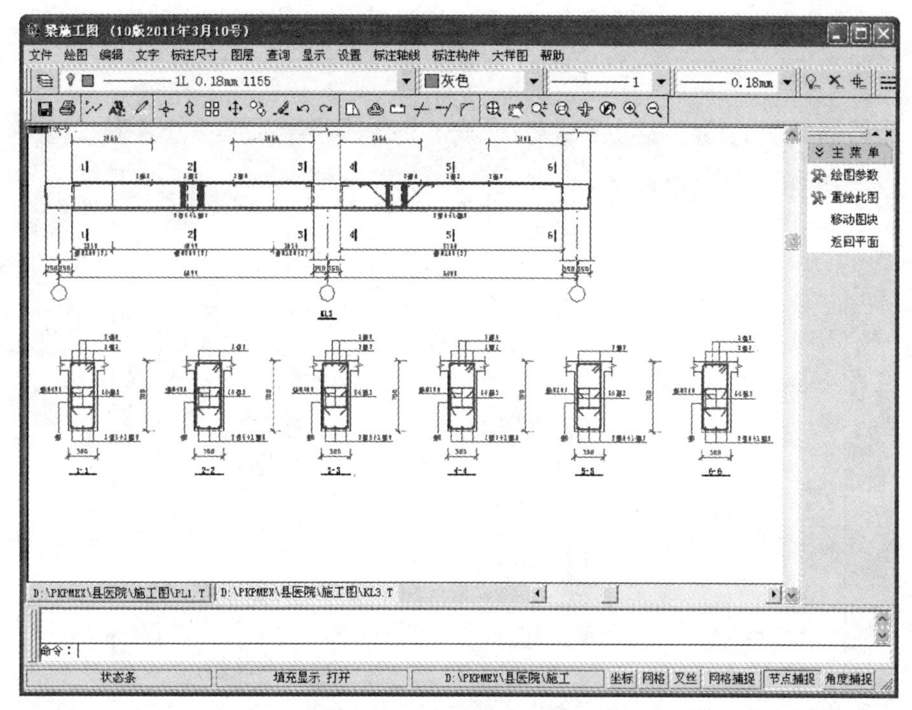

图 4-26　梁立、剖面施工图

3. 柱施工图

在读取前面结构分析与设计模块计算的配筋结果基础上，墙梁柱施工图模块自动进行柱的配筋归并，并自动选配钢筋，对于混凝土柱提供平法施工图画法(如图 4-27 所示)，

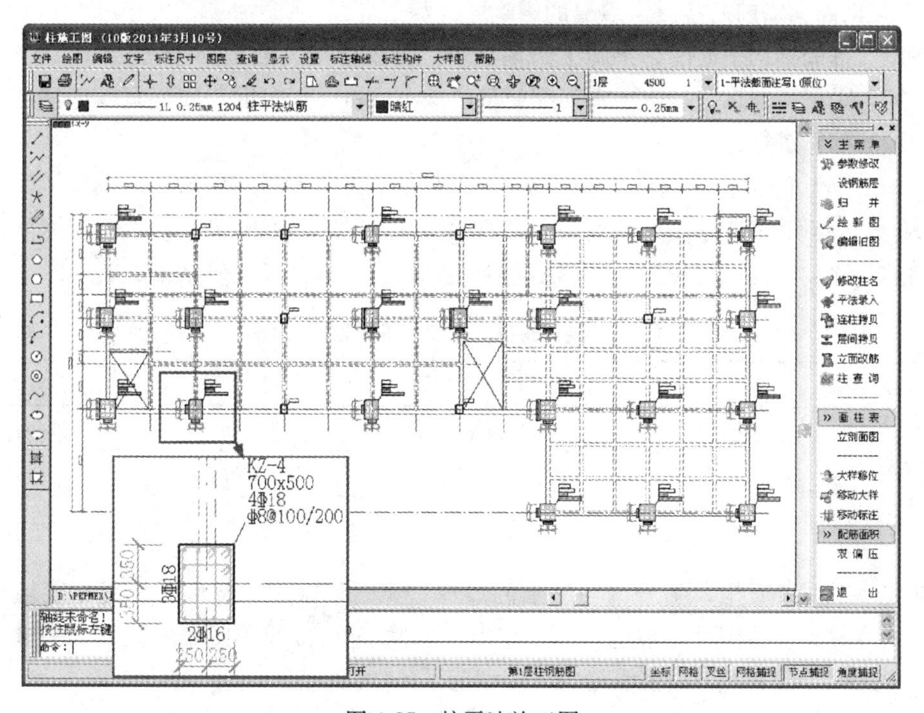

图 4-27　柱平法施工图

也提供了详细的立、剖面施工图画法，分别对应墙梁柱施工图模块中的第 3、4 项菜单(如图 4-28 所示)。

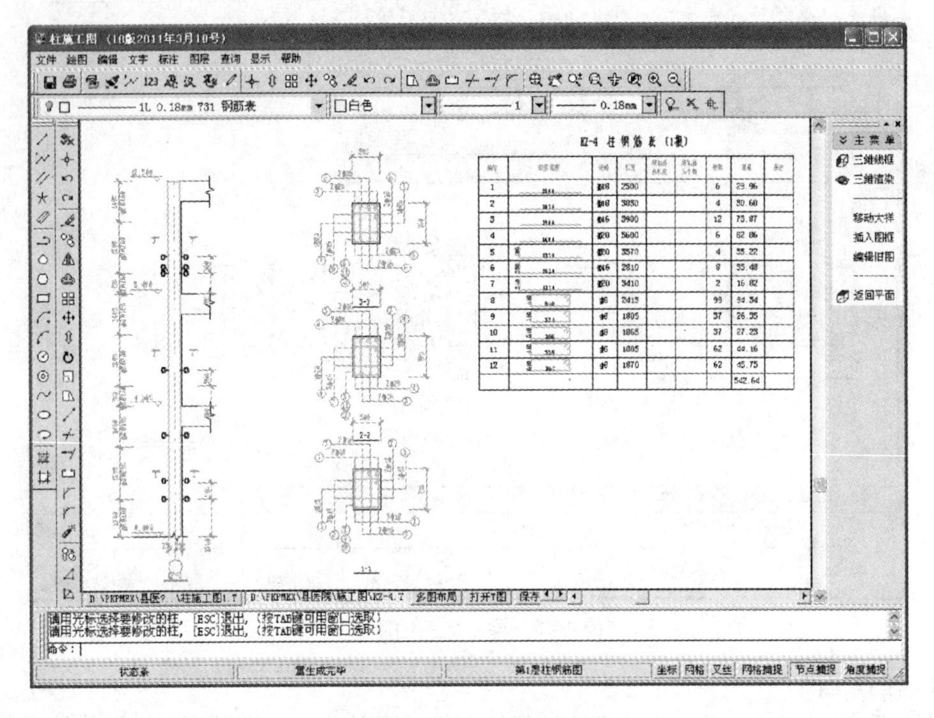

图 4-28　柱立、剖面施工图

4.6.5　采用高强钢筋对挠度、裂缝的影响

在该软件的结构平面图、梁施工图模块中，可以根据实配钢筋进行楼板与梁的挠度、裂缝计算。采用高强钢筋，由于钢筋配筋量的减小，将引起挠度与裂缝宽度值增加，下面以某楼板的算例进行比较。

某 6m×6m 的楼板，厚度 150mm，混凝土强度等级 C30，恒载：5.0kN/m^2，活载：2.0 kN/m^2。采用楼板施工图软件，分别采用 HRB335、HRB400、HRB500 钢筋，计算楼板钢筋，并校核挠度与裂缝。采用不同钢筋，楼板裂缝计算比较结果见表 4-2。

楼板挠度、裂缝计算比较　　**表 4-2**

钢筋级别	跨中计算配筋	跨中实际配筋	计算挠度	裂缝宽度
HRB335	323mm^2	Φ8@150	14.87mm	0.094mm
HRB400	269mm^2	Φ8@180	17.27mm	0.138mm
HRB500	225mm^2	Φ8@200	18.87mm	0.167mm

从表 4-2 可以看出，随着钢筋级别的增加，配筋量减小，挠度、裂缝宽度值相应增加。新的《混凝土结构设计规范》GB 50010—2010 对正常使用阶段的挠度、裂缝宽度的要求相应进行了放宽，为高强钢筋的应用创造了条件。

在该程序提供的施工图程序中，也可以根据裂缝宽度来配筋(如图 4-29 所示)。

4.6.6 用钢量统计与方案优化

在该软件中提供了钢筋混凝土算量统计模块，可以根据计算配筋结果自动进行钢筋实配或者根据施工图中的配筋结果，自动进行工程钢筋用量、混凝土用量的分类统计。通过该工程量统计软件(如图 4-30所示)，设计人员可以分别采用不同的钢筋强度方案，进行用钢量与经济指标比较，从而进行方案优化。

该工程量统计软件，可以接力建模模块、三维结构分析与设计模块、施工图模块，采用多种方式进行分类统计：

(1) 可以直接接力建模模型，进行混凝土用量的统计；

(2) 接力建模模型与三维分析结果，可以根据梁、柱、墙、板的计算配筋量，程序自动按设定的参数进行钢筋实配，实配中计入钢筋的搭接、锚固和弯钩等的用量，进行分类统计；

(3) 可以接力施工图的结果，根据施工图实配钢筋量，对梁、柱、墙、板的钢筋用量进行分类统计。

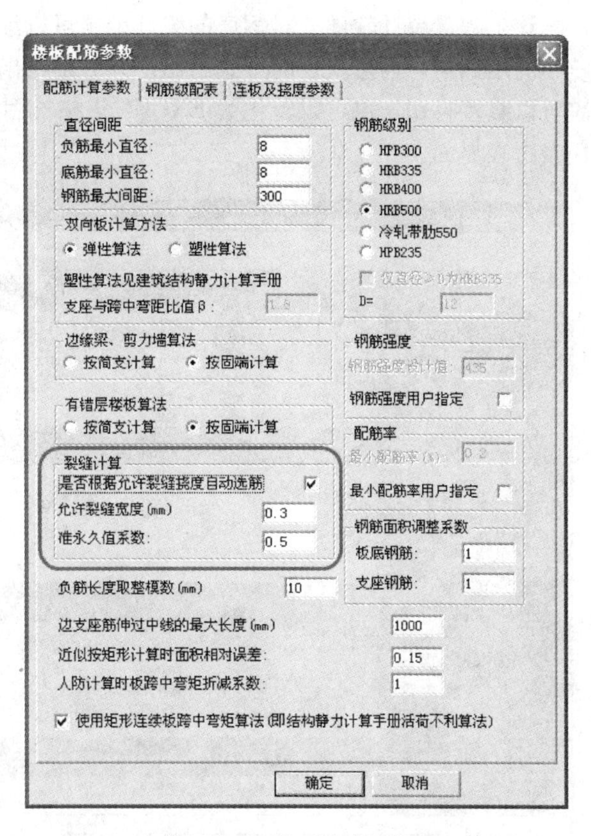

图 4-29 楼板施工图按裂缝宽度控制配筋选项

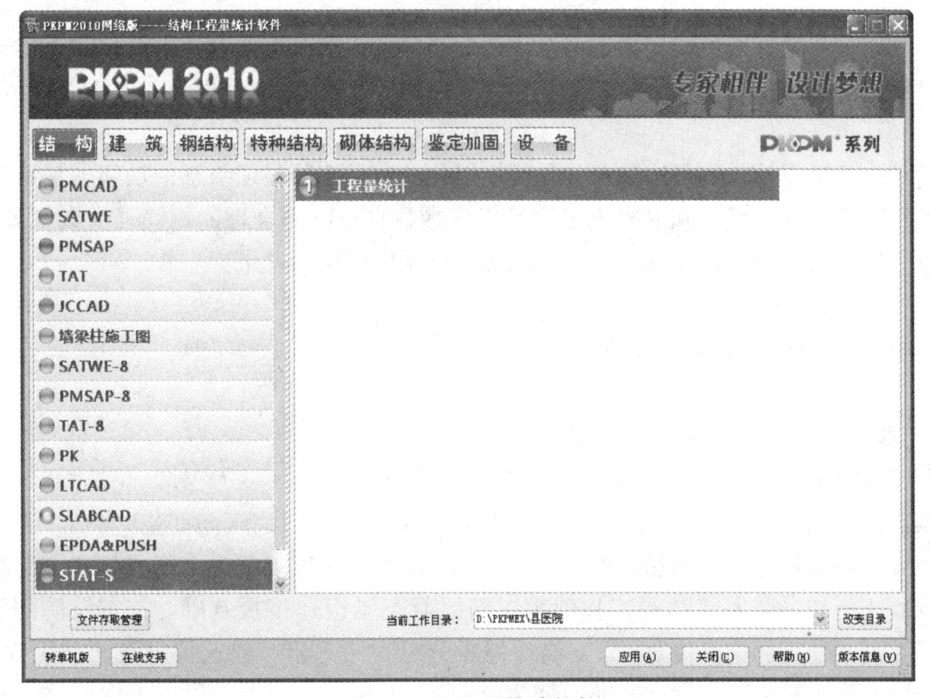

图 4-30 工程量统计软件

该工程量统计软件，对钢筋的统计结果可以细化到每类构件，每个级别的钢筋、每个直径的用钢量，通过报表的方式给出，并分别给出分层、全楼总体的每平方米用钢量，报表可以直接打印，也可以转化为EXCEL表格。图4-31所示为工程量统计模块输出的钢筋用量报表界面。

钢筋统计结果汇总表

菜单(F)

类别	层号	面积(m2)	HRB400							
			6	8	10	12	14	16	18	20
梁	第1层	922.94	78.70	886.08	1640.34	446.03	43.61	29.99	328.08	1046.38
	第2层	922.94	85.06	932.53	1629.74	452.43	48.27	16.38	232.50	1841.85
	第3层	919.83	64.10	624.29	1582.44	340.61	45.99	47.03	743.34	2820.58
	第4层	919.83	65.24	1342.86	450.37	340.61	49.60	199.53	1018.37	1582.86
	第5层	919.83	46.22	1538.27		118.56	111.87	334.21	1564.47	1164.90
	第6层	109.02	80.02	293.39		215.70	177.32	264.90	225.47	187.32
	合计	4714.39	419.34	5817.42	5302.89	1913.94	476.66	892.04	4112.23	8643.89
			70645.67							
柱	第1层	922.94		3205.41						248.79
	第2层	922.94		2113.00	477.48	403.38				959.14
	第3层	919.83		2222.60	302.52					982.76
	第4层	919.83		2157.13					235.63	995.93
	第5层	919.83		2353.00				257.14	401.11	1057.09
	第6层	109.02		566.66				261.18	266.72	153.89
	合计	4714.39	0	12617.80	780.00	403.38	0	518.32	903.46	4397.60
			57538.10							
板	第1层	922.94		6555.70	201.65	695.95				
	第2层	922.94		6563.89	201.65	695.95				
	第3层	919.83		6557.31	332.65	537.57				
	第4层	919.83		6631.96	203.21	668.28				
	第5层	919.83		5693.70	458.49	2121.29	179.55			
	第6层	109.02		632.23	140.49					
	合计	4714.39	0	32634.79	1538.14	4719.04	179.55	0	0	0
			39071.52							
合计		4714.39	419.34	50870.01	7621.03	7036.36	656.21	1410.36	5015.69	13041.49
			167255.29							

钢筋工程量

图4-31　统计报表

目前，设计软件尚不能自动选择合理的钢筋强度级别，需要设计人员按照上述选用钢筋的原则，并结合工程的具体情况、当地高强钢筋的供货条件以及性价比等因素合理选用。

建议今后的设计软件可增加自动化、智能化的选择钢筋强度级别的功能，使计算机可根据结构形式、截面尺寸和混凝土强度等级等参数自动给出合理的钢筋强度级别和配筋。这样既方便设计人员选择钢筋，也可使高强钢筋推广应用的效果更显著。

4.7　应用高强钢筋案例比较与分析

4.7.1　案例一：某框剪结构商住楼

1. 工程概况

某商住楼建筑面积14300m^2，地下一层，地上十二层，建筑高度40.30m。地下一层为附建式人防建筑兼作停车场，地上一、二层为商场，三层以上为公寓式住宅。上部采用钢筋混凝土框架—剪力墙结构，基础为钢筋混凝土梁板式筏板基础，抗震设防烈度为7度，设计基本地震加速度值0.15g，设计地震分组为第一组，建筑抗震设防类别为丙类，建筑场地类别为额Ⅲ类，设计特征周期为0.45s。基础梁、板及三层以下框架柱、剪力墙和梁的混凝土强度等级为C35，三层以上构件的混凝土强度等级为C30。基础梁、板、剪力墙边缘构件、框架柱及梁的纵向受力钢筋均采用HRB500级钢筋，由首钢总公司提供；梁中箍筋及楼板钢筋采用HRB400级钢筋。为便于组织生产供货，设计中HRB500级钢筋的直径采用16mm、18mm、20mm、22mm和25mm五种规格。钢筋的锚固、搭接长度及最小配筋率等均按照现行《混凝土结构设计规范》GB 50010—2010和《建筑抗震设计规范》GB 50011—2010的相关规定执行。

2. 工程钢筋用量比较与分析

试点工程完成后对基础梁、板、剪力墙边缘构件、框架柱及梁的纵向受力钢筋采用HRB500级钢筋的用量与采用HRB400级、HRB335级钢筋的用量进行了比较，结果见表4-3。

从表4-3中可看出采用HRB400级钢筋用量与采用HRB335级钢筋用量之比(②/③)为0.851，即可节约钢筋用量14.9%，接近按钢筋强度计算的理论节约钢筋量16.7%。其中基础板和框架梁节约钢筋用量均为16.6%，十分接近理论节约钢筋量比率，这是由于采用HRB400级钢筋时的钢筋用量由承载力计算确定，钢筋的强度能充分发挥，裂缝控制也能满足要求。基础梁节约钢筋用量为13%，小于钢筋量16.7%，这是由于基础梁的裂缝控制较严(二a类环境，$w_{lim}=0.2mm$)，部分截面的配筋由裂缝宽度控制。框架柱和剪力墙节约钢筋用量分别为12.2%和9.1%，相对较少，这是由于部分构件的配筋量是由最小配筋百分率确定的。总体来说，用HRB400级钢筋代替HRB335级钢筋其强度能充分发挥，裂缝控制较好，节约钢筋比率与理论节材比率接近，效果明显。

钢筋用量比较表(t) **表4-3**

构件名称	①HRB500 ($f_y=435N/mm^2$)	②HRB400 ($f_y=360N/mm^2$)	③HRB335 ($f_y=300N/mm^2$)	①/③	②/③	①/②
基础板	71.2	83.8	100.5	0.708	0.834	0.850
基础梁	34.5	39.6	45.5	0.758	0.870	0.871
框架柱	21.7	25.2	28.7	0.756	0.878	0.861
剪力墙	44.2	48.9	53.8	0.821	0.909	0.904
框架梁	126.8	136.2	163.4	0.776	0.834	0.931
合计	298.4	333.7	391.9	0.761	0.851	0.894

采用HRB500级钢筋用量与采用HRB335级钢筋用量之比(①/③)为0.761，即可节约钢筋用量23.9%，大于HRB400级钢筋，但小于按钢筋强度计算的理论节约钢筋量比率31%较多。其中基础板节约钢筋用量均为30.2%，十分接近理论节约钢筋量比率，这是由于在基础板中HRB500级钢筋的强度能充分发挥，裂缝控制也能满足要求。基础梁和框架梁节约钢筋用量分别为24.2%和22.4%，均小于理论节约钢筋量比率，这也是由于部分截面的配筋由裂缝宽度控制。框架柱和剪力墙节约钢筋用量分别为24.4%和17.9%，小于理论值31%，这也是由于部分构件的配筋量是由最小配筋百分率确定的。总体比较，用HRB500级钢筋代替HRB335级钢筋的节材效果大于HRB400级钢筋，但不同构件节约钢筋的比率有较大差别，在板中效果最好，在荷载较大的基础梁和框架柱中也较好，在框架梁和剪力墙中节约钢筋的比率相对较低。

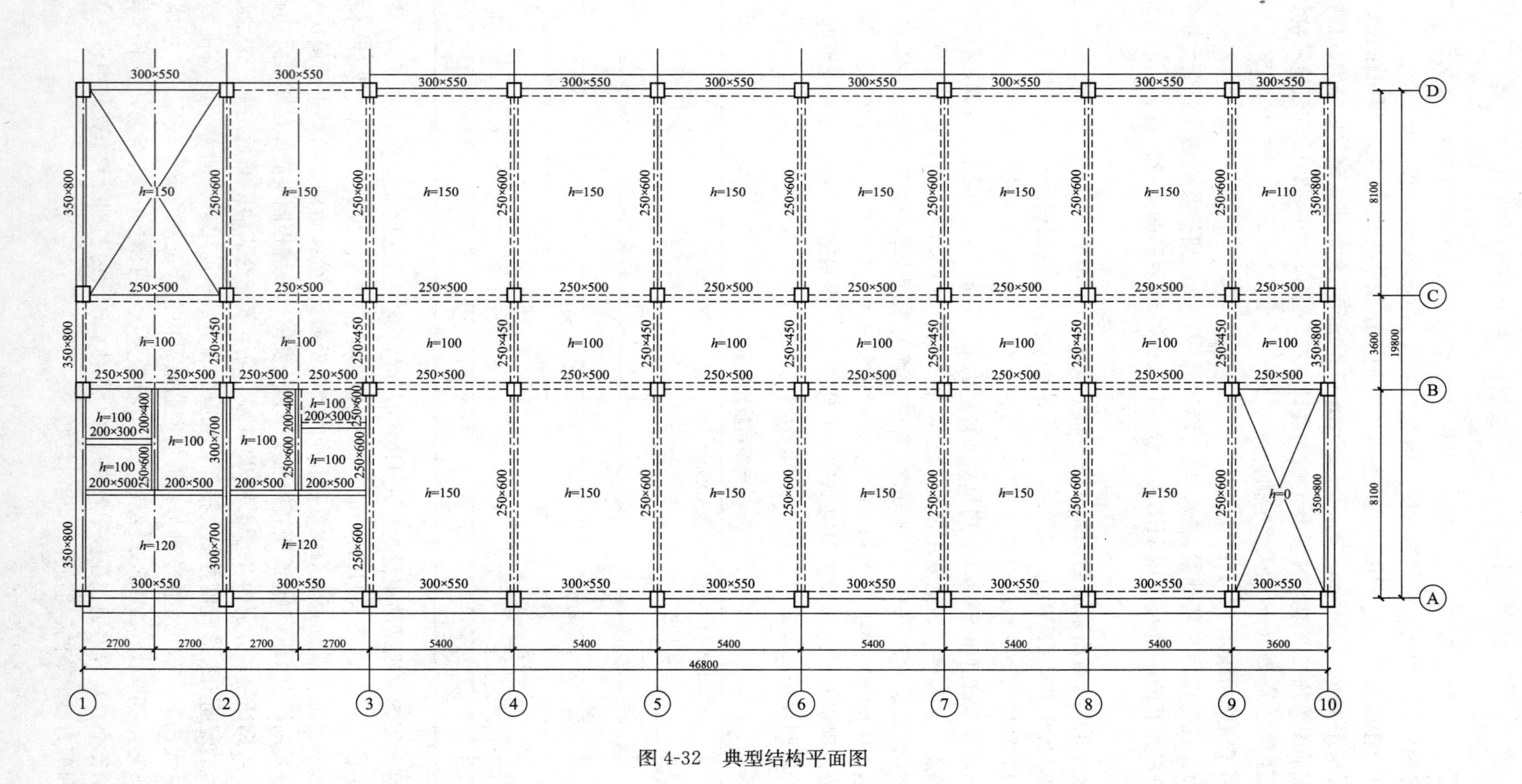

图 4-32　典型结构平面图

采用 HRB500 级钢筋用量与采用 HRB400 级钢筋用量之比(①/②)为 0.894，即可节约钢筋用量 10.6%，与另一试点工程(某中学体育训练馆，采用 HRB500 级钢筋)节约钢筋用量比率 11%很接近，但均明显小于按钢筋强度计算的理论节约钢筋量 17.2%。其中基础板和框架柱节约钢筋的比率分别为 15%和 13.9%，接近理论节材比率。框架梁用钢量最多，但节约钢筋的比率最低仅为 6.9%，这是因为相当数量截面(主要是负弯矩截面)的配筋是由裂缝控制确定的。

应该说明的是在试点工程的设计中，为解决框架梁纵向受力钢筋的锚固和裂缝控制问题，在计算机计算和选筋的基础上又进行了人工选筋，调小了钢筋直径(增加了钢筋的根数)，使按裂缝控制配截面的数量有明显减少。如完全由计算机自动选筋，按裂缝控制配截面的数量将增加，框架梁采用 HRB500 级钢筋节材的效果还会有所降低。

4.7.2 案例二：某框架结构教学楼

1. 工程概况

某教学楼，地下一层，地上五层，房屋总高度 20.80m，建筑面积 4800m^2。钢筋混凝土梁板式筏板基础，上部现浇整体式钢筋混凝土框架结构，柱网尺寸 5.4m×8.1m，5.4m×3.6m，典型结构平面图如图 4-32 和图 4-33 所示。

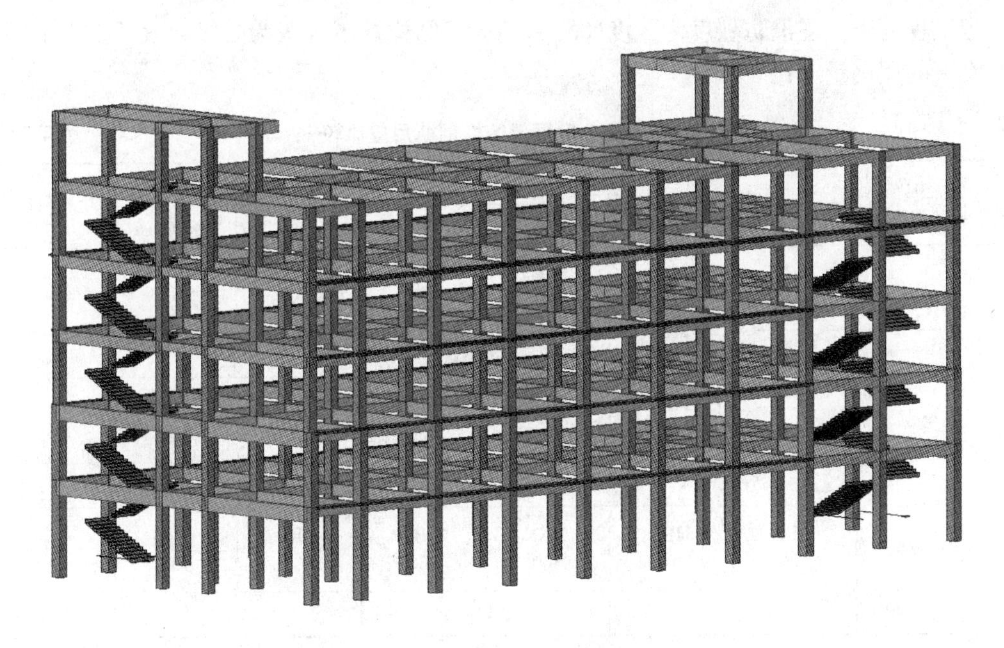

图 4-33 结构三维模型

设计地震分组为第二组；建筑场地类别Ⅱ类；抗震设防类别为标准设防类。

下面就这一结构在不同设防烈度地区，采用 4.6.6 节所述的工程量统计软件，针对不同配筋方案进行用钢量对比分析。

2. 不同设防烈度地区配筋方案用钢量比较

当工程处于抗震设防烈度为 7 度(0.1g)地区，结构抗震等级为三级，表 4-4 为不同配筋方案下的用钢量对比表。

设防烈度 7 度框架结构钢筋用量比较　　**表 4-4**

方案	构件	梁		柱		板		合计
		纵筋	箍筋	纵筋	箍筋	受力钢筋	分布钢筋	
方案一	配筋	HRB 335	HPB 300	HRB 335	HPB 300	HPB 300	HPB 300	
	用钢量 t	51.50		30.86		39.08		121.44
方案二	配筋	HRB 400	HPB 400	HRB 400	HPB 400	HPB 400	HPB 400	
	用钢量 t	45.17		29.74		39.07		113.98
方案三	配筋	HRB 500	HRB 400	HRB 500	HRB 400	HRB 400	HRB 400	
	用钢量 t	40.40		29.34		39.07		108.81

从表 4-4 可以看出，三个方案梁的用钢量比为 100∶87.7∶78.4，柱的用钢量比为 100∶96.3∶95.0，本工程楼板以构造配筋为主，所以楼板配筋变化不大。总体用钢量比值为 100∶93.8∶89.6。

当工程处于抗震设防烈度为 8 度(0.3g)地区，结构抗震等级为二级，表 4-5 为不同配筋方案下的用钢量对比表。

设防烈度 8 度框架结构钢筋用量比较　　**表 4-5**

方案	构件	梁		柱		板		合计
		纵筋	箍筋	纵筋	箍筋	受力钢筋	分布钢筋	
方案一	配筋	HRB 335	HPB 300	HRB 335	HPB 300	HPB 300	HPB 300	
	用钢量 t	83.99		68.61		39.08		191.68
方案二	配筋	HRB 400	HPB 400	HRB 400	HPB 400	HPB 400	HPB 400	
	用钢量 t	70.65		57.54		39.07		167.26
方案三	配筋	HRB 500	HRB 400	HRB 500	HRB 400	HRB 400	HRB 400	
	用钢量 t	59.64		50.87		39.07		149.58

从表 4-5 可以看出，三个方案梁的用钢量比为 100∶84.1∶71.0，柱的用钢量比为 100∶83.8∶74.1，本工程楼板以构造配筋为主，所以楼板配筋变化不大，总体用钢量比值为为 100∶87.26∶78.0。

按不同设防烈度设计，应用高强钢筋方案节省的用钢量对比见表 4-6。从上面对比可以看出，采用高强钢筋能够起到节省用钢量的目的，对于梁的效果比柱更明显，对于高烈度地区或荷载作用较大的工程，梁柱配筋主要由承载力控制时，采用高强钢筋对钢筋用量的影响较低烈度地区或荷载作用较小的工程更明显。

不同设防烈度下不同方案梁柱钢筋用量比较　　表 4-6

		7 度(0.1g)地区		8 度(0.3g)地区	
		梁	柱	梁	柱
节省量	方案 2/方案 1	12.3%	3.7%	15.9%	16.2%
	方案 3/方案 1	21.6%	5.0%	29.0%	25.9%

4.7.3　案例三：某高层住宅楼

1. 工程概况

某高层住宅楼，地下一层，层高 5.20m；地上 34 层，层高 2.90m；建筑总高度 98.90m，总建筑面积 14026.79m^2，主体外轮廓尺寸为 30.2m×17.6m。结构形式为全现浇钢筋混凝土剪力墙结构，基础采用 CFG 桩复合地基上的现浇钢筋混凝土平板式筏板基础，筏板厚度 h=1400mm。抗震设防烈度为 7 度，设计基本地震加速度为 0.15g，设计地震分组为第二组，建筑抗震设防类别为丙类，建筑场地类别为Ⅲ类，设计特征周期为 0.55s。剪力墙结构抗震等级为二级，但须按抗震设防烈度为 8 度(0.2g)采取抗震构造措施。

2. 钢筋用量比较与分析

对该高层住宅楼分别采用 HRB335 级、HRB400 级和 HRB500 级钢筋(少量构造钢量采用 HPB300 级钢筋)进行配筋计算，并统计不同强度等级钢筋的用量，结果见表 4-7 所示。

剪力墙结构(高层住宅)钢筋用量比较(t)　　表 4-7

构件名称	①HRB335 钢筋 (f_y=300N/mm^2)	②HRB400 钢筋 (f_y=360N/mm^2)	③HRB500 钢筋 (f_y=435N/mm^2)	②/①	③/①	③/②
梁	128.17	121.08	113.55	0.945	0.886	0.938
板	97.43	83.01	72.43	0.852	0.743	0.873
墙	448.13	397.80	355.55	0.888	0.793	0.894
基础	66.31	58.46	51.97	0.882	0.784	0.889
合计	740.04	660.35	593.50	0.892	0.802	0.899

从表 4-7 中可看出，采用 HRB400 级钢筋代替 HRB335 级钢筋的总用钢量之比(②/①)为 0.892，即可节约钢筋用量 10.8%。其中板的钢筋用量减少 14.8%，接近按钢筋强度计算的理论节约钢筋量 16.7%；墙和基础的钢筋用量分别减少 11.2%和 11.8%；而梁的钢筋用量减少仅为 5.5%，这是因为剪力墙结构中梁的跨度及承受的荷载均较小，部分梁的钢筋用量由最小配筋率控制。

采用 HRB500 级钢筋代替 HRB335 级钢筋的总用钢量之比(③/①)为 0.802，即可节约钢筋用量 19.8%。其中板的钢筋用量减少 25.7%，墙和基础的钢筋用量分别减少 20.7%和 21.6%；梁的钢筋用量减少 10.4%。

采用 HRB500 级钢筋代替 HRB400 级钢筋的总用钢量之比(③/②)为 0.899，即可节约钢筋用量 10.1%。其中板的钢筋用量减少 12.7%，墙和基础的钢筋用量分别减少 10.6%和 11.1%；梁的钢筋用量减少 6.2%。

4.7.4 案例四：某大型商场

1. 工程概况

某大型商场，地下一层，地上6层，层高均为5.20m；建筑总高度31.65m，总建筑面积26287.64m²，主体外轮廓尺寸为89.7m×45.7m。结构形式为全现浇钢筋混凝土框架结构，基础采用天然地基上的现浇钢筋混凝土平板式筏板基础，筏板厚度$h=400$mm。抗震设防烈度为7度，设计基本地震加速度为0.10g，设计地震分组为第二组，建筑抗震设防类别为丙类，建筑场地类别为Ⅱ类，设计特征周期为0.40s。框架梁、柱和抗震墙结构抗震等级为二级，并按二级采取抗震构造措施。

2. 钢筋用量比较与分析

对该大型商场分别采用HRB335级、HRB400级和HRB500级钢筋(少量构造钢量采用HPB300级钢筋)进行配筋计算，并统计不同强度钢筋的用量，结果见表4-8。

框架结构(大型商场)钢筋用量比较(t) **表4-8**

构件名称	①HRB335钢筋 ($f_y=300$N/mm²)	②HRB400钢筋 ($f_y=360$N/mm²)	③HRB500钢筋 ($f_y=435$N/mm²)	②/①	③/①	③/②
梁	527.84	470.97	424.33	0.892	0.804	0.901
板	289.32	255.32	219.08	0.882	0.757	0.858
柱	156.97	144.71	139.00	0.922	0.886	0.961
墙	47.74	42.14	41.05	0.883	0.860	0.974
基础	226.55	204.95	191.34	0.905	0.845	0.934
合计	1248.42	1118.09	1014.80	0.896	0.813	0.908

从表4-8中可看出，采用HRB400级钢筋代替HRB335级钢筋的总用钢量之比(②/①)为0.896，即可节约钢筋用量10.4%。其中梁的钢筋用量减少10.8%，板的钢筋用量减少11.8%，柱的钢筋用量减少7.8%，墙和基础的钢筋用量分别减少11.7%和9.5%。柱中的钢筋用量节约最少，是因为多数柱的钢筋用量是由最小配筋率控制的。

采用HRB500级钢筋代替HRB335级钢筋的总用钢量之比(③/①)为0.813，即可节约钢筋用量18.7%。其中梁的钢筋用量减少19.6%，板的钢筋用量减少24.3%，柱的钢筋用量减少11.4%，墙和基础的钢筋用量分别减少14.0%和15.5%。与案例三(高层住宅楼剪力墙结构)相比，梁的钢筋用量减少幅度增加明显，这是因为大型商场框架梁的跨度和承受的荷载均较大，钢筋用量多由承载力计算确定，500MPa级钢筋的强度能较好发挥。

采用HRB500级钢筋代替HRB400级钢筋的总用钢量之比(③/②)为0.908，即可节约钢筋用量9.2%。其中梁的钢筋用量减少9.9%，板的钢筋用量减少14.2%，柱的钢筋用量减少3.9%，墙和基础的钢筋用量分别减少2.6%和6.6%。柱、墙和基础的钢筋用量节约较少，也是因为这些构件的钢筋用量多由最小配筋率控制。

4.7.5 案例五：某高校餐厅

1. 工程概况

某高校餐厅地上3层，层高5.40m；建筑总高度16.50m，总建筑面积21888m²，主体外轮廓尺寸为108.0m×57.6m。结构形式为全现浇钢筋混凝土框架结构，基础采用CFG桩复合地基上的柱下现浇钢筋混凝土独立基础。抗震设防烈度为7度，设计基本地震加速度为 0.15g，设计地震分组为第二组，建筑抗震设防类别为丙类，建筑场地类别为Ⅱ类，设计特征周期为 0.55s，多遇地震的水平地震影响系数最大值 0.12，剪力墙结构抗震等级为三级。

2. 钢筋用量比较与分析

对该高校餐厅分别采用 HRB335 级、HRB400 级和 HRB500 级钢筋(少量构造钢量采用 HPB300 级钢筋)进行配筋计算，并统计不同强度钢筋的用量，结果见表 4-9。

框架结构(高校餐厅)钢筋用量比较(t) **表 4-9**

构件名称	①HRB335 钢筋 (f_y=300N/mm²)	②HRB400 钢筋 (f_y=360N/mm²)	③HRB500 钢筋 (f_y=435N/mm²)	②/①	③/①	③/②
梁	415.99	370.14	328.24	0.890	0.789	0.887
板	187.38	160.35	142.85	0.856	0.762	0.891
墙、柱	172.11	154.15	143.25	0.896	0.832	0.929
基础	26.71	24.30	24.30	0.910	0.910	1.000
合计	802.19	708.94	638.64	0.884	0.796	0.901

从表 4-9 中可看出，采用 HRB400 级钢筋代替 HRB335 级钢筋的总用钢量之比(②/①)为 0.884，即可节约钢筋用量 11.6%。其中梁的钢筋用量减少 11.0%，板的钢筋用量减少 14.4%，墙柱的钢筋用量减少 10.4%，基础的钢筋用量减少 9.0%，不同类型构件节约钢筋的百分比相差不很大。

采用 HRB500 级钢筋代替 HRB335 级钢筋的总用钢量之比(③/①)为 0.796，即可节约钢筋用量 20.4%。其中梁的钢筋用量减少 21.1%，板的钢筋用量减少 23.8%，墙柱的钢筋用量减少 16.8%，基础的钢筋用量减少仍为 9.0%。梁、板的钢筋用量减少幅度较大是因为在餐厅框架梁的跨度和承受的荷载均较大，钢筋用量多由承载力计算确定，500MPa 级钢筋的强度能较好发挥。

采用 HRB500 级钢筋代替 HRB400 级钢筋的总用钢量之比(③/②)为 0.901，即可节约钢筋用量 9.9%。其中梁的钢筋用量减少 11.3%，板的钢筋用量减少 10.9%，墙柱的钢筋用量减少 7.1%，基础的钢筋用量没有减少。

4.7.6 案例六：某写字楼

1. 工程概况

某写字楼，地下一层，层高 4.50m；地上 12 层，一层层高 3.90m，二层以上层高均为 3.60m；建筑总高度 47.40m，总建筑面积 18230m²，主体外轮廓尺寸为 56.7m×24.5m。结构形式为全现浇钢筋混凝土框架—剪力墙结构，基础采用 CFG 桩复合地基上的现浇钢筋混凝土平板式筏板基础，筏板厚度 h=800mm(核心筒下局部为 1300mm)。抗震设防烈度为 7 度，设计基本地震加速度为 0.15g，设计地震分组为第二组，建筑抗震设防类别为丙类，建筑场地类别为Ⅲ类，设计特征周期为 0.55s，多遇地震的水平地震影响系数最大值 0.12。框架的抗震等级为三级，剪力墙的抗震等级为二级，但均须按抗震设防烈度为 8 度(0.2g)采取抗震构造措施。

2. 钢筋用量比较与分析

对该写字楼分别采用 HRB335 级、HRB400 级和 HRB500 级钢筋(少量构造钢量采用

HPB300 级钢筋)进行配筋计算，并统计不同强度钢筋的用量，结果见表 4-10。

框架-剪力墙结构(写字楼)钢筋用量比较(t) 表 4-10

构件名称	①HRB335 钢筋 (f_y=300N/mm²)	②HRB400 钢筋 (f_y=360N/mm²)	③HRB500 钢筋 (f_y=435N/mm²)	②/①	③/①	③/②
梁	330.28	289.74	255.22	0.877	0.773	0.881
板	144.11	122.28	104.18	0.849	0.723	0.852
柱	142.74	127.49	115.05	0.893	0.806	0.902
墙	228.11	207.62	193.22	0.910	0.847	0.931
基础	162.49	132.46	110.77	0.815	0.682	0.836
合计	1007.73	879.59	778.44	0.873	0.772	0.885

从表 4-10 中可看出，采用 HRB400 级钢筋代替 HRB335 级钢筋的总用钢量之比(②/①)为 0.873，即可节约钢筋用量 12.7%。其中梁的钢筋用量减少 12.3%，板的钢筋用量减少 15.1%，柱的钢筋用量减少 10.7%，墙的钢筋用量减少 9.0%，基础的钢筋用量减少 18.5%。楼板和基础筏板的钢筋用量减少较多，是因为写字楼的板类构件的钢筋用量大多由承载力计算确定，且裂缝控制也能满足要求。

采用 HRB500 级钢筋代替 HRB335 级钢筋的总用钢量之比(③/①)为 0.772，即可节约钢筋用量 22.8%。其中梁的钢筋用量减少 22.7%，板的钢筋用量减少 27.7%，柱的钢筋用量减少 19.4%，墙的钢筋用量减少 15.3%，基础的钢筋用量减少 31.8%。基础筏板钢筋用量减少的比率已达到理论节材比率，说明在厚板构件中采用 500MPa 级钢筋有很好的节材效果。

采用 HRB500 级钢筋代替 HRB400 级钢筋的总用钢量之比(③/②)为 0.885，即可节约钢筋用量 11.5%。其中梁的钢筋用量减少 11.9%，板的钢筋用量减少 14.8%，柱的钢筋用量减少 9.8%，墙的钢筋用量减少 6.9%，基础的钢筋用量减少 16.4%，仍然是楼板和基础筏板的钢筋用量减少较多。

4.7.7 工程案例钢筋用量比较小结

从以上对 6 个常见的民用建筑分别采用 HRB335 级、HRB400 级和 HRB500 级钢筋的用量比较可以看出，采用高强钢筋替代目前常用的 335MPa 级钢筋后，对于不同类型的结构形式、不同类型的构件以及不同的抗震设防烈度，节约钢筋的效果是不同的，但钢筋总用量的节材比率相差不大。总体看来，采用 HRB400 级钢筋代替 HRB335 级钢筋的节材比率约为 10%，采用 HRB500 级钢筋代替 HRB335 级钢筋的节材比率约为 20%，采用 HRB500 级钢筋代替 HRB400 级钢筋后钢筋用量减少也约为 10%，即钢筋强度提高一个级别，钢筋用量减少约 10%。这一结果可供设计人员应用高强钢筋时参考。

第 5 章　高强钢筋施工质量控制

5.1　高强钢筋的采购与进场质量控制

5.1.1　钢筋的市场供应与采购

1991 年 400MPa 钢筋正式纳入国家标准《钢筋混凝土用热轧带肋钢筋》GB 1499—91，此后相关部门立即开展了完善钢筋生产和全面推广应用的工作。进入 21 世纪后，新工艺新技术不断应用到钢筋生产，HRB400 级钢筋应用得到快速发展，并取得了巨大的经济效益和社会效益。

随着 HRB400 钢筋的成功应用，为加强技术储备和进一步推动高强钢筋升级换代，部分钢铁企业又进行了 HRB500 钢筋的研制开发。现在国内已经有多家钢铁公司采用微合金化技术，成功研制开发了 HRB500 钢筋。大量的钢筋疲劳、焊接、机械连接、高低温力学性能等应用性能试验研究表明，HRB500 产品质量和目前国内生产企业的工艺装备条件使 HRB500 钢筋的推广应用完全具备了条件。

5.1.2　钢筋的进场检验

1. 钢筋牌号

钢筋混凝土结构采用的钢筋有光圆和带肋(月牙肋)两种外形，在钢筋表面用下列刻字标志表示(如图 5-1 所示)，用以区分钢筋的强度等级和直径大小等，避免在施工过程中混用。

(1) 带肋钢筋表面上轧制的第一个字母表示钢种：C、K、E 分别表示细晶粒热轧钢筋、余热处理钢筋和抗震钢筋；无字母表示普通热轧钢筋。普通热轧带肋钢筋会根据不同的规格，在钢筋中加入钒(V)、铌(Nb)、钛(Ti)等微合金元素，而细晶粒热轧带肋钢筋原则上不掺微合金元素而只靠轧制工艺来实现。

(2) 带肋钢筋表面上轧制的第一个数字表示强度级别，如 3、4、5 分别表示强度等级为 335MPa、400MPa、500MPa。

(3) 在字母与数字之间的符号为生产企业的专用标志。

(4) 带肋钢筋表面上轧制的最后一

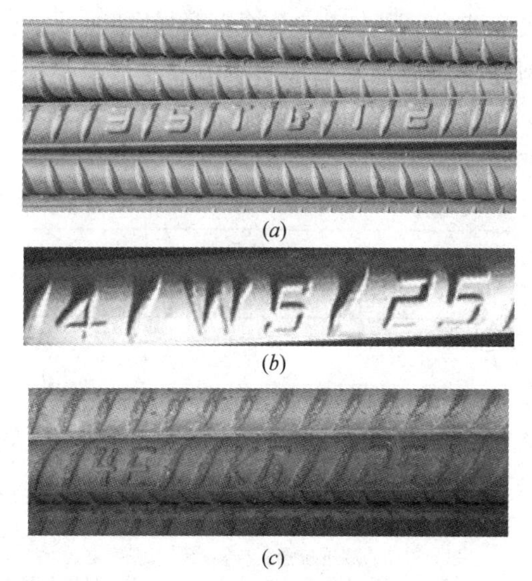

图 5-1　带肋钢筋表面标志示意图
(*a*)企业代号为 STG、直径为 12mm 的 HRB335 钢筋；
(*b*)企业代号为 WS、直径为 25mm 的 HRB400 钢筋；
(*c*)企业代号为 KG、直径为 25mm 的 HRB400E 钢筋

组数字为公称直径，以毫米(mm)为单位，钢筋直径为 6～50mm。例如 16、25 表示钢筋的公称直径为 16mm、25mm，直径 12mm 以下的细钢筋不标志直径。

(5) 光圆钢筋表面无标志，强度只有一种，直径可直接量测。

具体的牌号标志，如 HRB335、HRB400、HRB500 分别为 3、4、5；HRBF335、HRBF400、HRBF500 分别为 C3、C4、C5；RRB400、RRB400W 分别为 K4、KW4；对于牌号带 E 的钢筋，标志也带 E，如 HRB335E 为 3E、HRBF400E 为 C4E。

2. 进场质量检验

高强钢筋进场时，工程质量技术人员应首先检查产品质量合格证明书或试验报告单，并应按现行国家标准《钢筋混凝土用钢 第 2 部分：热扎带肋钢筋》GB 1499.2—2007 等相关规定，应按批进行检查和验收。

热轧钢筋检验批按下列要求确定：每批由同一牌号、同一炉罐号和同一规格的钢筋组成，重量不大于 60t；允许同一牌号、同一冶炼方法和浇注方法但不同炉罐号组成混合批，但各炉罐号含碳量之差不得大于 0.02%，含锰量之差不得大于 0.15%。

从每批钢筋中抽取 5%进行外观检查，外观质量应满足以下要求：钢筋表面不得有裂纹、结疤和折叠；钢筋表面允许有凸块，但不得超过横肋的高度，钢筋表面上其他缺陷的深度和高度不得大于所在部位尺寸的允许偏差；钢筋可按实际重量或理论重量交货，当钢筋按实际重量交货时，应随机抽取 10 根(6m)长钢筋称重，高强钢筋的重量负偏差要求参见第 3 章表 3-12。

高强钢筋进场后应按照相关规范要求取样进行力学性能检测。钢筋试样应在外观及尺寸合格的钢筋上切取，并将试样送具备资质的检测机构复验。取样、送样的全过程应在监理见证监督下进行。具体取样要求详见相关规定。

对高强钢筋进行力学性能试验时，从每批钢筋中任选两根钢筋，每根取两个试件分别进行拉伸试验(包括屈服点、抗拉强度和伸长度)和冷弯试验。拉伸、冷弯、反弯试验试件不允许进行车削加工；计算钢筋强度时，采用公称横截面面积；反弯试验时，经正向弯曲后的试件应在 100℃温度下保温不少于 30min，经自然冷却后再进行反向弯曲。

钢筋的屈服强度 R_{eL}、抗拉强度 R_m、断后伸长率 A、最大力总伸长率 A_{gt} 等力学性能特征值应符合表 5-1 的规定。

高强钢筋的力学性能试验 **表 5-1**

牌号	R_{eL}(MPa)	R_m(MPa)	A(%)	A_{gt}(%)
	不小于			
HRB400 HRBF400	400	540	16	7.5
HRB500 HRBF500	500	630	15	

注：1. 直径 28～40mm 各牌号钢筋的断后伸长率 A 可降低 1%；直径大于 40mm 各牌号钢筋的断后伸长率 A 可降低 2%。

2. 有较高要求的抗震结构适用牌号为：在本表中已有牌号后加 E(例如：HRB400E、HRBF400E)的钢筋。该类钢筋除应满足以下(1)、(2)、(3)的要求外，其他要求与相对应的已有牌号钢筋相同。

(1) 钢筋实测抗拉强度与实测屈服强度之比 R_m^0/R_{eL}^0 不小于 1.25；

(2) 钢筋实测屈服强度与本表规定的屈服强度特征值之比 R_{eL}^0/R_{eL} 不大于 1.30；

(3) 钢筋的最大力总伸长率 A_{gt} 不小于 9%。

R_m^0 为钢筋实测抗拉强度；R_{eL}^0 为钢筋实测屈服强度。

3. 对于没有明显屈服强度的钢筋，屈服强度特征值 R_{eL} 应采用规定非比例延伸强度 $R_{p0.2}$。

4. 根据供需双方协议，伸长率类型可从 A 或 A_{gt} 中选定。如伸长率类型未经协议确定，则伸长率采用 A，仲裁检验时采用 A_{gt}。

如有一项试验结果不符合上表的要求，则从同一批中另取双倍数量的试件重做各项试验。如仍有 1 个试件不合格，则该批钢筋为不合格品。

对有抗震设防要求的框架结构，其纵向受力钢筋的强度应满足设计要求；当设计无具体要求时，对一、二、三级抗震等级，检验所得的强度实测值尚应符合表 5-1 注 2 的相关规定。

当发现钢筋脆断、焊接性能不良或力学性能显著不正常等现象时，应对该批钢筋进行化学成分检验或其他专项检验。

5.1.3 钢筋的保管

钢筋在运输和储存时，不得损坏标志。在施工现场必须按批分不同等级、牌号、直径、长度分别挂牌堆放整齐，并注明数量，不得混淆。

钢筋应尽量堆放在仓库或料棚内。在条件不具备时，应选择地势较高、较平坦坚实的露天场地堆放。在场地或仓库周围设置排水沟，以防积水。堆放时，钢筋下面要填以垫木，离地不宜少于 200mm，也可用钢筋堆放架堆放，以免钢筋锈蚀和污染；在雨雪季节要用防雨材料覆盖。

钢筋的堆放位置，应远离施工现场生活区域，防止与酸、盐、油等类物品堆放在一起，同时堆放地点不要靠近产生有害气体的车间，以免钢筋被油污染和受到腐蚀。

已加工的钢筋成品，要分工程名称和构件名称，按号码顺序堆放，同一项工程与同一构件的钢筋要放在一起，按号牌排列，牌上注明构件名称、部位、钢筋形式、尺寸、牌号、直径、根数，不得将几项工程的钢筋叠放在一起。

5.2 高强钢筋加工的设备与工艺

高强钢筋加工包括现场加工和场外专业化加工两种方式。现场加工，即是指在施工现场，由钢筋工人按照设计要求对钢筋进行现场加工、成型的过程。场外专业化加工指的是在专门的钢筋加工工厂，由专门的技术工人采用专业化加工设备，按照要求对高强钢筋进行的包括调直、切断、弯曲、焊接、机械连接等工艺成型，并根据工程施工进度计划，将所需各种钢筋成型制品配送供应给工地现场的生产方式。

相较于现场加工，场外专业化加工配送供应具有以下优点：

(1) 规模化生产，能同时供应多个工程，提高材料利用率；

(2) 生产效率高，有利于提高机械自动化水平，能更好地保证加工质量；

(3) 节省用工和用地，通过计算机信息化管理，提高管理效率；

(4) 有利于减轻钢筋工程的劳动密集程度，实现建筑工业化；

(5) 有利于现场安全文明施工；

(6) 改善劳动环境，降低劳动强度等。

场外专业化加工钢筋进入施工现场时，产品供应方应提交进场批产品的出厂合格证书、质量检验报告、钢筋质量证明文件。工程施工方和监理方应按规定对成型钢筋进行见证检验。抽样检验成型钢筋的屈服强度、抗拉强度、伸长率和重量偏差等。检验批量可由合同约定，同一工程、同一原材料来源、同一组生产设备生产的成型钢筋，检验批量不应大于 100t。

钢筋调直后应抽样检验力学性能和单位长度重量偏差，其强度应符合国家现行有关产品标准的规定，断后伸长率、单位长度重量偏差应符合现行国家标准《混凝土结构工程施工质量验收规范》GB 50204 的有关规定。

成型钢筋的钢筋品种、级别、规格、数量，应符合设计要求和订货要求；成型钢筋安装时的机械连接和焊接连接应按现行行业标准《钢筋机械连接技术规程》JGJ 107、《钢筋焊接及验收规程》JGJ 18 的规定进行施工并检查连接质量，按有关规定随机抽取钢筋机械连接接头、焊接接头试件作力学性能检验；成型钢筋中连接接头和箍筋应检查其设置位置，并应符合有关标准的规定。

5.2.1 钢筋调直

在施工现场或钢筋加工工厂，盘卷的带肋钢筋和光圆钢筋以及直条但弯曲较大的高强钢筋需要先进行调直再进行加工。钢筋调直主要采用机械调直和冷拉调直两种工艺。对直径在 12mm 以下的盘圆钢筋进行调直时，一般采用慢速卷扬机(如图 5-2 所示)拉直。而对于较大直径的高强钢筋，采用调直机调直(如图 5-3 所示)。

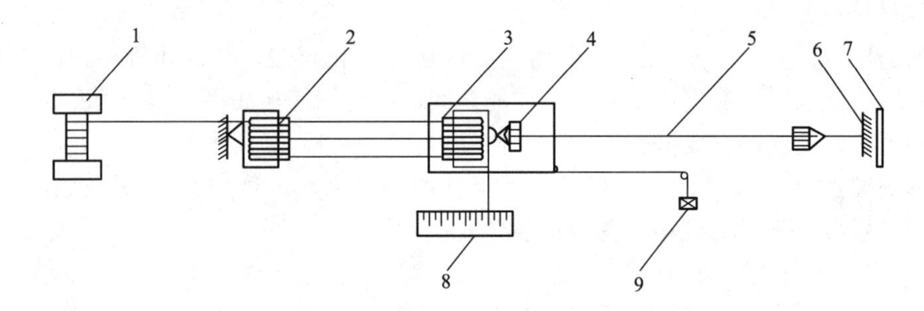

图 5-2　卷扬机拉直设备布置

1—卷扬机；2—滑轮组；3—冷拉小车；4—钢筋夹具；
5—钢筋；6—地锚；7—防护壁；8—标尺；9—荷重架

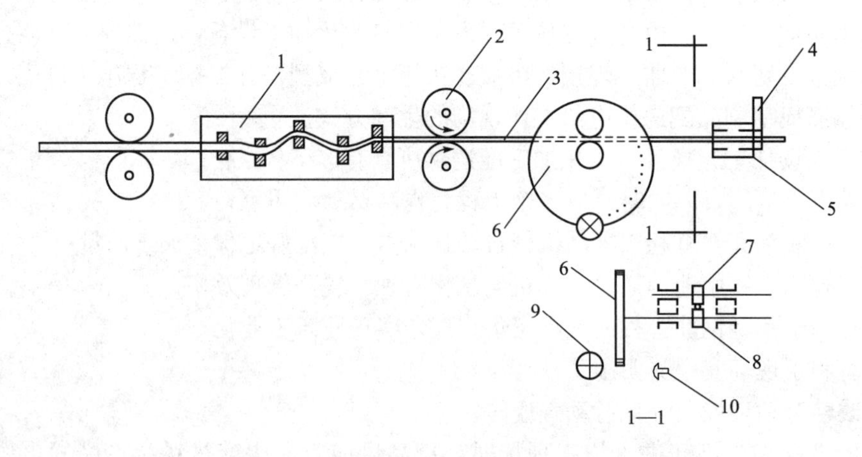

图 5-3　数控钢筋调直切断机工作简图

1—调直装置；2—牵引轮；3—钢筋；4—上刀口；5—下刀口；
6—光电盘；7—压轮；8—摩擦轮；9—灯泡；10—光电管

常用钢筋调直机的主要技术性能见表 5-2。

常用钢筋调直机的主要技术性能 **表 5-2**

产品型号	GT4/8	GT4/14	数控钢筋调直机	GT1.6/4	GT3/8
调直钢筋直径(mm)	4～8	4～14	4～8	1.6～4	3～8
自动切断长度(m)	0.3～0.6	0.3～0.7	<10	0.2～4	0.2～6
钢筋抗拉强度(MPa)	—	—	—	650	650
牵引速度(m/min)	—	—	—	20～30	40
功率(kW)	5.5	4	2.2	3	7.5
切断长度误差(mm)	3	3	2	1	1
产品型号	GT6/12	L GT4/8	L GT6/14	GT5/7	W GT10/16
调直钢筋直径(mm)	6～12	4～8	6～14	5～7	10～16
自动切断长度(m)	0.3～12	0.3～12	1～16	0.3～7	2～10
钢筋抗拉强度(MPa)	650	800	800	1500	1000
牵引速度(m/min)	30～50	40	30～50	30～50	20～30
功率(kW)	15	5.5	15	11	18.5
切断长度误差(mm)	1	1	1.5	1	1.5

1. 钢筋调直机的使用注意事项

(1) 调直模的内径应比所有调直钢筋大 2～4mm，调直模的大口应面向钢筋进入的方向。

(2) 在调直过程中不应任意调整送入压辊的水平装置。如调整不当，阻力增大，会造成机内断筋，损坏设备。

(3) 盘条放在放盘架上要平稳。放盘架与调直机之间应架设环形导向装置。避免断筋、乱筋时出现意外。

(4) 已调直的钢筋应按类别、直径、长短、根数等分别堆放，备做辅筋之用。

(5) 用手转动飞轮，检查传动机构和工作装置，调整间隙，紧固螺栓。确认正常后，启动空运转，检查轴承应无异响，齿轮啮合良好，带运转正常后，方可作业。

(6) 按调直钢筋的直径，选用适当的调直块及传动速度，经调试合格，方可送料。

(7) 在调直块未固定、防护罩未盖好之前不得送料。作业中严禁打开各部防护罩及调整间隙。

(8) 当钢筋送入后，手与曳轮必须保持一定距离，不得接近。

(9) 送料前，应将不直的料头切除，导向筒应装一根 1m 长的钢管，钢筋必先穿过钢管再送入调直筒前端的导孔内。

(10) 经过调直后的钢筋若仍有慢弯，可调整偏移块的偏移量，直到调直。

2. 钢筋调直的质量要求

(1) 采用钢筋调直机调直冷拔低碳钢丝和细钢筋时，要根据钢筋的直径选用调直模和传送辊，并要恰当掌握调直模的偏移量和压辊的压紧程度；用卷扬机拉直钢筋时，应注意控制冷拉率：HRB400 和 HRB500 钢筋及不准采用冷拉钢筋的结构，不得大于 1%。

(2) 用调直机调直钢丝和用锤击法平直粗钢筋时，表面伤痕不应使截面积减少 5%以上。调直后的钢筋应平直，无局部曲折；冷拔低碳钢丝表面不得有明显擦痕。

(3) 现场钢筋调直，调直后应对钢筋进行重量偏差和力学性能复试，检验批次和检验项目应符合相关标准规定。高强调直钢筋进场时应检查其调直钢筋质保书，并附原盘卷钢筋的质保书。在施工过程中，严禁采用以增加强度和长度为目的进行冷拉的钢筋。

5.2.2 钢筋切断

钢筋切断机是把钢筋原材和已经矫直的钢筋切断成所需长度的专用机械，广泛应用于施工现场和钢筋专业加工工厂剪切 6～40mm 的钢筋。按结构形式可分为手动式钢筋切断机、立式钢筋切断机、卧式钢筋切断机；按工作原理可分为凸轮式钢筋切断机、曲柄连杆式钢筋切断机；按传动方式可分为机械式钢筋切断机、液压式钢筋切断机(如图 5-4 和图 5-5 所示)。

图 5-4 钢筋调直机

图 5-5 钢筋切断机

机械式切断机为固定式，能切断 ϕ40mm 钢筋；液压式切断机为移动式，便于现场流动使用，能切断 ϕ32mm 以下的钢筋。一般地，剪切 HRB500 高强钢筋时，优先选用较大功率的钢筋切断机。机械式钢筋切断机及液压式钢筋切断机的主要技术性能见表 5-3 和表 5-4。

机械式钢筋切断机的主要技术性能 表 5-3

产品型号	GQL40	GQ40	GQ40A	GQ40B	GQ50
切断钢筋直径(mm)	6～40	6～40	6～40	6～40	6～50
切断次数(次/min)	38	40	40	40	30
功率(kW)	3	3	3	3	5.5

液压钢筋切断机的主要技术性能 表 5-4

产品型号	GQ-12	GQ-20	DYJ-32	SYJ-16
切断钢筋直径(mm)	6～12	6～20	8～32	16
工作总压力(kN)	100	150	320	80
单位工作压力(MPa)	34	34	45.5	79

1. 钢筋切断机主要参数的确定

(1) 钢筋切断机的切断力：切断力是钢筋切断机在完成一次切断作业过程中所需要的最大作用力。切断力按公式(5-1)进行计算：

$$F=k_1k_2\sigma_bA\times10^{-3} \tag{5-1}$$

式中，k_1 为刀片磨钝系数，取 1.1～1.3；k_2 为抗剪极限强度与抗拉极限强度之比，取 0.6；σ_b 为钢筋抗拉强度(N/mm²)；A 为被切断钢筋截面积(mm²)。

(2) 刀片的倾角及侧面间隙调整量：钢筋切断机刀片的前角一般为 3°，后角为 12°。动刀片与静刀片错开的侧面间隙应能调整，间隙的允许调整范围为 0.1～0.5mm。

2. 钢筋切断机常规型号的选择

切断钢筋一般采用钢筋切断机，在缺少动力的情况下，也可采用手动的剪切工具。常用的切断机有 GJ5-40 型钢筋切断机，可切断 6～40mm 直径的钢筋；DYJ-32 型电动液压切断机，可切断 8～32mm 直径的各种钢筋；SYJ-16 型手动液压切断机，可切断直径 12mm 以下的钢筋。

3. 钢筋切断机的使用注意事项

(1) 新投入使用的钢筋切断机，应先切直径较小的钢筋，利于设备的磨合。

(2) 接送料工作台面应和切刀下部保持水平，工作台的长度可根据提供材料长度决定。

(3) 启动前，必先检查切刀无裂纹，刀架螺栓紧固，防护罩牢靠，然后用手转动皮带轮，检查齿轮啮合间隙，调整切刀间隙。

(4) 启动后，先空运转，检查各传动部分及轴承运转正常后，才可作业。

(5) 机械未达到正常运转时不得切料。切料时必须使用刀刃的中下部位，并在活动刀片向后退时，握紧钢筋对准刀口，迅速送入，以防钢筋末端摆动或蹦出伤人。严禁在活动刀片已开始向前推进时向刀口送料，否则易发生机械和人身事故。

(6) 严禁切断机切断截面积超出规定范围的钢筋，一次切断多根钢筋时，总截面积应在规定范围内。禁止切断中碳钢钢筋和烧红的钢筋，切断低合金钢等特种钢筋时，应更换相应的高硬度刀片，直径应符合铭牌规定。

(7) 在机械运转时，靠近刀片的手和刀片之间的距离应保持 150mm 以上。如手握一端的长度小于 400mm，应用套管或夹具将钢筋短头压住并夹牢，以防弹出伤人。

(8) 在机械运转时，严禁用手去摸刀片或者清理刀片上的铁屑，也忌用嘴吹。刀片摆动段周围和刀片附近，非操作人员不得停留。切断长料时，也要注意钢筋摆动方向，以免伤人。

(9) 运转中发现机械不正常或有异响，以及出现刀片歪斜、间隙不合等现象，应立即停车检修或调整。

(10) 工作操作者不得擅自离开岗位。取放钢筋时，既要注意自己，又要关心别人。已切断的钢筋要堆放整齐，防止个别切口突出，误踢割伤。作业后，用钢刷清除切刀间的杂物，进行整机清洁保养，加注润滑剂。

4. 钢筋切断的质量要求

(1) 钢筋切断应合理统筹配料，将相同规格钢筋根据不同长短搭配，统筹排料。一般先断长料，后断短料，以减少短头、接头和损耗。避免用短尺量长料，以防止产生累积误差；应在工作台上标出尺寸刻度并设置控制断料尺寸用的挡板。切断过程中如发现劈裂、缩头或严重的弯头等必须切除。

(2) 对钢筋剪切过程中，如发现钢筋硬度异常，过硬或过软，与钢筋牌号不相称时，应考虑对该批钢筋做进一步检验。

（3）切断后的钢筋断口不得有马蹄形或起弯等现象；钢筋长度偏差应小于±10mm。

5.2.3 钢筋弯曲、成型

图 5-6 钢筋弯曲机

钢筋的弯曲成型是钢筋加工中的一道主要工序，用弯曲机进行。钢筋弯曲机是将已切断配料的钢筋，按配筋图要求，弯曲成所需要形状和尺寸的专用设备。其具体分类如下：按传动方式可分为机械式和液压式；按工作原理可分为蜗轮蜗杆式和齿轮式；按结构形式可分为台式、手持式。常用弯曲机、弯箍机如图 5-6 所示。

钢筋弯曲机是利用工作盘的旋转对钢筋进行弯曲、弯钩、半箍、全箍等作业，以满足钢筋混凝土结构对各种钢筋形状的要求。一般地，对 HRB500 高强钢筋进行弯曲、成型时，优先选用较大功率的钢筋弯曲机。

钢筋弯曲机工作盘轴上所需弯曲力矩计算公式如下：

$$T=\left(1.7+\frac{k_0 d}{2R'}\right)W\sigma_s\times10^{-3} \tag{5-2}$$

$$W=\pi d^3/32\approx0.1d^3 \tag{5-3}$$

式中，d 为钢筋直径(mm)；k_0 为材料相对强化系数；R'为钢筋中心层弯曲半径(mm)，一般取$(1.25\sim1.75)d$；W 为钢筋抗弯截面系数(mm^3)；σ_s 为材料的屈服点(N/mm^2)。

钢筋弯曲成型工艺要点如下：

（1）钢筋弯曲前，对形状复杂的钢筋(如弯起钢筋)，根据钢筋料牌上标明的尺寸，用石笔将各弯曲点位置画出。画线时根据不同的弯曲角度扣除弯曲调整值(见表 5-5)，其扣法是从相邻两段长度中各扣一半。钢筋端部带半圆弯钩时，该段长度画线时增加 $0.5d$(d 为钢筋直径)。画线工作宜从钢筋中线开始向两边进行；两边不对称的钢筋，也可以从钢筋一端开始画线，如画到另一端有出入时，则应重新调整。画线应在工作台上进行，如无画线台而直接以尺度量进行画线时，应使用长度适当的木尺，不宜用短尺(木折尺)接量，以防发生差错。

钢筋弯曲调整值 **表 5-5**

钢筋弯曲角度	30°	45°	60°	90°	135°
钢筋弯曲调整值	$0.35d$	$0.5d$	$0.85d$	$2d$	$2.5d$

（2）钢筋在弯曲机上成型时，心轴直径应是钢筋直径的 2.5～5.0 倍，成型轴宜加偏心轴套，以便适应不同直径的钢筋弯曲需要。弯曲细钢筋时，为了使弯弧一侧的钢筋保持平直，挡铁轴宜做成可变挡架或固定挡架(如图 5-7 所示)。

钢筋弯曲点线和心轴的关系，如图 5-8 所示。由于成型轴和心轴在同时转动，就会带动钢筋向前滑移。因此，钢筋弯 90°时，弯曲点线约与心轴内边缘齐；弯 180°时，弯曲点线距心轴内边缘为 $1.0d\sim1.5d$(钢筋硬时取大值)。

（3）弯制曲线形钢筋时，可在原有钢筋弯曲机的工作盘中央，放置一个十字架和钢套；另外在工作盘四个孔内插上短轴和成型钢套(和中央钢套相切)。插座板上的挡轴钢套尺寸，可根据钢筋曲线形状选用。钢筋成型过程中，成型钢套起顶弯作用，十字架只协助推进(如图 5-9 所示)。

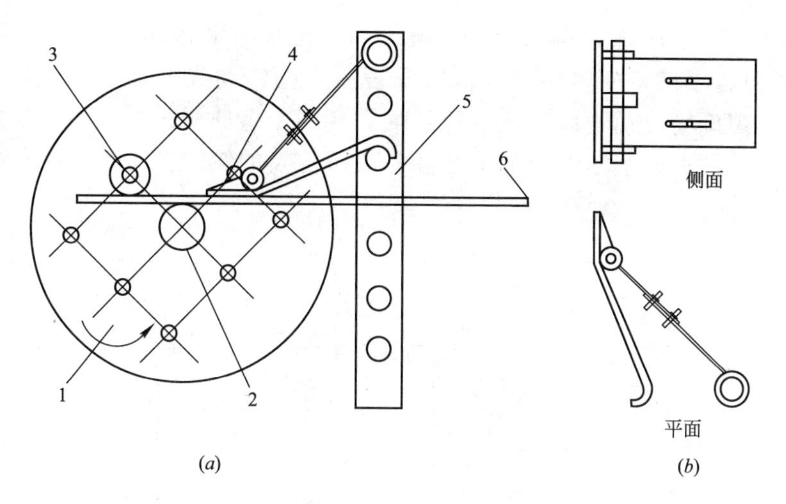

图 5-7 钢筋弯曲成型

(a)工作简图；(b)可变挡架构造

1—工作盘；2—心轴；3—成型轴；4—可变挡架；5—插座；6—钢筋

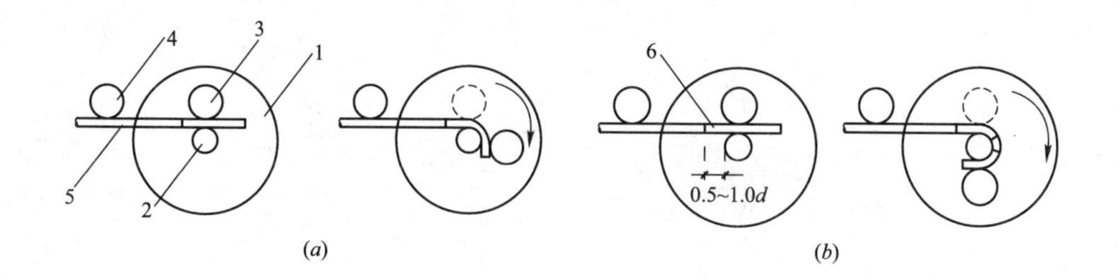

图 5-8 弯曲点线与心轴关系

(a)弯 90°；(b)弯 180°

1—工作盘；2—心轴；3—成型轴；4—固定挡铁；5—钢筋；6—弯曲点线

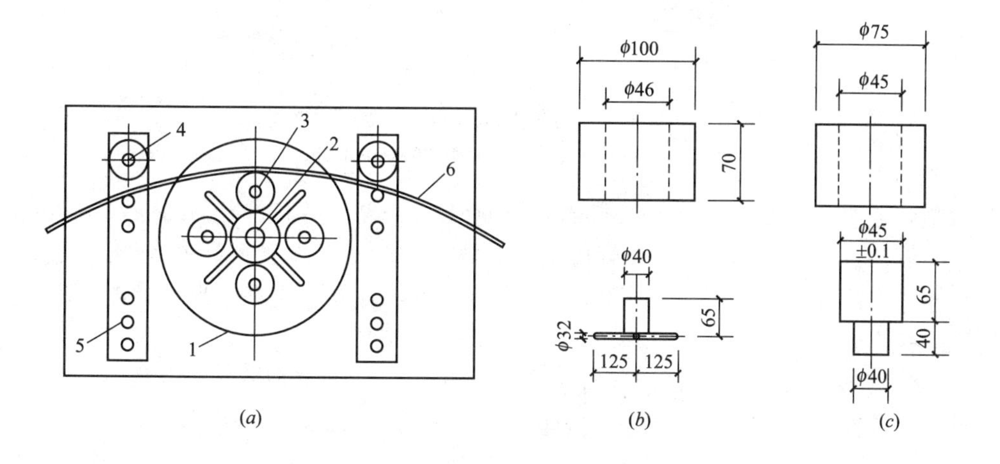

图 5-9 曲线形钢筋成型

(a)工作简图；(b)十字撑及圆套详图；(c)桩柱及圆套详图

1—工作盘；2—十字撑及圆套；3—桩柱及圆套；4—挡轴圆套；5—插座板；6—钢筋

(4) 螺旋形钢筋成型，小直径(ϕ16mm 以下)可用手摇滚筒成型，较粗($\phi16\sim\phi30$mm)钢筋可在钢筋弯曲机的工作盘上安设一个型钢制成的加工圆盘，圆盘外直径相当于需加工螺旋筋(或圆箍筋)的内径，插孔相当于弯曲机板柱间距。使用时将钢筋一端固定，即可按一般钢筋弯曲加工方法完成所需要的螺旋形钢筋(如图 5-10 和图 5-11 所示)。

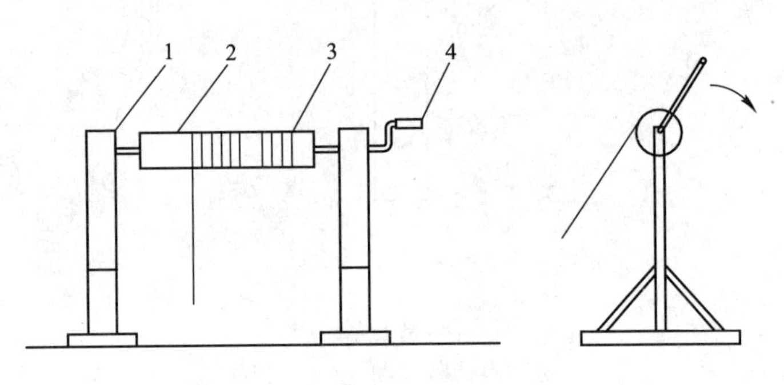

图 5-10　螺旋形钢筋成型

1—支架；2—卷筒；3—钢筋；4—摇把

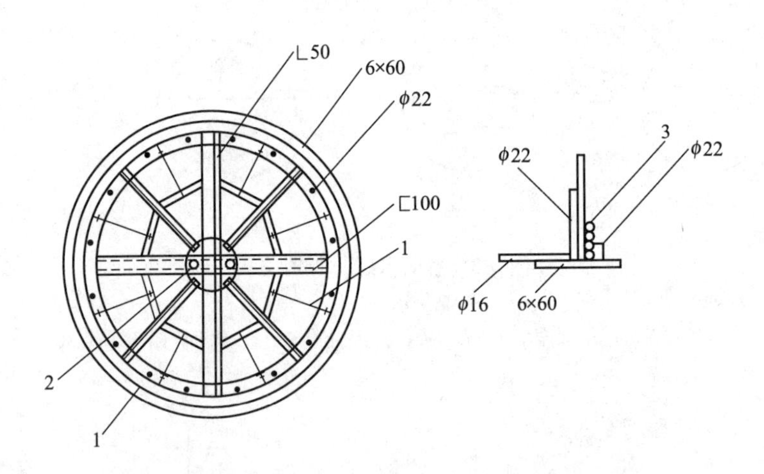

图 5-11　大直径螺旋箍筋成型装置

1—加工圆盘；2—板柱插孔，间距 250mm；3—螺旋箍筋

对高强钢筋的弯曲加工，钢筋末端需作 90°或者 135°弯钩时，弯弧内径 D 不应小于 $4d$，d 为钢筋直径，弯后平直段长度应按设计要求确定；当作不大于 90°弯折时弯弧内径 D 不应小于 $5d$；箍筋的末端应作弯钩，弯钩形式应符合设计要求，当无具体要求时，应符合以下规定：

① 箍筋弯钩的弯弧内径 D 除不宜小于钢筋直径 $4d$ 外，尚应不小于受力钢筋直径；

② 对一般结构，箍筋弯钩的弯折角度不应小于 90°，对有抗震等要求的结构，应为 135°；

③ 对一般结构，箍筋弯后平直部分长度不宜小于箍筋直径的 5 倍，对有抗震等要求的结构，不应小于箍筋直径的 10 倍。

5.3 高强钢筋的连接技术

常用的钢筋连接方法有绑扎搭接、焊接连接和机械连接三大类。

5.3.1 绑扎搭接

绑扎搭接是一种传统的连接方法，其施工要点是确定搭接长度。对于高强钢筋绑扎搭接的搭接长度，应按照现行国家标准《混凝土结构设计规范》GB 50010—2010 相关规定执行。

钢筋绑扎搭接施工工艺比较简单，要求在接头中心和两端用铁丝扎牢即可，绑扎铁丝的直径和长度应根据绑扎钢筋的直径来确定。在梁、柱类构件的纵向受力钢筋搭接长度范围内，应按下列要求设置箍筋：

(1) 箍筋直径不应小于搭接钢筋较大直径的 0.25 倍；

(2) 受拉搭接区段的箍筋间距不应大于搭接钢筋较小直径的 5 倍，且不应大于 100mm；

(3) 受压搭接区段的箍筋间距不应大于搭接钢筋较小直径的 10 倍，且不应大于 200mm；

(4) 当柱中纵向受力钢筋直径大于 25mm 时，应在搭接接头两个端面外 100mm 范围内各设置两个箍筋，其间距宜为 50mm。

各接头的横向净间距 s 不应小于钢筋直径，且不应小于 25mm。接头连接区段的长度应为 $1.3l_l$(l_l 为搭接长度)，凡接头中点位于该连接区段长度内的接头均应属于同一连接区段。同一连接区段内，纵向受压钢筋的接头面积百分率可不受限制；纵向受拉钢筋的接头面积百分率应符合下列规定：

(1) 梁类、板类及墙类构件不宜超过 25%，基础筏板不宜超过 50%；

(2) 柱类构件，不宜超过 50%；

(3) 当工程中确有必要增大接头面积百分率时，对梁类构件，不应大于 50%；对其他构件，可根据实际情况适当放宽。

考虑到大直径 HRB500 钢筋的搭接长度过长，钢筋粘结锚固效果不理想、不经济也不便于施工，规定绑扎搭接连接宜用于受拉钢筋直径不大于 25mm，受压钢筋直径不宜大于 28mm 的连接；轴心受拉及小偏心受拉杆件(如桁架和拱的拉杆)的纵向受力钢筋不得采用绑扎搭接。

5.3.2 焊接连接

工程中钢筋焊接连接方法主要有闪光对焊、气压焊、电弧焊和电渣压力焊等。

大量的实际工程案例表明：闪光对焊用于 HRB500 钢筋连接，焊接接头能达到《钢筋焊接及验收规程》规定的合格要求，可应用于实际实践中。

气压焊、电弧焊用于 HRB500 钢筋连接的接头性能比闪光对焊稍差，尤其对 ϕ25 以上的大直径钢筋。

常规电渣压力焊用于 HRB500 钢筋连接有一定的困难，这可能与 HRB500 钢筋的碳当量 C_{eq} 比较高有关。当然，焊接接头性能直接与焊工的工艺操作水平有关，因此必须加强焊工的上岗培训工作。

电渣压力焊适用于柱、构筑物等现浇混凝土结构中竖向受力钢筋的连接；不得在竖向焊接后横置于梁、板等构件中作水平钢筋用。

在高强钢筋的焊接过程中，纵向受力钢筋的焊接接头应相互错开，钢筋焊接接头连接区段的长度为35d且不小于500mm，d为连接钢筋的较小直径，凡接头中点位于该连接区段长度内的焊接接头均属于同一连接区段。纵向受拉钢筋的接头面积百分率不宜大于50%，但对于预制构件可根据实情适当放宽。纵向受压钢筋的接头百分率可不受限制。

钢筋焊接应按《钢筋焊接及验收规程》JGJ 18的要求进行检验，确认合格后方可正式施工。对于直径大于25mm的高强受力钢筋，不宜焊接连接。钢筋焊接前，必须根据施工条件进行试焊，合格后方可施焊。焊工必须具备相应的资格，并在相应的范围内进行焊接操作。

带肋钢筋进行闪光对焊、电弧焊、电渣压力焊和气压焊时，宜将纵肋对纵肋安放和焊接。

细晶粒热轧带肋钢筋(HRBF)以及直径大于28mm的带肋钢筋，其焊接应经试验确定，且应加强检查验收。由于余热处理带肋钢筋(RRB)焊接后会使母材强度降低，不宜使用焊接方法连接。

1. 钢筋闪光对焊

钢筋闪光对焊系将两钢筋安放成对接形式，利用强大电流通过钢筋端头而产生的电阻热，使钢筋端部熔化，产生强烈飞溅，形成闪光，迅速施加顶锻力，使两根钢筋焊成一体。适用于焊接直径10～40mm的热轧光圆及带肋钢筋，直径10～25mm的余热处理钢筋。对焊机具设备最常用的为UN系列对焊机(如图5-12所示)。

图5-12　UN-100型对焊机

钢筋闪光对焊的焊接工艺可分为连续闪光焊、预热闪光焊和闪光—预热闪光焊等，根据钢筋品种、直径、焊机功率、施焊部位等因素选用，详见表5-6。

钢筋闪光对焊工艺过程及适用条件　　**表5-6**

工艺名称	工艺及适用条件	操作方法
连续闪光焊	连续闪光顶锻适用于直径18mm以下的HRB400级钢筋	1. 先闭合一次电路，使两钢筋端面轻微接触，促使钢筋间隙中产生闪光，接着徐徐移动钢筋，使两钢筋端面仍保持轻微接触，形成连续闪光过程； 2. 当闪光达到规定程度后(烧平端面，闪掉杂质，热至熔化)，即以适当压力迅速进行顶锻挤压
预热闪光焊	预热、连续闪光顶锻适用于直径20mm以上的HRB400级钢筋	1. 在连续闪光前增加一次预热过程，以扩大焊接热影响区； 2. 闪光与顶锻过程同连续闪光焊

续表

工艺名称	工艺及适用条件	操作方法
闪光—预热—闪光焊	一次闪光、预热 二次闪光、预热 适用于直径 20mm 以上的 HRB400 及 HRB500 级钢筋	1. 一次闪光：将钢筋端面闪平； 2. 预热：使两钢筋端面交替地轻微接触和分开，使其间隙发生断续闪光来实现预热，或使两钢筋端面一直紧密接触用脉冲电流或交替紧密解除与分开，产生电阻热(不闪光)来实现顶锻； 3. 二次闪光与顶锻过程同连续闪光焊
通电热处理	闪光—预热—闪光，通电热处理，适用于 HRB500 级钢筋	1. 焊毕松开夹具，放大钳口距，再夹紧钢筋； 2. 焊后停歇 30～60s，待接头温度降至暗黑色时，采取低频脉冲通电加热(频率 0.5～1.5 次/s，通电时间 5 ～7s)； 3. 当加热至 550～600℃呈暗红色或桔红色时，通电结束松开夹具

(1) 接时钢筋端头应顺直，在端部 15cm 范围内的铁锈、油污等应清除干净，避免因接触不良而打火烧伤钢筋表面。端头处如有弯曲，应进行调直或切除。两钢筋应处在同一轴线上，其最大偏差不得超过 0.5mm。

(2) 对 HRB400 钢筋采用预热闪光焊时，应做到一次闪光，闪平为准；预热充分，频率要高；二次闪光，短、稳、强烈；顶锻过程，快而有力。对 HRB500 钢筋，为避免在焊缝和热影响区产生氧化缺陷、过热和淬硬脆裂现象，焊接时，要掌握好温度、焊接参数，操作要做到一次闪光，闪平为准，预热适中，频率中低；二次闪光，短、稳、强烈；顶锻过程，快而有力得当。

(3) 不同直径的钢筋焊接时，其直径之比不能大于 1.5；同时应注意使两者在焊接过程中加热均匀。焊接时按大直径钢筋选择焊接参数。

(4) 负温(不低于－20℃)下闪光对焊，应采用弱参数。焊接场地应有防风、防雨措施，使室内保持 0℃以上温度，焊后接头部位不应骤冷，应采用石棉粉保温，避免接头冷淬、脆裂。

(5) 对焊完毕，应稍停 3～5s，待接头处颜色由白红色变为黑红色后，才能松开夹具，平稳取出钢筋，以防焊区弯曲变形；同时要趁热将焊缝的毛刺打掉。

2. 钢筋电弧焊

电弧焊是利用两个电极(焊条与焊件)的末端放电现象，产生电弧高温，集中热量熔化钢筋端面和焊条末端，使焊条金属熔化在接头焊缝内，冷凝后形成焊缝，将金属结合在一起。

电弧焊主要设备为弧焊机，分交流、直流两类。

焊接工艺如下：

(1) 帮条焊和搭接焊

宜采用双面焊。当不能进行双面焊时，可采用单面焊。当帮条牌号与主筋相同时，帮条直径可与主筋相同或小一个规格；当帮条直径与主筋相同时，帮条牌号可与主筋相同或低一个牌号。采用帮条焊时，两主筋端面之间的间隙应为 2～5mm。采用搭接焊时，焊接端钢筋应预弯，并应使两钢筋的轴线在一条直线上。

帮条和主筋之间应采用四点定位焊固定。搭接焊时，应采用两点。定位焊缝与帮条端部或搭接端部的距离应小于等于 20mm(如图 5-13 所示)。

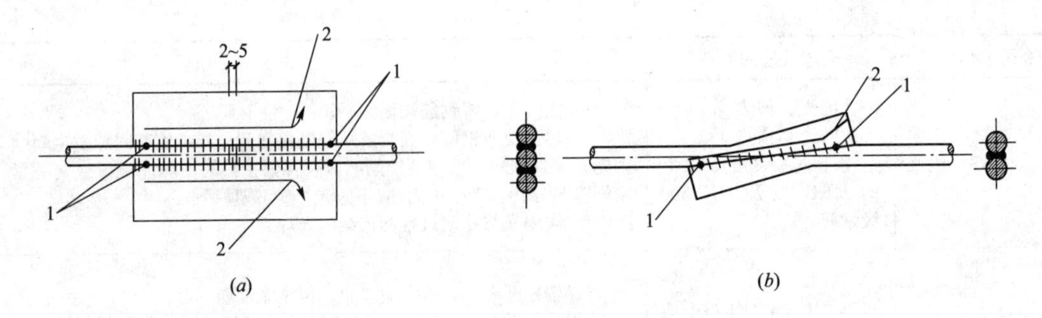

图 5-13　帮条焊与搭接焊的定位
(a)帮条焊；(b)搭接焊
1—定位焊缝；2—弧坑拉出方位

帮条焊或搭接焊的焊缝厚度 h 不应小于主筋直径的 0.3 倍，焊缝宽度 b 不应小于主筋直径的 0.7 倍。

钢筋与钢板搭接焊时，焊缝宽度不得小于钢筋直径的 0.5 倍，焊缝厚度不得小于钢筋直径的 0.35 倍。

(2) 坡口焊

坡口焊适用于装配式框架结构安装中的柱间节点或梁柱节点焊接。

施焊前钢筋坡口面应平顺，切口边缘不得有裂纹、钝边和缺棱。钢筋坡口平焊时，V 形坡口角度宜为 55°～65°；坡口立焊时，坡口角度宜为 40°～55°，其中下钢筋为 0°～10°，上钢筋为 35°～45°。钢垫板的长度宜为 40～60mm，厚度宜为 4～6mm；坡口平焊时，垫板宽度因为钢筋直径加 10mm；立焊时，垫板宽度宜等于钢筋直径。钢筋根部间隙，坡口平焊时宜为 4～6mm；立焊时，宜为 3～5mm；其最大间隙均不宜超过 10mm(如图 5-14 所示)。

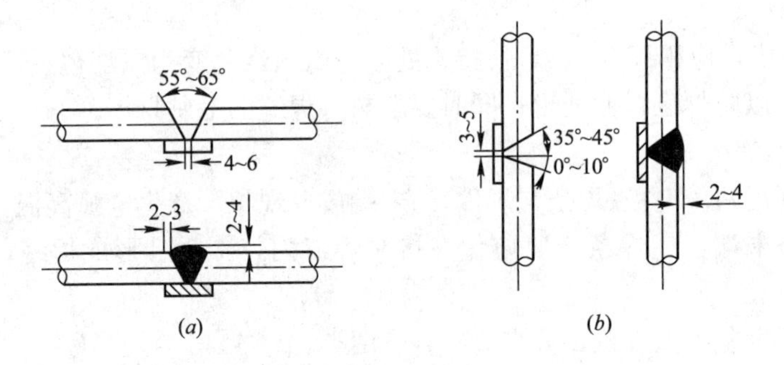

图 5-14　钢筋坡口接头
(a)坡口平焊；(b)坡口立焊

焊缝根部、坡口端面以及钢筋与钢板之间均应熔合。焊接过程中应经常清渣。钢筋与钢垫板之间，应加焊 2～3 层侧面焊缝。焊缝的宽度应大于 V 形坡口的边缘 2～3mm，焊缝余高不得大于 3mm，并宜平缓过渡至钢筋表面。

当发现接头中有弧坑、气孔及咬边等缺陷时，应立即补焊。HRB400 钢筋接头冷却后补焊时，应采用氧乙炔焰预热。

(3) 熔槽帮条焊

熔槽帮条焊宜用于直径 20mm 及以上的钢筋的现场安装焊接。焊接时应加角钢作垫板模，角钢边长宜为 40～60mm，长度宜为 80～100mm(如图 5-15 所示)。

焊接工艺：钢筋端头应加工平整，两根钢筋端面的间隙应为 10～16mm。从接缝处垫板引弧后应连续施焊，并应使钢筋端头熔合，防止未焊透、气孔和夹渣。焊接过程中应停焊清渣一次，焊平后再进行焊缝余高的焊接，其高度不得大于 3mm。钢筋与角钢垫板之间，应加焊侧面焊缝 1～3 层，焊缝应饱满，表面平整。

(4) 窄间隙焊接

窄间隙焊适用于直径 16mm 及以上钢筋的现场水平连接。焊接时，钢筋端部应置于铜模中，并应留出一定间隙，用焊条连续焊接，熔化钢筋端面和使熔敷金属填充间隙，形成接头(如图 5-16 所示)。

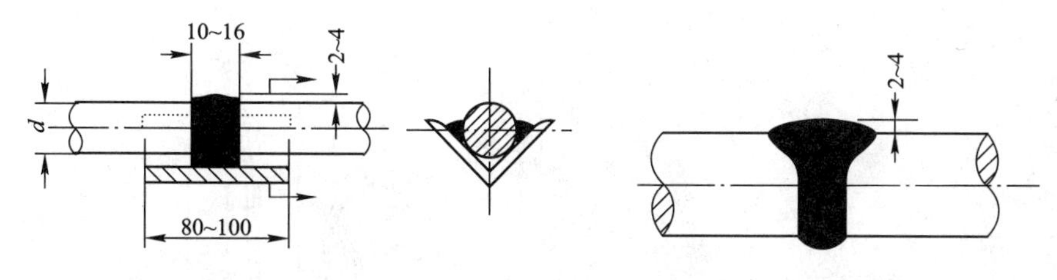

图 5-15　钢筋熔槽帮条焊　　　图 5-16　钢筋窄间隙焊接头

3. 钢筋电渣压力焊

电渣压力焊是将钢筋的待焊端部置于焊剂的包围之中，通过引燃电弧加热，最后在断电的同时，迅速将钢筋进行预压，使上、下钢筋焊接成一体的一种焊接方法(如图 5-17 所示)。

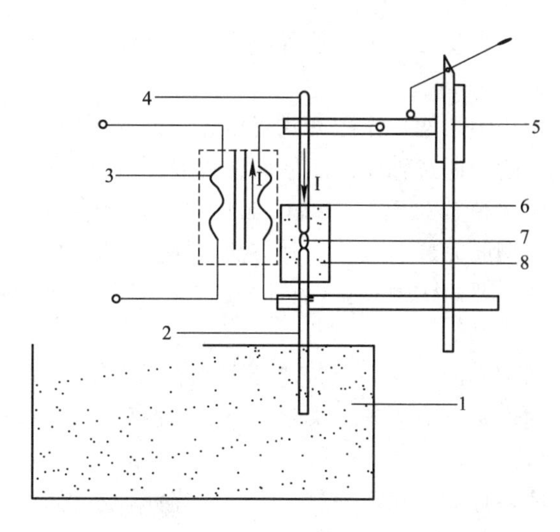

图 5-17　钢筋电渣压力焊焊接原理示意图

1—混凝土；2—下钢筋；3—焊接电源；4—上钢筋；5—焊接夹具；6—焊剂盒；7—铁丝球；8—焊剂

电渣压力焊属于熔化压力焊范畴，适用于直径 14～40mm 的 HRB400、HRB500 竖向钢筋的连接。但是直径 28mm 以上钢筋的焊接技术难度较大。不适用于水平钢筋或倾斜钢筋(斜度大于 4∶1)的连接，也不适用于可焊性差的钢筋，对焊工水平低、供电条件差(电压不稳等)、雨季或防火要求高的场合应慎用。

电渣压力焊焊接设备主要由焊接电源、焊接机头与控制箱等部分组成。焊接工艺一般分为引弧、电弧、电渣和顶压四个过程。

4. 钢筋气压焊

钢筋气压焊连接技术，是利用一定比例的氧气和乙炔火焰为热源，对两根待连接的钢筋端头进行加热，使其达到塑性状态时，对钢筋施加足够的轴向顶锻压力(30～40MPa)，使两根钢筋牢固地对接在一起的施工方法。其连接原理：由于加热和加压使钢筋接合面附近的金属受到镦锻式压延，产生强烈的塑性变形，促使接合面接近到原子间的距离，实现原子间的互相嵌入扩散与键合，完成晶粒重新组合的再结晶，使两根钢筋形成牢固地对接(如图 5-18 所示)。

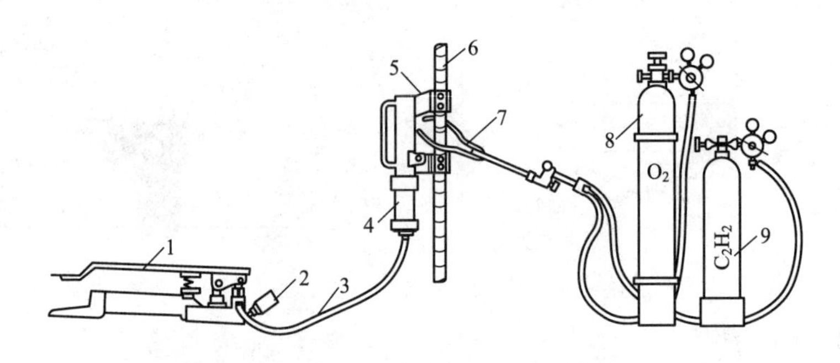

图 5-18 钢筋气压焊接设备组成示意图

1—液压泵；2—压力表；3—液压胶管；4—液压缸；5—钢筋夹具；
6—待焊接钢筋；7—环管加热器；8—氧气瓶；9—乙炔瓶

气压焊可用于钢筋在垂直位置、水平位置或倾斜位置的对接焊接。当两钢筋直径不同时，其两直径之差不得大于 7mm。

钢筋气压焊有敞开式和闭式两种。敞开式气压焊，是将两根待接钢筋的端面加热时稍加离开，当加热到熔化温度，通过轴向加压使两根钢筋完成对接的一种方法，属熔化压力焊；闭式气压焊，是将两根待连接钢筋的端面加热时紧密闭合，当加热至 1200～1500℃时，通过轴向加压使两根钢筋完成对接的一种方法，属固态压力焊。目前，常用的方法为闭式气压焊，其焊接设备主要由供气装置(氧气和乙炔)、环管加热器、加压器和钢筋夹具等组成。

焊接工艺要点：钢筋端面应切平，并应考虑接头的压缩量(一般为 $0.6d$～$1.0d$)；端面与钢筋轴线应垂直，周边毛刺应去掉；端部弯折、扭曲部分应矫正或切除；切割钢筋应用砂轮锯，不得用切断机。

钢筋端部的锈污应清除打磨干净，使其露出金属光泽，不得有氧化现象，清除长度一般为两倍钢筋的直径。

安装焊接夹具和钢筋时，应将两根钢筋分别夹紧，并使两根钢筋的轴线对正。钢筋安装后，应对钢筋轴线施加 5～10MPa 的初压力顶紧，两根钢筋之间的缝隙不得大于 3mm。

5.3.3 机械连接

钢筋机械连接技术是一项新型钢筋连接工艺，被称为继绑扎、电焊之后的“第三代钢筋接头”，具有接头强度高于钢筋母材、比电焊速度快、节省钢材、无污染等优点。

目前国内常用的钢筋机械连接技术有直螺纹套筒连接、套筒挤压连接、灌浆套筒连接、锥螺纹套筒连接等。

1. 直螺纹套筒连接

直螺纹钢筋连接技术是通过连接套筒将两根待接钢筋连接起来实现钢筋的传力，钢筋与套筒之间的传力采用直螺纹副之间的咬合实现(如图 5-19 所示)。

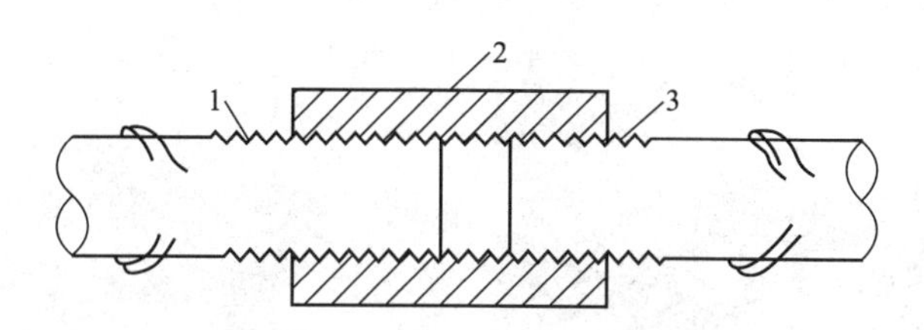

图 5-19 钢筋直螺纹套筒连接示意图

1—已连接的钢筋；2—直螺纹套筒；3—正在拧入的钢筋

剥肋滚轧直螺纹套筒连接，采用钢筋剥肋滚丝机(型号：GHG40、GHG50)，将钢筋的横肋和纵肋进行剥切处理，使钢筋滚丝前的柱体直径达到一致，再进行螺纹滚压成型。该工艺螺纹精度高，接头质量稳定，施工速度快，价格适中。

滚轧直螺纹套筒连接，采用钢筋滚丝机直接滚压螺纹。该工艺螺纹加工简单，设备投入少；但螺纹精度差，钢筋粗细不均导致螺纹直径差异，施工质量受影响。

镦粗直螺纹套筒连接，钢筋镦粗直螺纹套筒连接方法是：将钢筋端头镦粗，切削成直螺纹，然后用带直螺纹的套筒将钢筋两端拧紧的钢筋连接方法。钢筋端头镦粗专用设备是钢筋液压冷镦机，型号有：HJC200 型（Φ18～Φ40)、HJC250 型(⌀20～⌀40)、GZD40、CDJ-50 型等。

分体套筒直螺纹连接，能够实现多个连接件同时连接的要求，适用于钢筋笼、后浇带、钢结构柱之间梁等特殊部位连接。工作原理是：由两个半圆套筒和两个锁套组成一个连接件，将两半圆形套筒与钢筋端头螺纹配合好后，通过锁套压紧两个半圆套筒，以消除钢筋与两半圆套筒的螺纹配合间隙，同时锁套与两半圆套筒通过锥面实现相对自锁，达到连接要求(如图 5-20 所示)。

可焊套筒连接将套筒直螺纹连接技术扩展应用到钢结构与混凝土结构之间的钢筋连接，解决钢结构柱间的梁板钢筋连接问题。先将套筒与钢结构实施焊接，然后把待连接钢筋与套筒按照螺纹连接要求连接成整体。

将钢筋端头切削成直螺纹的专用设备是钢筋直螺纹套丝机，其型号有：GZL-40、HZS-40、GTS-50 型等。

2. 套筒挤压连接

带肋钢筋套筒挤压连接是将两根待连接钢筋插入钢套筒，用挤压连接设备沿径向挤压钢套筒，使之产生塑性变形，依靠变形后的钢套筒与被连接钢筋纵、横肋产生的机械咬合的钢筋连接方法(如图 5-21 所示)。

这种接头质量稳定性好，能与母材等强，但操作工人工作强度大，有时液压油污染钢筋，综合成本较高。钢筋挤压连接，要求钢筋最小中心间距为 90mm。

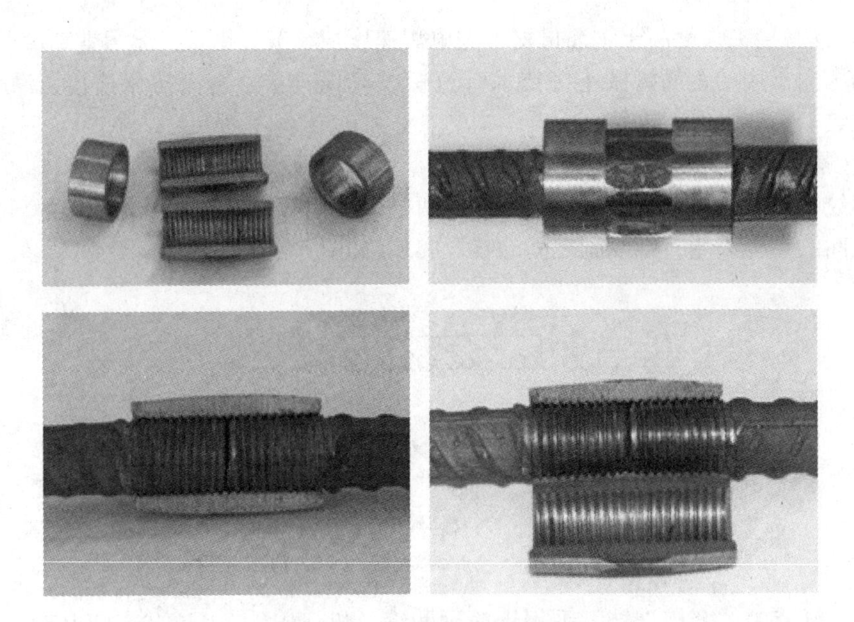

图 5-20　分体套筒直螺纹连接

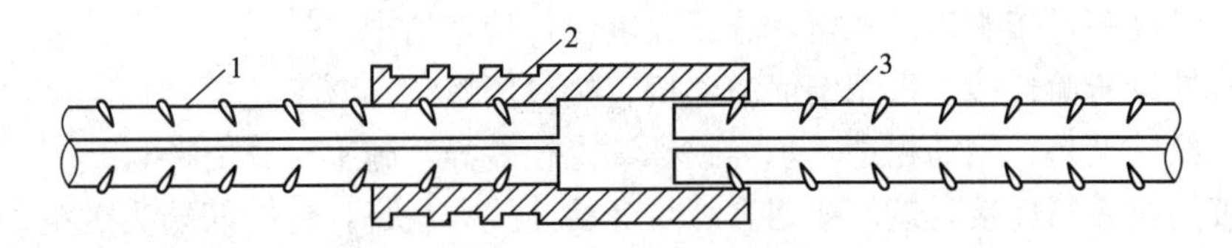

图 5-21　钢筋套筒挤压连接示意图

1—已挤压的钢筋；2—钢套筒；3—未挤压的钢筋

3. 灌浆套筒连接

灌浆套筒连接技术即是利用内部带有凹凸部分的高强圆形套筒，被连接钢筋由端部插入，然后由灌浆机注入无收缩高强度灌浆材料，当灌浆材料硬化后，将套筒、被连接钢筋牢固地结合成一整体。由于灌浆材料的高强性和无收缩性，保证了被充填部分充分的密实度，与被连接的异形钢筋有很强的粘结性，并且处于套筒的约束状态下，因而这种连接方法具有较高的抗拉强度、抗压强度和连接的可靠性（如图 5-22所示）。适用于直径 12～40mm 钢筋之间同径或异径的快速连接。

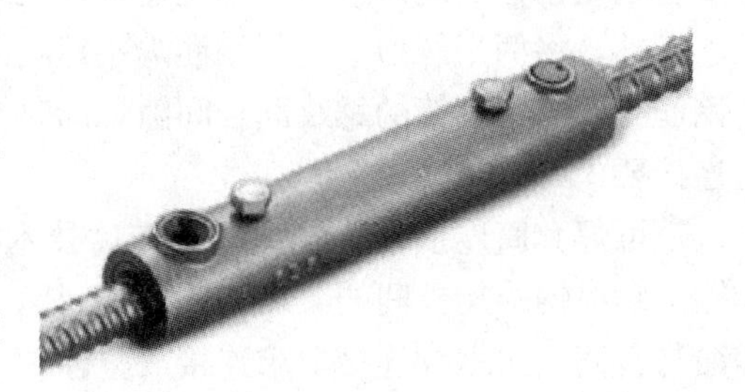

图 5-22　灌浆套筒挤压连接

4. 锥螺纹套筒连接

钢筋锥螺纹套筒连接是将两根待接钢筋端头用套丝机做出锥形外丝，用带锥形内丝的套筒将钢筋两端拧紧的钢筋连接方法（如图 5-23 所示）。

锥螺纹接头质量稳定性一般，施工速度快，综合成本较低。在普通型锥螺纹接头的基础上，增加钢筋端头预压或锻粗工序，GK 型钢筋等强锥螺纹接头，可与母材等强。

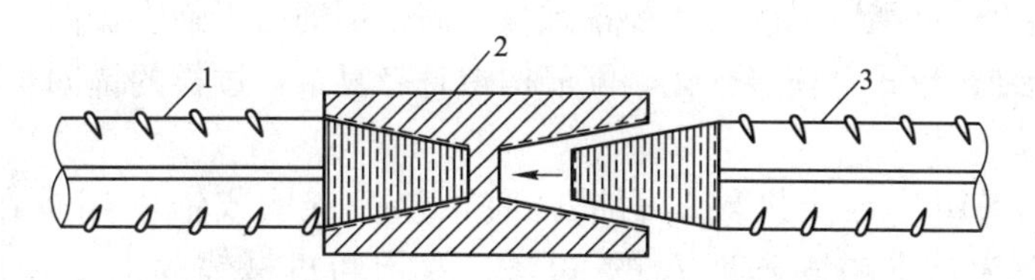

图 5-23　钢筋锥螺纹套筒连接示意图

1—已连接的钢筋；2—锥螺纹套筒；3—待连接的钢筋

5. 其他形式套筒连接

摩擦焊套筒连接是在工厂内将加工好的连接丝头与待连接钢筋使用摩擦焊机通过摩擦焊接形成钢筋螺纹丝头的连接技术，螺纹丝头可为直螺纹或者锥螺纹。

轴向挤压套筒螺纹连接是将工厂内加工的带套筒连接丝头与待连接钢筋通过轴向挤压套筒形成螺纹丝头的连接技术，螺纹丝头可为直螺纹或者锥螺纹(如图 5-24 所示)。

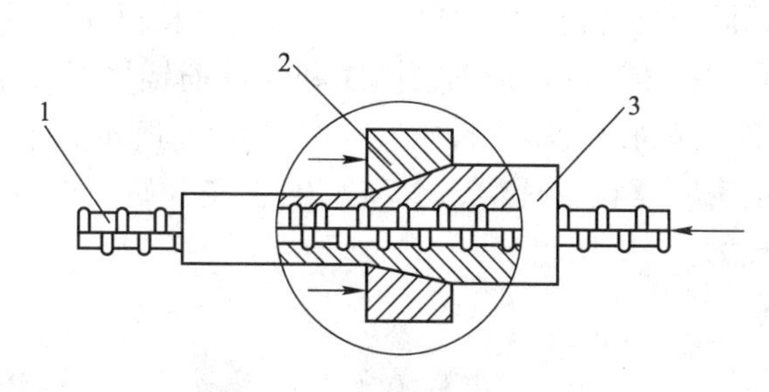

图 5-24　轴向挤压套筒连接

1—钢筋；2—压模；3—钢套筒

机械连接接头的施工、安装、检验等应严格按照相关规范执行，详见本书第 6 章相关内容。

5.3.4　三种连接方式的适用范围

在搭接长度足够的情况下，依靠钢筋和混凝土的连接锚固，搭接连接可以满足高强钢筋的连接要求。钢筋直径 $d>25$mm 的纵向受拉钢筋及钢筋直径 $d>28$mm 的纵向受压钢筋不宜使用绑扎搭接；轴心受拉及小偏心受拉杆件(如桁架和拱的拉杆)的纵向受力钢筋不应使用绑扎搭接。

焊接连接方法的质量主要取决于焊工的操作技巧，焊接质量的离散性较大，因此在重要工程中应有所限制，并要加强工艺评定、焊工操作水平和抽查检验等工作。焊接连接对施工环境的要求较高，不能在雨雪天气进行现场作业。焊接连接宜使用于直径不大于 25mm 的受力钢筋，焊接类型及质量要求应符合国家现行有关标准的规定。

机械连接宜使用于直径不小于 14mm 的受力钢筋的连接，机械连接类型及质量要求应符合国家现行有关标准的规定。机械连接的质量保证主要取决于外观和拧紧力矩的检查，可对现场钢筋连接接头逐根进行无破损检查，具有相当高的质量保证。而且对气候条件和施工环境要求不高，施工安全可靠，节能环保，对在恶劣环境下的施工环境有很好的适应能力。因此，在实际工程中，可以大力提倡机械连接方法的使用。

5.4　高强钢筋的锚固技术

钢筋的可靠锚固与结构的安全性密切相关。不同的钢筋锚固方式将明显影响混凝土结构的设计和施工方法。

受拉钢筋的锚固长度，按照《混凝土结构设计规范》GB 50010—2010 第 8.3 节计算确定，为基本锚固长度乘以锚固长度修正系数。高强钢筋由于强度提高，所需的锚固长度大幅增加。鉴于结构形式呈现多样化，配筋构造日趋复杂，过长的锚固长度既不利于施工又浪费钢材。

在钢筋末端采用弯钩或机械锚固措施时，包括弯钩或锚固端头在内的锚固长度（投影长度）可取为基本锚固长度 l_{ab}的 60%。弯钩和机械锚固的 6 种形式参见图 3-3（《混凝土结构设计规范》GB 50010—2010 图 8.3.3），技术要求应符合规范表 8.3.3 的规定。

近年来发展起来的一种垫板与螺帽合一的新型锚固板，将其与钢筋组装后形成的钢筋锚固板具有良好的锚固性能，螺纹连接可靠、方便，锚固板可工厂生产和商品化供应，用它代替传统的弯折钢筋锚固和直钢筋锚固可以节约钢材且施工方便，减少结构中钢筋拥挤，提高混凝土浇筑质量，如图 5-25 所示。钢筋锚固板应用范围广泛，土木建筑工程包括房屋建筑、桥梁、水利水电、核电站、地铁等工程均有大量钢筋需要采用钢筋锚固技术。

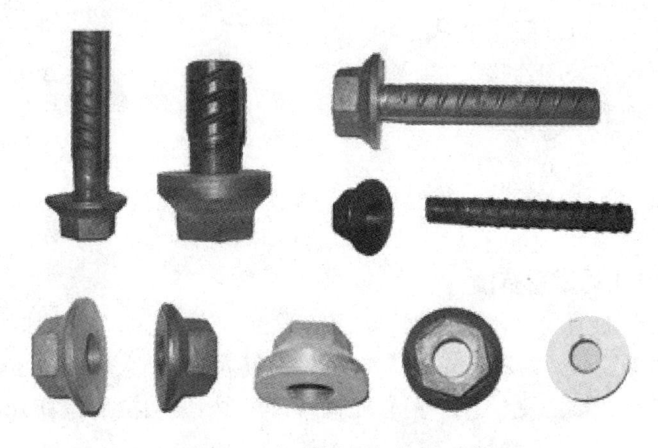

图 5-25　钢筋锚固板结构型式

锚固板按受力性能分为部分锚固板和全锚固板。部分锚固板依靠锚固长度范围内钢筋与混凝土的粘结作用和锚固板承压面的承压作用共同承担钢筋规定锚固力。全锚固板全部依靠锚固板承压面的承压作用承担钢筋规定锚固力。

锚固板的设计、加工和安装按照《钢筋锚固板应用技术规程》JGJ 256—2011 执行。

螺纹连接钢筋丝头加工，操作工人应经专业技术培训，合格后持证上岗，人员应相对稳定。钢筋丝头加工应符合下列规定：

（1）钢筋丝头的加工应在钢筋锚固板工艺检验合格后方可进行；

（2）钢筋端面应平整，端部不得弯曲；

（3）钢筋丝头公差宜满足 6f 级精度要求，应用专用螺纹量规检验，通规能顺利旋入并达到要求的拧入长度，止规旋入不得超过 $3p$（p 为螺距）；抽检数量 10%，检验合格率不应小于 95%；

（4）丝头加工应使用水性润滑液，不得使用油性润滑液。

螺纹连接钢筋锚固板安装时，用管钳扳手拧紧。安装后应用扭力扳手进行抽检，校核拧紧扭矩。拧紧扭矩值不应小于表 5-7 中的规定。

锚固板安装时的最小拧紧扭矩值 **表 5-7**

钢筋直径(mm)	≤16	18～20	22～25	28～32	36～40
拧紧扭矩(N·m)	100	200	260	320	360

安装完成后的钢筋端面应伸出锚固板端面，钢筋丝头外露长度不宜小于 1p。

焊接钢筋锚固板的施工应符合下列规定：

(1) 从事焊接施工的焊工应持有焊工证，方可上岗操作；

(2) 在正式施焊前，应进行现场条件下的焊接工艺试验，并经试验合格后，方可正式生产；

(3) 用于穿孔塞焊的钢筋及焊条应符合现行行业标准《钢筋焊接及验收规程》JGJ 18 的相关规定；

(4) 焊缝应饱满，钢筋咬边深度不得超过 0.5mm，钢筋相对锚固板的直角偏差不应大于 3°；

(5) 锚固板塞焊孔尺寸应符合现行行业标准《钢筋焊接及验收规程》JGJ 18 的相关规定。

钢筋锚固板现场检验和验收时，锚固板产品提供单位应提交经技术监督局备案的企业产品标准。对于不等厚或长方形锚固板，尚应提交省部级的产品鉴定证书。锚固板产品进场时，应检查其锚固板产品的合格证。产品合格证应包括适用钢筋直径、锚固板尺寸、锚固板材料、锚固板类型、生产单位、生产日期以及可追溯原材料性能和加工质量的生产批号。产品尺寸及公差应符合企业产品标准的要求。用于焊接锚固板的钢板、钢筋、焊条应有质量证明书和产品合格证。

钢筋锚固板的现场检验应包括工艺检验、抗拉强度检验、螺纹连接锚固板的钢筋丝头加工质量检验和拧紧扭矩检验、焊接锚固板的焊缝检验。拧紧扭矩检验应在工程实体中进行，工艺检验、抗拉强度检验的试件应在钢筋丝头加工现场抽取。工艺检验、抗拉强度检验和拧紧扭矩检验规定为主控项目，外观质量检验规定为一般项目。

钢筋锚固板加工与安装工程开始前，应对不同钢筋生产厂的进场钢筋进行钢筋锚固板工艺检验；施工过程中，更换钢筋生产厂商、变更钢筋锚固板参数、形式及变更产品供应商时，应补充进行工艺检验。

钢筋锚固板的现场检验应按验收批进行。同一施工条件下采用同一批材料的同类型、同规格的钢筋锚固板，螺纹连接锚固板应以 500 个为一个验收批进行检验与验收，不足 500 个也应作为一个验收批；焊接连接锚固板应以 300 个为一个验收批，不足 300 个也应作为一个验收批。

螺纹连接钢筋锚固板安装后，每一验收批抽取 10%进行拧紧扭矩校核，拧紧扭矩值不合格数超过被校核数的 5%时，应重新拧紧全部钢筋锚固板，直到合格为止。

对螺纹连接钢筋锚固板的每一验收批，应在加工现场随机抽取 3 个试件作抗拉强度试验，钢筋锚固板试件的极限拉力不应小于钢筋达到极限强度标准值时的拉力。3 个试件的抗拉强度均应符合强度要求，该验收批评为合格。如有 1 个试件的抗拉强度不符合要求，应再取 6 个试件进行复检。复检中如仍有 1 个试件的抗拉强度不符合要求，则该验收批应评为不合格。

对焊接连接钢筋锚固板的每一验收批，应随即抽取 3 个试件进行抗拉强度试验，试件的极限拉力不应小于钢筋达到极限强度标准值时的拉力。3 个试件的抗拉强度均应符合强度要求，该验收批评为合格。如有 1 个试件的抗拉强度不符合要求，应再取 6 个试件进行复检。复检中如仍有 1 个试件的抗拉强度不符合要求，则该验收批应评为不合格。

螺纹连接钢筋锚固板的现场检验，在连续 10 个验收批抽样试件抗拉强度一次检验通过的合格率为 100%条件下，验收批试件数量可扩大 1 倍。当螺纹连接钢筋锚固板的验收批数量少于 200 个，焊接连接钢筋锚固板的验收批数量少于 120 个时，允许按上述同样方法，随即抽取 2 个钢筋锚固板试件作抗拉强度试验，当 2 个试件的抗拉强度均满足要求时，该验收批应评为合格。如有 1 个试件的抗拉强度不符合要求，应再取 4 个试件进行复检。复检中如仍有 1 个试件的抗拉强度不符合要求，则该验收批应评为不合格。

5.5 高强钢筋的绑扎与安装

5.5.1 绑扎接头的设置

钢筋绑扎接头宜设置在受力较小处。同一纵向受力钢筋不宜设置两个或两个以上接头。接头末端至钢筋弯起点的距离不应小于钢筋直径的 10 倍。

同一构件中相邻纵向受力钢筋的绑扎搭接接头宜相互错开。同一连接区段内，纵向受拉钢筋绑扎搭接接头面积百分率及箍筋要求，可参照相关结构说明或标准图集有关规定。

在绑扎接头的搭接长度范围内，应采用铁丝绑扎三点。

5.5.2 钢筋绑扎

1. 基础工程钢筋绑扎

(1) 钢筋网的绑扎。四周两行钢筋交叉点应每点扎牢，中间部分交叉点可相隔交错扎牢，但必须保证受力钢筋不位移。双向钢筋的主筋网，则须将全部钢筋交叉点扎牢。绑扎时应注意相邻绑扎点的铁丝扣要扎成八字形，以免网片歪斜变形。

(2) 基础底板采用双层钢筋网时，在上层钢筋网下面，应设置钢筋撑脚或混凝土撑脚，以保证钢筋位置正确。

(3) 钢筋撑脚每隔 1m 放置一个。其直径选用：当板厚 $h \leqslant 30$cm 时为 8～10mm；当板厚 $h=30 \sim 50$cm 时为 12～14mm；当板厚 $h>50$cm 时为 16～18mm。

(4) 大型基础底板或设备基础，应用 ϕ16～25mm 钢筋或型钢焊成的支架来支持上层钢筋网，支架间距 0.8～1.5m。

(5) 钢筋的弯钩应朝上，不要倒向一边；但双层钢筋网的上层钢筋弯钩应朝下。

(6) 独立柱基础为双向弯曲，其底面短边的钢筋应放在长边钢筋的上面。

(7) 现浇柱与基础连接的插筋，其箍筋应比柱的箍筋缩小一个柱筋直径，以便连接。插筋位置一定要固定牢靠，以免造成柱轴线偏移。

(8) 对厚筏板基础上部钢筋网片，可采用钢管临时支撑体系。

2. 柱子钢筋绑扎

(1) 绑扎柱钢筋骨架，应先立起竖向受力钢筋，与基础插筋绑牢，沿竖向钢筋按箍筋间距画线，把所有箍筋套入竖向钢筋中，从上到下逐个将箍筋画线与竖向钢筋扎牢。

(2) 柱钢筋的绑扎，应在模板安装前进行。

(3) 柱中竖向钢筋搭接时，角部钢筋的弯钩应与模板成45°(多边形柱为模板内角的平分角，圆形柱应与模板切向垂直)，中间钢筋弯钩应与模板成90°。如果用插入式振捣器浇筑小型截面柱时，弯钩与模板的角度不得小于15°。

(4) 箍筋的接头应交错布置在四角纵向钢筋上；箍筋转角遇纵向钢筋交叉点均应扎牢，绑扎钢筋时绑扎扣相应成八字形。

(5) 下层柱的钢筋露出楼面部分，宜用工具式柱箍将其收进一个柱箍直径，以利上层柱的搭接。当柱截面有变化时，其下层柱钢筋的露出部分，必须在绑扎梁的钢筋之前，先行收缩准确。

(6) 框架梁、牛腿及柱帽等钢筋，应放在柱的纵向钢筋内侧。

3. 墙体钢筋绑扎

(1) 绑扎墙体钢筋网，宜先支设一侧模板，在模板上画出竖向钢筋位置线，依线立起竖向钢筋，再按横向钢筋间距，把横向钢筋绑牢于竖向钢筋上，可先绑两端的扎点，再依次绑中间扎点，靠近外围两行钢筋的交叉点应全部扎牢，中间部分交叉点可间隔扎牢，相邻绑扎点的绑扎方向应“八”字交错。

(2) 墙体的钢筋，可在基础钢筋绑扎之后浇筑混凝土之前插入基础内。

(3) 墙体的垂直钢筋每段长度不宜超过4m(钢筋直径≤12mm)或6m(钢筋直径＞12mm)，水平钢筋每段长度不宜超过8m，以利绑扎。

(4) 墙体钢筋网之间应绑扎ϕ6～ϕ10mm钢筋制成的撑钩，间距约为1m，相互错开排列，以保持双排钢筋间距正确。

4. 梁、板工程钢筋绑扎

(1) 绑扎单向板钢筋网，应先在模板上画出受力钢筋位置线，依线摆放好受力钢筋，再按分布钢筋间距，在受力钢筋上面摆放好分布钢筋，受力钢筋与分布钢筋的交叉点，除靠近外围两行钢筋的交叉点全部扎牢外，中间部分交叉点可间隔扎牢，相邻绑扎点的绑扎方向应“八”字交错。

绑扎双向板钢筋网，应先在模板上画出短向钢筋位置线，依线摆放好短向钢筋，再按长向钢筋间距，在短向钢筋上面摆放好长向钢筋，长向钢筋与短向钢筋的交叉点必须全部扎牢，相邻绑扎点的方向应“八”字交错。

(2) 板、次梁与主梁交叉处，板的钢筋在上，次梁的钢筋居中，主梁的钢筋在下；当有圈梁或垫梁时，主梁的钢筋应放在圈梁上。主筋两端的搁置长度应保持均匀一致。框架梁、牛腿及柱帽等钢筋，应放在柱的纵向钢筋内侧，同时要注意梁顶面主筋间的净距要有30mm，以利浇筑混凝土。

(3) 梁与板纵向受力钢筋采用双层排列时，两排钢筋之间应垫以直径25mm或25mm以上的短钢筋，以保持其设计距离正确。

(4) 柱、梁、箍筋应与主筋垂直，箍筋的接头应交错布置在四角纵向钢筋上，箍筋转角与纵向钢筋的交叉点均应扎牢。箍筋平直部分与纵向交叉点可间隔扎牢，以防骨架歪斜。

(5) 梁钢筋的绑扎与模板安装之间的配合关系：

① 梁的高度较小时，梁的钢筋架空在梁顶上绑扎，然后再落位；

② 梁的高度较大(≥1.0m)时，梁的钢筋宜在梁底上绑扎，其侧模或一侧模后装。

(6) 梁板钢筋绑扎时应防止水电管线将钢筋抬起或压下。

(7) 预制柱、梁、屋架等构架常采取底模上就地绑扎，应先排好箍筋，再穿入受力筋等，然后绑扎牛腿和节点部位钢筋，以减少绑扎的困难和复杂性。

(8) 混凝土保护层的水泥砂浆垫块或塑料卡，每隔 600～900mm 设置 1 个，钢筋网的四角处必须设置。

(9) 钢筋网弯钩方向。板钢筋的弯钩，钢筋在板下部时弯钩向上；钢筋在板上部时弯钩向下。对柱、墙钢筋弯钩应向柱、墙里侧；柱角钢筋弯钩应为 45°角。

(10) 箍筋的接头应交错布置在两根架立钢筋上，其余同柱。板的钢筋网绑扎与基础相同，但应注意板上的负荷，要防止被踩下；特别是雨篷、挑檐、阳台等悬臂板，要严格控制负筋位置，以免拆模后断裂。

5.5.3 钢筋骨架和钢筋网的安装

(1) 预制钢筋绑扎网与钢筋绑扎骨架，一般宜分块或分段绑扎，应根据结构配筋特点及起重运输能力而定，网片分块面积以 6～20m^2 为宜，骨架分段长度以 8～12m 为宜，安装时再予以焊接或绑扎。为防止运输安装过程中歪斜变形，在斜向应用钢筋拉结临时加固，大型钢筋网或骨架应设钢筋桁架或型钢加固。

(2) 钢筋网与钢筋骨架的吊点应根据尺寸、重量和刚度确定。宽度大于 1m 的水平钢筋网宜采用 4 点起吊，跨度小于 6m 的钢筋骨架宜采用两点起吊，跨度大、刚度差的钢筋骨架宜采用横吊梁 4 点起吊。为防止吊点处钢筋受力变形，可采取兜底或用短筋加强。

(3) 对较大预制构件，为避免模内绑扎困难，常在模外或模上部位绑扎成整体骨架，再用吊车或三木塔借捯链缓慢放入模内。

(4) 绑扎钢筋骨架和钢筋网片的交接处做法与钢筋的现场绑扎相同。

5.5.4 钢筋安装验收

钢筋安装时，受力钢筋的品种、级别、规格和数量必须符合设计要求。检查数量：全数检查。

钢筋安装位置的偏差应符合表 5-8 的规定。在同一检验批内，对梁、柱和独立基础，应抽查构件数量的 10%，且不少于 3 件；对于墙和板，应按有代表性的自然间抽查 10%，且不少于 3 间；对大空间结构，墙可按相邻轴线间高度 5m 左右划分检查面，板可按纵、横轴线划分检查面，抽查 10%，且均不少于 3 面。

钢筋安装位置的允许偏差和检查方法 **表 5-8**

项目			允许偏差(mm)	检验方法
绑扎钢筋网	长、宽		±10	钢尺检查
	网眼尺寸		±20	钢尺连续量三档，取最大值
绑扎钢筋骨架	长		±10	钢尺检查
	宽、高		±5	钢尺检查
受力钢筋	间距		±10	钢尺量两端、中间各一点，取最大值
	排距		±5	
	保护层厚度	基础	±10	钢尺检查
		柱、梁	±5	钢尺检查
		板、墙、壳	±5	钢尺检查

续表

项目		允许偏差(mm)	检验方法
绑扎箍筋、横向钢筋间距		±20	钢尺连续量三档，取最大值
钢筋弯起点位置		20	钢尺检查
预埋件	中心线位置	5	钢尺检查
	水平高差	+3.0	钢尺和塞尺检查

注：1. 检查预埋件中心线位置时，应沿纵、横两个方向量测，并取其中的较大值；
2. 表中梁类、板类构件上部纵向受力钢筋保护层厚度的合格点率应达到90%及以上，且不得有超过表中数值1.5倍的尺寸偏差。

5.6 现场施工人员要求

5.6.1 钢筋翻样人员

钢筋翻样是指从事钢筋翻样的专业技术人员把建筑施工图纸和结构施工图纸中各种各样的钢筋样式、规格、尺寸数量以及所在位置，按照国家设计施工规范的要求结合施工图纸及结构设计说明，详细的列出清单，画出组装构图，编制成钢筋配料单，作为作业班组进行下料加工、绑扎安装的依据。

从事钢筋翻样人员，首先要有钢筋工程的专业基础，熟悉钢筋的连接方式，要有一定的施工经验，还得具备比较过硬的识图能力和平法知识及实际操作技能，才能胜任钢筋翻样工作。钢筋翻样水平的高低不但影响作业班组的施工难易程度而且还直接影响到项目成本。

5.6.2 钢筋工

在高强钢筋工程中，要求钢筋工做到：

（1）作业前必须检查机械设备、作业环境、照明设施等，并试运行符合安全要求，作业人员必须经安全培训考试合格，上岗作业；

（2）脚手架上不得集中码放钢筋，应随使用随运送；

（3）操作人员必须熟悉钢筋机械的构造性能和用途，并应按照清洁、调整、紧固、防腐、润滑的要求，维修保养机械；

（4）电路故障必须由专业电工排除，严禁非电工接、拆、修电气设备；

（5）操作人员作业时必须扎紧袖口，理好衣角，扣好衣扣，严禁戴手套；

（6）机械明齿轮、皮带轮等高速运转部分，必须安装防护罩或防护板；

（7）电动机械的电闸箱必须按规定安装漏电保护器，并应灵敏有效；

（8）切好的钢材、半成品必须按规格码放整齐。

第6章　高强钢筋机械连接

6.1　我国钢筋机械连接的发展历程

钢筋机械连接技术自从20世纪80年代后期在我国开始发展，是继绑扎、电焊之后的“第三代钢筋接头”。套筒冷挤压连接接头始于1986年，1988年开始应用于工程建设，1993年12月冶金工业部行业标准《带肋钢筋挤压连接技术及验收规程》YB 9250—93发布，自1994年5月1日起实施。1996年12月建设部发布行业标准《钢筋机械连接通用技术规程》JGJ 107—96和《带肋钢筋套筒挤压连接技术规程》JGJ 108—96，自1997年4月1日起实施。

锥螺纹套筒连接接头始于1990年，1993年5月北京市城乡建设委员会和北京市城乡规划委员会联合批准发布《锥螺纹钢筋接头设计施工及验收规程》DBJ 01—15—93，自1993年10月1日起实施。1994年3月上海市建设委员会批准发布《钢筋锥螺纹连接技术规程》DBJ 08—209—93，自1994年4月1日起实施。1996年12月建设部发布行业标准《钢筋锥螺纹接头技术规程》JGJ 109—96，自1997年4月1日起实施。

随着套筒冷挤压连接技术和锥螺纹连接技术的成功开发和应用，我国粗钢筋机械连接技术的发展步入快车道，1995年镦粗直螺纹连接技术开始立项研发，1997年11月项目通过验收进入工程应用；接下来又相继成功开发了滚轧直螺纹连接技术，1999年钢筋剥肋滚轧直螺纹连接技术诞生，极大地推动了我国钢筋机械连接技术发展和应用。

经过大量工程的推广应用，钢筋机械连接产品、技术持续改进和提高，新技术和新产品也在不断涌现。为了使规程及时反映行业技术进步，尽可能与国际相关标准接轨，调整应用实践过程反映出来的规程中部分不合理性能指标，从1998年开始《钢筋机械连接通用技术规程》JGJ 107已经过两次修订，2003年修订完成《钢筋机械连接通用技术规程》JGJ 107—2003，2010年修订完成《钢筋机械连接技术规程》JGJ 107—2010。钢筋机械连接技术标准的发布实施和不断完善提高，对钢筋机械连接技术的推广应用和进一步提高工程质量、节约钢材、方便施工发挥了积极作用。

钢筋机械连接技术的最大特点是依靠连接套筒将两根待连接的钢筋连接在一起，连接强度高，接头质量稳定，可实现钢筋施工前的预制或半预制，现场钢筋连接时占用工期少，节约能源，降低工人劳动强度，克服了传统的钢筋焊接连接技术中接头质量受环境因素、钢筋材质和人员素质的影响的不足。钢筋机械连接技术与绑扎、焊接相比具有以下特点：

(1) 质量稳定可靠，连接强度高，实现Ⅰ级接头连接要求。

(2) 操作简单，对钢筋适应性强。对操作工简单培训即可上岗，不受钢筋肋形、可焊性等影响。

(3) 适用范围广。适用于 400MPa 级、500MPa 级直径 12～50mm 各种规格高强钢筋的各方向同径、异径连接。

(4) 钢筋连接区段无钢筋重叠。节省钢材，连接成本低；布筋密度低，有利于混凝土浇筑。

(5) 施工速度快，钢筋对中传力好。可实现工厂化生产、现场装配施工，施工效率高、工期短。

(6) 连接无明火作业、无焊接温度内力、全天候施工。无火灾及爆炸隐患，施工安全可靠。

(7) 与焊接相比能耗低、无废弃物排放，无需配备专用供电线路，节能环保。

6.2 高强钢筋机械连接工艺与设备

钢筋机械连接技术的基本原理是通过连接套筒将两根待接钢筋连接起来实现钢筋的传力，钢筋与套筒之间的传力采用套筒挤压塑性变形后与筋肋的咬合、直(锥)螺纹副之间的咬合、在套筒内环槽和筋肋间充填灌注高强微膨胀胶凝材料等形式实现。目前我国钢筋机械连接技术主要有：套筒径向冷挤压连接、锥螺纹套筒连接、镦粗直螺纹连接、直接滚轧直螺纹连接、剥肋滚轧直螺纹连接、分体套筒连接、焊接套筒连接、灌浆套筒连接等形式。

各种钢筋机械连接技术由于质量稳定性、连接强度高低、操作简便性、施工方便性、接头经济性、钢筋适用性的不同表现出各自的不同特点，但其共同工艺路线是：钢筋原材进厂检验、接头工艺试验、钢筋定尺切断、钢筋端部加工(镦粗、螺纹加工)、螺纹加工质量检验、合格丝头保护、钢筋全接头或半接头预制、现场套筒连接施工、接头连接外观检查或拧紧力矩检查、检验合格完成。钢筋机械连接工艺流程如图 6-1 所示。

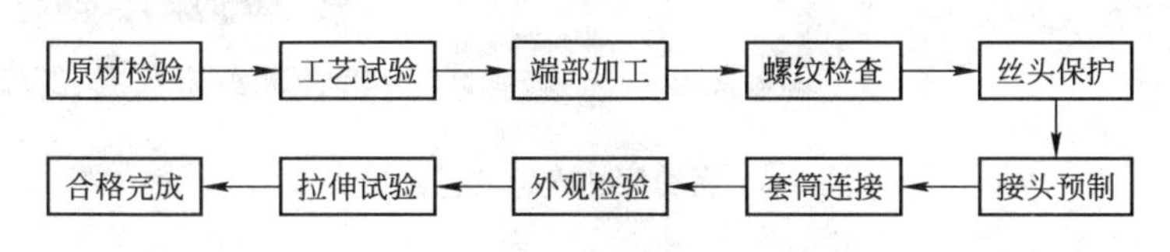

图 6-1 钢筋机械连接工艺流程图

钢筋机械连接设备主要有钢筋下料设备、钢筋端部强化设备、螺纹加工设备、连接施工设备和连接检测工具。钢筋下料设备用于钢筋的定尺切断，如砂轮机、钢筋切断机、钢筋锯切机、钢筋剪切线、专用钢筋切断机等。套筒冷挤压连接的钢筋下料用钢筋切断机既能满足要求，切断后的断面要求不得有端部弯曲和严重马蹄，否则连接施工时影响钢筋插入连接套筒的深度，易造成插入深度不足。

砂轮机、钢筋锯切机、专用钢筋切断机用于螺纹连接的钢筋下料，包括锥螺纹连接、镦粗直螺纹连接、滚轧直螺纹连接和剥肋滚轧直螺纹连接。切断后的断面要求平齐且与钢筋轴线垂直，否则两根待接钢筋端面对顶后螺纹副间隙无法消除，影响接头变形性能指标。钢筋端部强化设备用于螺纹加工前的钢筋端部局部强化加工，解决钢筋切削螺纹加工非等强度连接问题，有钢筋镦头机(镦粗直螺纹接头)、钢筋端部强化机(等强锥螺纹接头)。

螺纹加工设备用于钢筋端部螺纹加工，主要有锥螺纹成型机、镦粗直螺纹成型机、滚轧直螺纹成型机和剥肋滚轧直螺纹成型机。锥螺纹机用于锥螺纹连接接头的丝头加工；镦粗直螺纹机用于镦粗直螺纹连接接头的丝头加工；滚轧直螺纹机用于直接滚轧直螺纹连接接头的丝头加工；剥肋滚轧直螺纹机用于剥肋滚轧直螺纹接头的丝头加工。前两种是切削螺纹加工，后两种是滚轧螺纹加工。

连接施工设备用于钢筋连接施工，主要有套筒径向挤压机、套筒轴向压接机、手持锥螺纹机和灌浆接头注浆机。套筒径向挤压机用于套筒挤压连接接头的预制和现场压接；轴向压接机用于分体套筒连接接头锁母轴向压接、轴向套筒挤压接头的压接；手持锥螺纹机用于锥螺纹套筒连接的现场钢筋锥螺纹加工；灌浆接头注浆机用于灌浆套筒连接的现场浆料加注。

连接检测工具是用于检查套筒连接质量的辅助工具，主要有力矩扳手、螺纹环规和塞规、深度尺和卡规。力矩扳手用于测量锥螺纹连接和直螺纹连接时的拧紧力矩，螺纹环规和塞规用于测量锥螺纹和直螺纹连接丝头、连接套筒的螺纹尺寸大小和加工精度，深度尺和卡规用于套筒挤压连接时的钢筋插入套筒深度和套筒压痕的深浅。下面根据市场上应用的广泛程度对各种不同钢筋机械连接技术的工艺、设备和特点分别进行介绍。

6.2.1 剥肋滚轧直螺纹套筒连接

1. 连接原理

剥肋滚轧直螺纹连接是在滚轧直螺纹连接技术基础之上于1999年开发的拥有自主知识产权的连接技术，既有滚轧直螺纹套筒连接技术等强度连接优势，又能弥补其加工螺纹精度低的不足，钢筋直螺纹丝头一致性好，是目前应用最为广泛的连接方式。其基本原理是先将钢筋端头的横肋和纵肋进行局部剥切处理，使钢筋端头滚丝前的柱体直径达到相对统一的尺寸，然后再进行螺纹滚轧成型。剥肋滚轧直螺纹连接接头如图6-2所示。

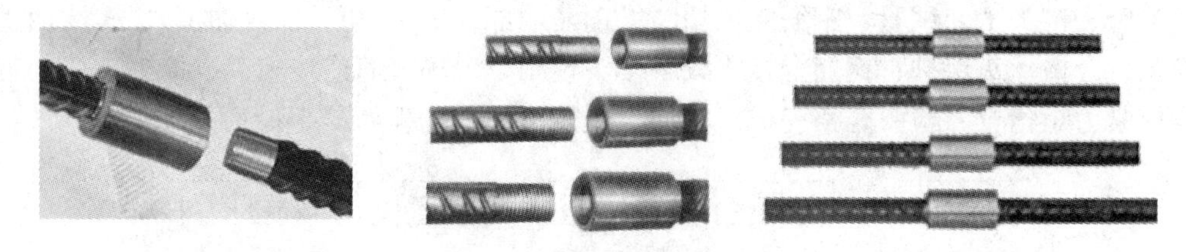

图6-2 剥肋滚轧直螺纹连接接头

2. 设备和工具

剥肋滚轧直螺纹连接主要施工设备用钢筋剥肋滚压直螺纹成型机、力矩扳手、螺纹环规、螺纹塞规。剥肋滚轧直螺纹连接主要施工设备和工具如图6-3所示。

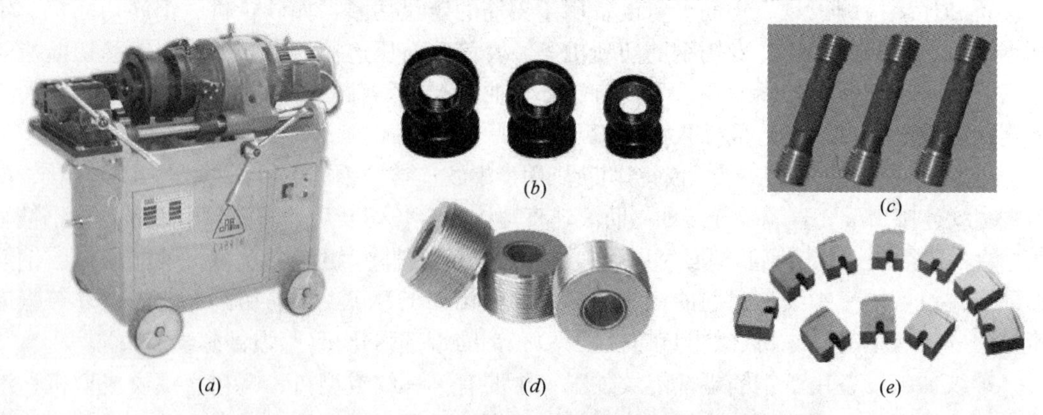

图6-3 剥肋滚轧直螺纹连接施工设备和工具

(*a*)剥肋滚压直螺纹机；(*b*)螺纹环规；(*c*)螺纹塞规；(*d*)滚丝轮；(*e*)剥肋刀片

剥肋滚轧直螺纹连接施工工艺是：首先用砂轮机或专用钢筋切断机进行钢筋端头平切；其次利用钢筋剥肋滚轧直螺纹成型机加工螺纹，加工丝头用环通规和环止规检验合格后带好保护帽准备待用；最后利用连接套筒把两根待连接钢筋在一定的拧紧力矩下进行连接。该项技术的特点是钢筋剥肋后滚轧直螺纹仍能实现等强度连接，丝头牙形和直径大小一致性好，滚丝轮寿命与直接滚轧螺纹工艺相比提高 8～10 倍，连接质量稳定可靠。钢筋连接后的施工现场如图 6-4 所示。

图 6-4　施工现场的剥肋滚轧直螺纹连接接头

3. 分体套筒直螺纹连接

直螺纹连接是套筒与被连接件利用螺纹副间的咬合，通过力矩扳手拧紧螺纹来达到连接要求。对于钢筋笼、建筑物后浇带、钢结构柱之间梁等特殊部位连接，要求多个套筒同时对接且套筒间相对位置固定、不可转动，传统直螺纹连接方式不转动钢筋或者套筒难以满足要求。分体式直螺纹套筒连接不仅能方便地实现单个连接件无旋转运动对接，而且能够实现多个连接件同时连接的要求。分体式直螺纹套筒连接的工作原理是：由两个半圆套筒和两个锁套组成一个连接件，将两半圆形套筒与钢筋端头螺纹配合好后，通过锁套压紧两个半圆套筒，以消除钢筋与两半圆套筒的螺纹配合间隙，同时锁套与两半圆套筒通过锥面实现相对自锁，最终使连接件达到连接要求。分体套筒直螺纹连接接头如图 6-5 所示。

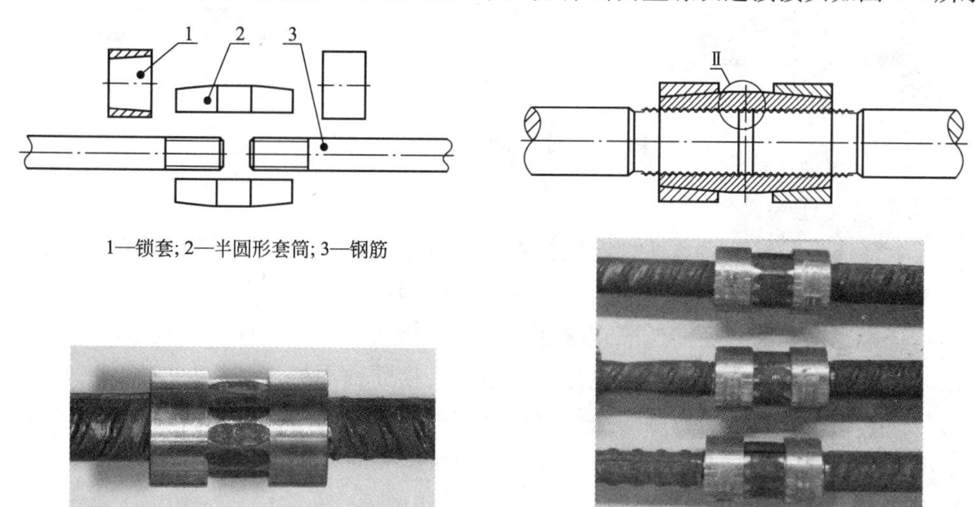

图 6-5　分体套筒直螺纹连接接头

分体套筒直螺纹连接施工主要设备是剥肋滚压直螺纹机、轴向压接器。施工设备和连接施工如图 6-6 所示。其施工工艺是首先加工钢筋丝头，连接安装时把锁套提前套入钢筋，然后将半套筒扣压到丝头上用锁套锁紧，用专用轴向压接器压接锁套，达到压接力要求后即完成连接。该技术特点是被连接钢筋既无法旋转也无法轴向移动时实现钢筋等强度机械连接，可以解决成组钢筋的对接和钢结构柱间钢筋连接问题，如钢筋笼对接、后浇带钢筋连接、钢结构与混凝土结构间梁板钢筋连接等。常用分体套筒连接应用形式如图 6-7 所示。

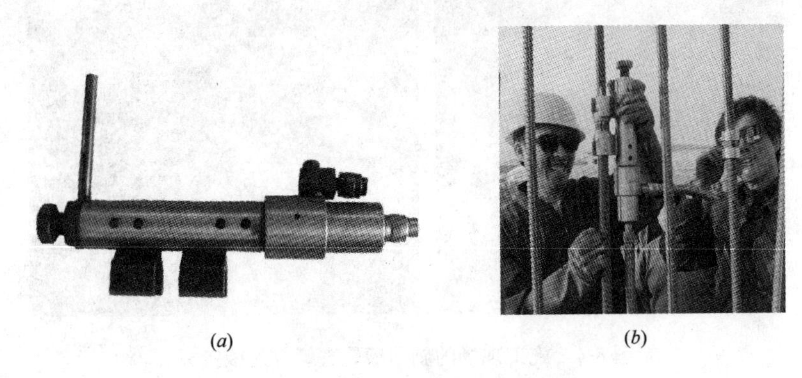

(*a*)　　　　　　(*b*)

图 6-6　分体套筒施工设备与连接施工

(*a*)轴向压接器；(*b*)连接施工

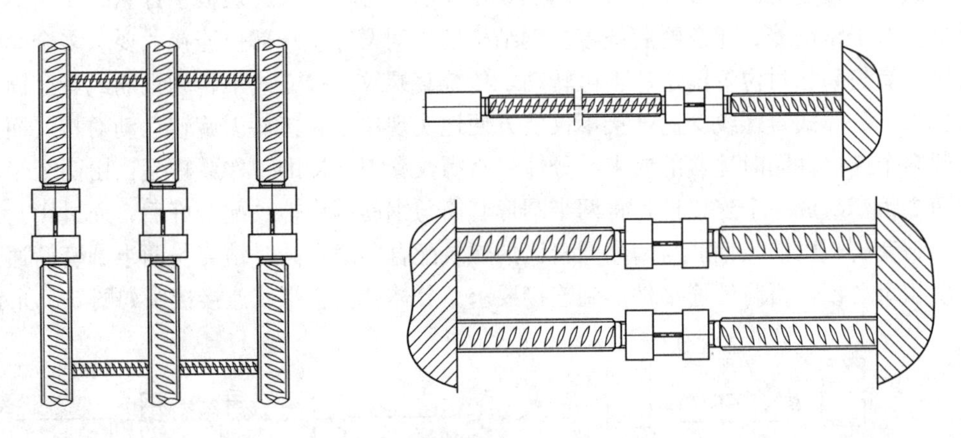

图 6-7　分体套筒常用连接形式

4. 可焊套筒连接

可焊套筒连接是将套筒直螺纹连接技术扩展应用到钢结构与混凝土结构之间的钢筋连接。其工艺原理是：接头主件为内螺纹套筒，先将套筒与钢结构在工厂或施工现场实施焊接，然后把待连接钢筋与套筒按照螺纹连接要求连接成整体。可焊套筒连接的特点是：钢筋与钢结构连接稳定可靠，连接强度高，对钢结构横断面不产生破坏，施工效率高。可焊套筒与分体套筒组合应用可有效解决钢结构柱间的梁板钢筋连接内力问题。可焊套筒连接如图 6-8 所示。

6.2.2　滚轧直螺纹套筒连接

滚轧直螺纹连接是目前应用较为广泛的连接方式之一。20 世纪 90 年代后期，我国开

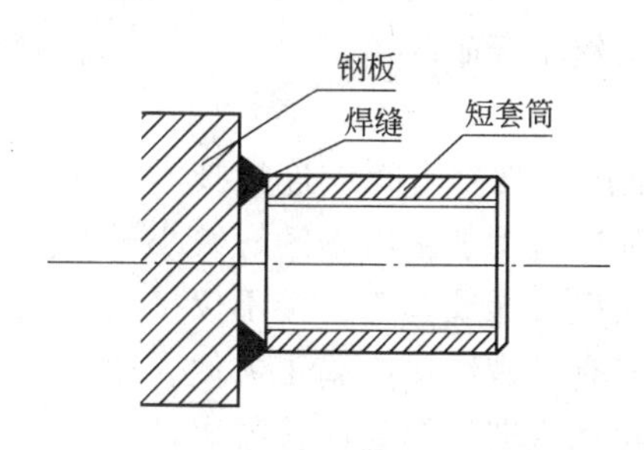

图 6-8　可焊套筒应用

始研发采用滚轧直螺纹工艺实现钢筋等强度直螺纹连接的技术。其基本原理是利用金属材料冷作硬化产生塑性变形后增强螺纹牙齿强度和螺尾母材强度的特性，实现钢筋直螺纹等强度连接之目的。滚轧直螺纹连接接头如图 6-9 所示。

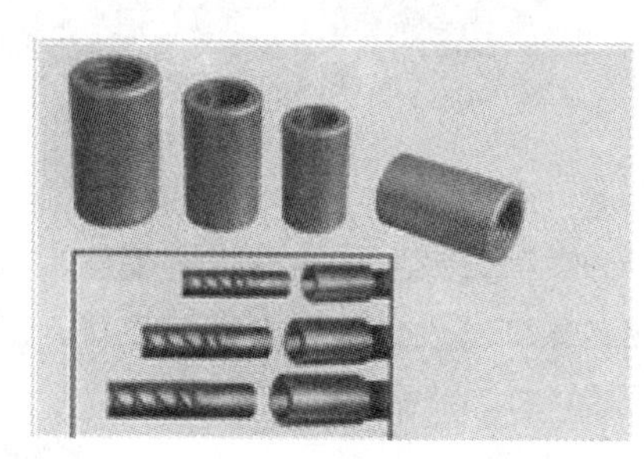

图 6-9　滚轧直螺纹连接接头

滚轧直螺纹连接主要施工设备用钢筋直螺纹套丝机、力矩扳手、螺纹环规、螺纹塞规。滚轧直螺纹连接主要施工设备和工具如图 6-10 所示。

图 6-10　滚轧直螺纹连接施工设备和工具

滚轧直螺纹连接施工工艺是用砂轮机或专用切断机对待接钢筋定尺切断，然后使用套丝机直接在钢筋上滚轧出直螺纹，而后利用连接套筒把两根钢筋在一定的扭矩下实现连接。该项技术的特点是连接强度高，螺纹加工用滚丝机一次完成，设备操作相对于镦粗工艺简单，工人劳动强度低。由于是在钢筋上直接滚轧，滚轧的直螺纹精度较差，对钢筋的外形尺寸要求高，套筒与钢筋丝头的配合公差离散性大，滚丝轮寿命低。

6.2.3 镦粗直螺纹套筒连接

镦粗直螺纹套筒连接是我国 1997 年研究开发的一种钢筋等强度直螺纹连接技术。其基本原理是：使用镦头设备把钢筋端头的横截面积增大，利用疏刀加工出来的螺纹小径不低于钢筋公称直径，实现钢筋直螺纹等强度连接之目的。镦粗直螺纹套筒连接不仅接头连接强度高、质量稳定可靠，与挤压接头质量相媲美，而且又有锥螺纹接头施工方便、速度快的特点，因此镦粗直螺纹连接技术的出现在 20 世纪 90 年代后期给钢筋连接技术带来了质的飞跃，当时迅速得到推广。本世纪初，随着滚轧直螺纹连接技术的出现，镦粗直螺纹丝头加工相对滚轧直螺纹连接工艺复杂的弱点致使其市场使用量逐渐减少，现镦粗直螺纹多在桥梁工程、钢筋笼对接等场合应用。镦粗直螺纹连接接头如图 6-11 所示。

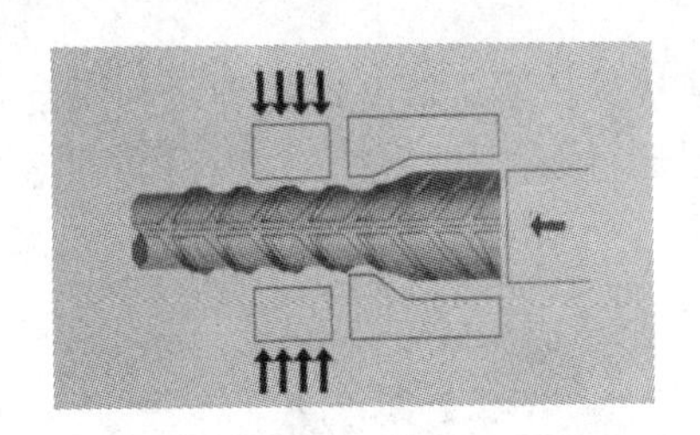
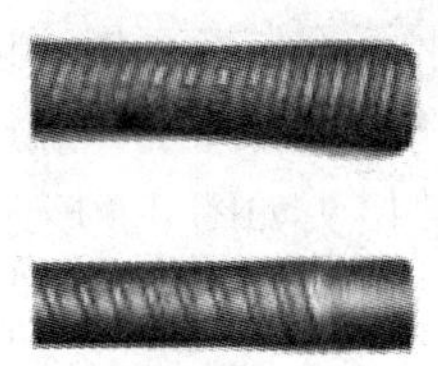
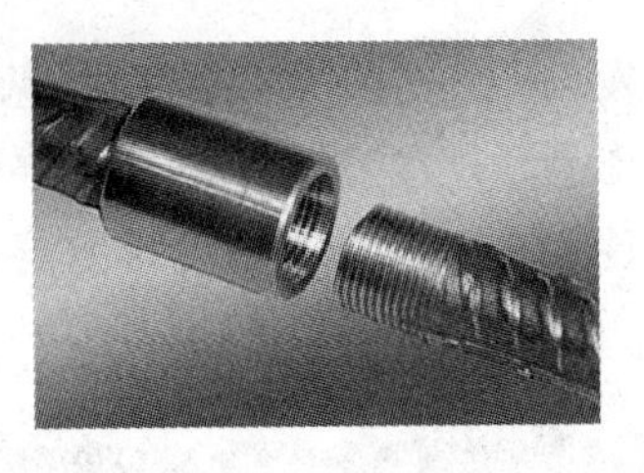

图 6-11　镦粗直螺纹连接接头

镦粗直螺纹连接技术主要施工设备用钢筋镦头机、直螺纹套丝机、力矩扳手、螺纹环规、螺纹塞规。镦粗直螺纹连接主要施工设备和工具如图 6-12 所示。

图 6-12　镦粗直螺纹连接施工设备

镦粗直螺纹连接施工工艺是使用镦头设备先将钢筋端头镦粗，再用套丝机加工出钢筋端头直螺纹，使螺纹小径不小于钢筋母材直径，最后用套筒把两根待连接钢筋在一定的扭矩下连成一体。镦粗设备有热镦粗和冷镦粗两种方式，我国的镦粗直螺纹连接技术主要是冷镦粗方式，对钢筋的延性具有一定的要求。该项技术的特点是实现了与钢筋母材等强度连接目的，现场连接作业效率高，工人劳动强度低。但存在的不足是镦头过程中易出现镦偏现象，一旦镦偏必须切掉重镦；镦粗过程中钢筋发生塑性变形产生内应力，钢筋端头镦粗部分延性降低。

6.2.4 套筒冷挤压连接

套筒冷挤压连接是为解决我国大型高耸建筑粗直径钢筋难以焊接的问题，20 世纪 80 年代中后期从日本引进的。套筒冷挤压连接有径向挤压连接和轴向挤压连接两种形式，由于轴向挤压连接现场施工质量检验不方便和施工工具故障率高等原因在我国没能得到推广，只有径向挤压连接技术被大面积推广使用，至今仍然在国内外工程施工中应用。其基本原理是：将待接的两根钢筋插入一个钢套筒内，用超高压设备产生的高压液压油推动压接器活塞杆往复运动，带动压接模具径向挤压钢套筒，使钢套筒产生塑性变形与钢筋的横肋咬合成一体，从而达到连接的目的。挤压后的钢筋连接接头如图 6-13 所示。

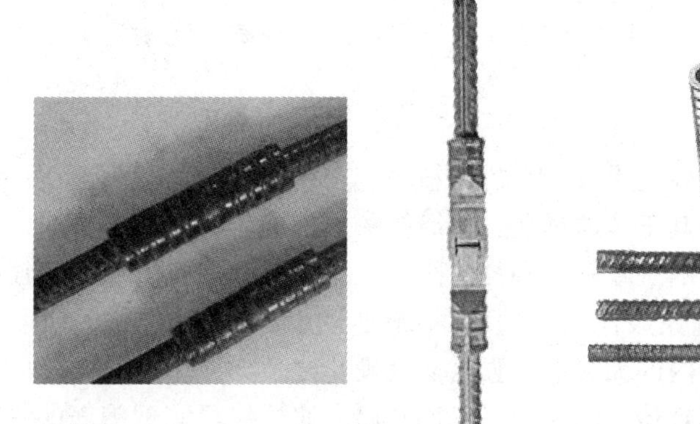

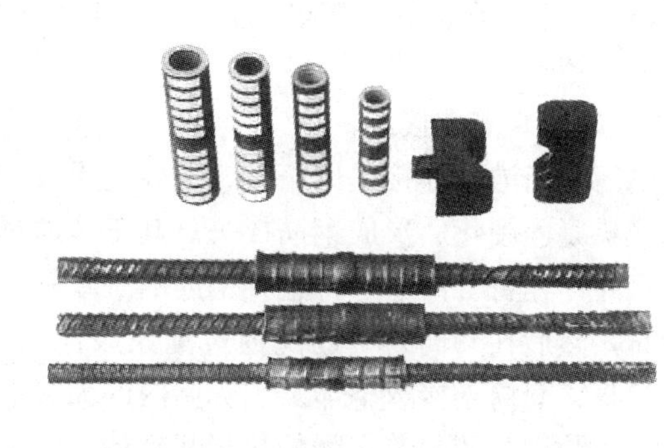

图 6-13 钢筋冷挤压连接接头

钢筋挤压连接施工设备主要用钢筋冷挤压机(压接器、压接模具、高压油管)、测深尺、压痕卡板。钢筋挤压连接施工设备和连接过程如图 6-14 所示。

(*a*)

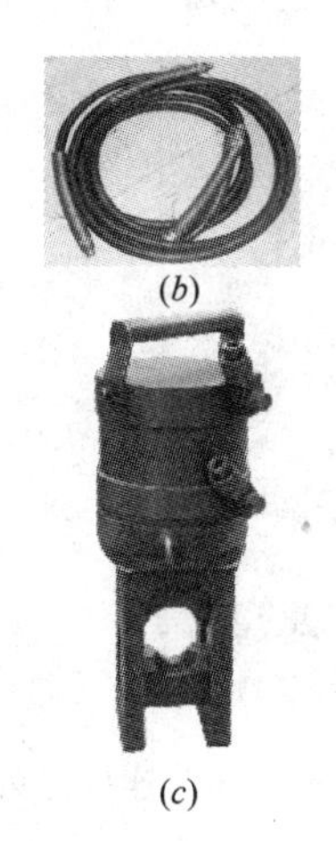

(*b*)

(*c*)

(*d*)

图 6-14 钢筋挤压连接施工设备

(*a*)径向冷挤压机；(*b*)高压油管；(*c*)压接器；(*d*)水平钢筋压接施工

套筒挤压施工工艺是：首先用测深尺划线，其次将套筒套入钢筋端头直至套入钢筋深度线，然后操作者操作压接器从套筒中间逐道次向两端挤压，最后进行压痕直径和压痕宽度检验。该项技术的主要特点是：

(1) 连接强度高，与钢筋母材等强度连接；

(2) 对钢筋的几何尺寸和形状公差要求低，钢筋端头无马蹄和弯曲即可，对钢筋的适应性强，质量稳定性好；

(3) 适用范围广，不超过两个级差钢筋直径的各种方位钢筋均能实现等强度可靠连接，特别适用于预埋钢筋和固定钢筋的续接。

但套筒挤压技术也存在一些不足：

(1) 压接器质量大，操作者劳动强度高；

(2) 现场作业设备移动频繁，高压油管爆裂和设备漏油时常发生液压油污染钢筋现象，现场清理麻烦；

(3) 不适合在高密度布筋场合应用，现场连接施工只能做到半预制，连接施工效率相对螺纹连接低。

6.2.5 灌浆套筒连接

钢筋套筒灌浆连接是用高强、快硬的无收缩无机浆料填充在钢筋与专用套筒连接件之间，浆料凝固硬化后形成钢筋接头。其工艺原理是：套筒接头主件为带有内环形槽或内螺纹的套筒，先将套筒套入待连接钢筋的一端轴向和径向固定，其次将待连接的带肋钢筋插入套筒，然后在套筒与钢筋间通过灌浆泵注入无收缩的高强度灰浆，使待连接的带肋钢筋、灰浆、套筒连接成整体。当套筒内的无收缩高强度灰浆硬化之后，介于套筒内侧的凹凸槽及带肋钢筋凹凸节之间的灰浆起到传力的作用。钢筋套筒灌浆连接可实现钢筋的等强度连接，主要应用于装配式混凝土结构中的竖向构件、横向构件的钢筋连接，也可用于混凝土后浇带钢筋连接、钢筋笼整体对接及加固补强等。灌浆套筒连接分为全灌浆和半灌浆，半灌浆套筒内螺纹可为剥肋滚轧直螺纹、镦粗直螺纹、直接滚轧螺纹等形式，适用于直径 12～40mm 钢筋之间同径或异径的快速连接。灌浆套筒连接接头如图 6-15 所示。

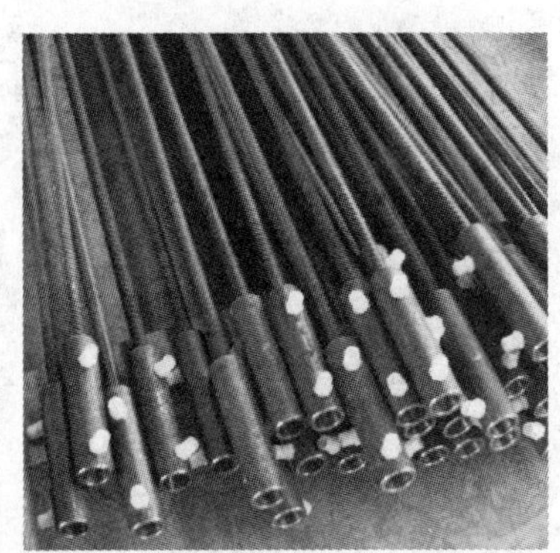

图 6-15　灌浆套筒连接接头

灌浆套筒连接施工的主要设备是灌浆泵，影响灌浆连接接头质量的关键因素是灌浆套筒和灌浆料。套筒内灌浆用灰浆应保证接头的强度及考虑现场施工条件，具体要求如下：

(1) 具有早强性：常温(20℃)龄期 1d，抗压强度不小于 35MPa；龄期 3d，抗压强度不小于 60MPa。

（2）具有高强度：常温（20℃）龄期 28d，抗压强度可以达到 85MPa。

（3）流动性好：初始坍落度不小于 300mm，30min 不小于 260mm。用最少的加水量可以达到大的流动性，以使套筒内填充密实。

（4）无收缩：水泥内掺入微膨胀剂，以抵消灰浆硬化时的收缩。24h 与 3h 差值应在 0.02%～0.5%。

灌浆连接施工如图 6-16 所示。

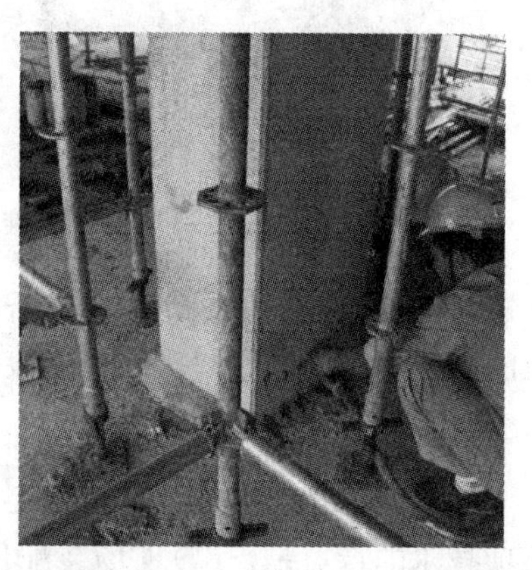

图 6-16　钢筋灌浆套筒连接施工

6.2.6　锥螺纹套筒连接

20 世纪 90 年代初，随着工程布筋密度的增大和施工工期的不断缩短，粗直径钢筋连接仅仅依靠挤压连接技术已经不适应，在借鉴国外钢筋连接技术研究成果基础上，我国开始研发锥螺纹连接技术。锥螺纹连接技术克服了套筒挤压连接技术存在的高密度布筋难以施工的不足，锥螺纹丝头加工全部实现工厂化预制，现场连接只需用力矩扳手操作，不需搬动设备和拉扯电线，现场连接施工占用工期短。其基本原理是：用带内锥螺纹的连接套筒将两根带锥螺纹丝头的待连接钢筋通过一定的拧紧力矩实现可靠的连接。在 20 世纪 90 年代直螺纹连接技术出现之前，得到了广泛应用。锥螺纹套筒连接接头如图 6-17 所示。

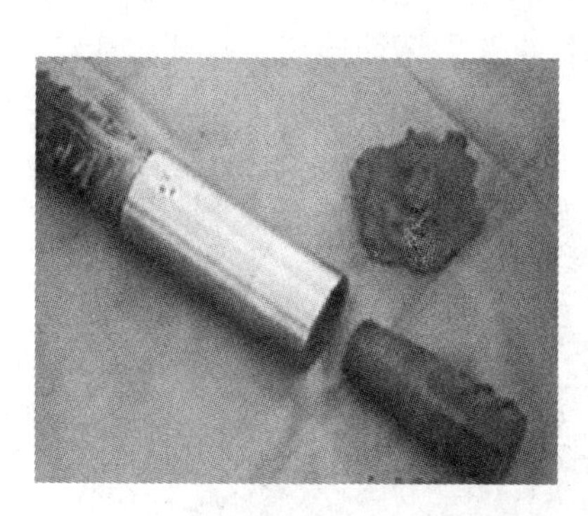

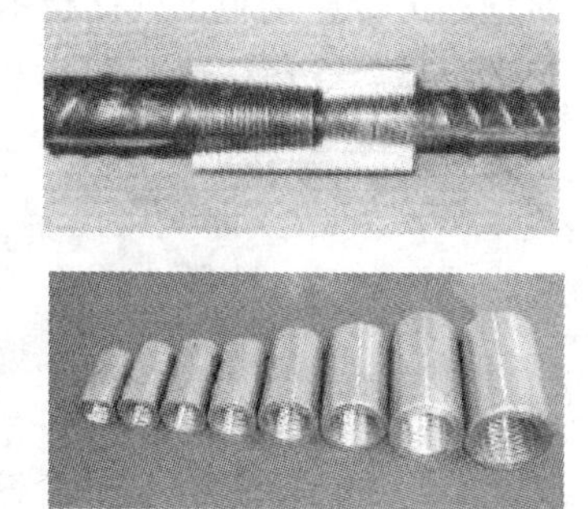

图 6-17　锥螺纹套筒连接接头

锥螺纹连接技术主要施工设备用锥螺纹成型机、力矩扳手、牙形规、卡规或者环规。锥螺纹连接主要施工设备和工具如图 6-18 所示。

锥螺纹连接施工工艺是：用锥螺纹成型机在钢筋端头套出丝头，用牙形规和卡规对丝

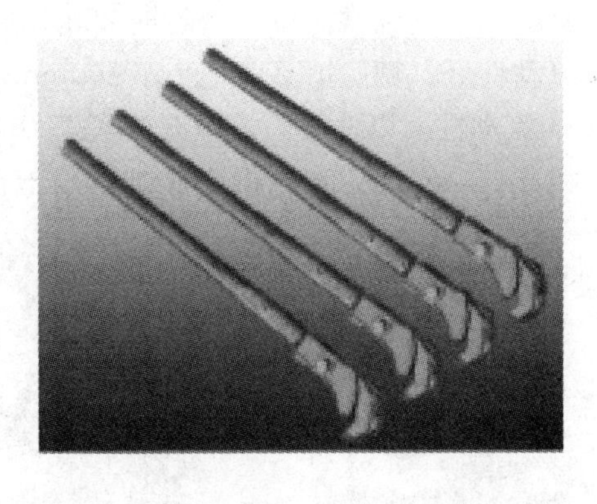

图 6-18　锥螺纹连接施工设备和工具

头质量进行检验合格后带好保护帽准备待用；最后进行现场连接施工，用力矩扳手把工厂化加工的连接套筒和预制丝头的待连接钢筋卸掉保护帽后拧紧在一起，并达到规定的扭紧力矩值。工艺流程如下：

开始→切头→丝头加工→连接施工→拧紧→检验→完成

该项技术的特点是：(1)现场装配作业，连接施工速度快；(2)连接作业劳动强度低，不需要搬动设备和拉扯电线；(3)与挤压套筒相比锥螺纹套筒成本低。

锥螺纹连接和挤压连接相比，接头质量稳定性相对较差。由于加工螺纹的小径削弱了母材截面积，从而降低了接头强度，一般只能达到母材实际抗拉强度的85%～95%，因此又出现研究强化锥螺纹连接和冷压锥螺纹连接工艺等。

6.2.7　其他形式套筒连接

1. 摩擦焊套筒连接

摩擦焊套筒连接是在工厂内将加工好的连接丝头与待连接钢筋使用摩擦焊机通过摩擦焊接形成钢筋螺纹丝头的连接技术，螺纹丝头可为直螺纹或者锥螺纹。其施工工艺是：首先在工厂内把单独工业化加工的连接丝头与被连接钢筋用摩擦焊机焊为一体形成钢筋连接丝头；然后从工厂内把形成丝头的待连接钢筋和工厂化加工的连接套筒运到工地现场；最后在连接部位对钢筋进行连接施工。该技术特点是：钢筋连接工厂化加工，丝头加工精度高，连接质量稳定可靠。连接接头如图 6-19 所示。

图 6-19　摩擦焊焊接接头

2. 轴向挤压套筒螺纹连接

轴向挤压套筒螺纹连接是将工厂内加工的带套筒连接丝头与待连接钢筋通过轴向挤压套筒形成螺纹丝头的连接技术，螺纹丝头可为直螺纹或者锥螺纹。其施工工艺是：首先在工厂内把单独工厂化加工的带套筒连接丝头、带内螺纹的连接套筒分别与被连接钢筋用轴向挤压机挤压为一体形成钢筋连接丝头、连接内螺纹套筒；然后从工厂内把形成丝头、内螺纹套筒的待连接钢筋运到工地现场；最后在工地连接部位对钢筋进行连接施工。该技术特点是：钢筋连接工厂化加工预制，螺纹连接加工精度高，连接质量稳定可靠，接头耐冲击性和疲劳强度高。连接接头如图 6-20 所示。

图 6-20 轴向挤压套筒螺纹连接

3. 熔融金属充填套筒连接

熔融金属充填套筒连接是用由高热剂反应产生熔融金属充填在钢套筒内形成的钢筋连接接头，该套筒接头在国内还未使用过。

6.3 高强钢筋机械连接施工与技术要求

6.3.1 滚轧(包括直接和剥肋)直螺纹连接施工

1. 连接钢筋范围

该技术可连接 400MPa 级、500MPa 级高强钢筋、焊接性能差的带肋钢筋以及与国产钢筋相当的进口钢筋。在直径 12～50mm 范围内相同直径或异径钢筋任意方向均能实现连接。

2. 施工工艺流程

丝头加工：钢筋端面平头→端头剥肋→钢筋滚丝→丝头质量检查→戴帽保护→存放待用。

钢筋连接施工：钢筋就位→拧下钢筋保护帽和套筒保护塞→用扭力扳手对接头拧紧→对已拧紧的接头作标记→施工检验。

3. 滚轧直螺纹加工技术要求

(1) 滚丝机必须用水溶性切削冷却润滑液，当气温低于零度时，应掺入 15%～20%的亚硝酸钠；

(2) 钢筋丝头的牙形、螺距必须与连接套筒的牙形、螺距互相吻合；

(3) 钢筋丝头长度公差应为 0～2.0p(p 为螺距)；

(4) 钢筋丝头宜满足 6f 级精度要求，使用专用直螺纹量规检验，通规能顺利旋入并达到要求的拧入长度，止规旋入不得超过 3p。抽检数量 10%，检验合格率不应小于 95%。

4. 滚轧直螺纹施工技术要求

(1) 钢筋连接前，先回收丝头上的塑料保护帽和套筒端部的塑料保护塞，并检查钢筋规格是否和连接套筒一致，检查螺纹丝扣是否完好无损、清洁。如发现杂物或锈蚀要用铁刷清理干净。

(2) 标准丝头型接头的连接：把装好连接套筒一端钢筋拧到被连接钢筋上，然后用扳手拧紧钢筋，使两根钢筋相对顶紧，使套筒两端外露的丝头各不超过 2 个完整扣，连接即告完成，随即画上标记。

(3) 加长丝头型接头的连接：先将锁紧螺母及标准套筒按顺序全部拧在加长丝头钢筋一侧，将待接钢筋的标准丝头靠紧后，再将套筒拧回到标准丝头一侧，并用扳手拧紧，再将锁紧螺母与标准套筒拧紧锁定，连接即告完成。

6.3.2 镦粗直螺纹连接施工

1. 连接钢筋范围

该技术可连接国产400MPa级、500MPa级高强钢筋、焊接性能差的带肋钢筋以及与国产钢筋相当的进口钢筋。在直径12～50mm范围内相同直径或异径钢筋任意方向均能实现连接。

2. 施工工艺流程

丝头加工：钢筋端面平头→端头镦粗→钢筋套丝→丝头质量检查→戴帽保护→存放待用。

钢筋连接：钢筋就位→拧下钢筋保护帽和套筒保护塞→接头拧紧→对已拧紧的接头作标记→施工检验。

3. 镦粗直螺纹加工技术要求

(1) 镦粗前镦粗机应先退回零位，再把钢筋从前端插入、顶紧，开始用油泵给镦粗机加压。

(2) 在每一批钢筋进场加工前，均应做镦粗试验，并以镦粗量合格来确定最佳的镦粗压力及缩短量的最终值。

(3) 镦粗头不合格时应切掉重镦(钢筋夹持段及镦粗段均应切掉)，严禁二次镦粗。镦粗后允许镦粗段有纵向裂纹，如有横向裂纹一律禁止使用。

(4) 钢筋丝头要在专用钢筋螺纹套丝机上进行。

(5) 钢筋丝头长度公差应为0～2.0p(p为螺距)。

(6) 加工工人应逐个目测检查丝头的加工质量，每加工10个丝头使用环规检查一次，并剔除不合格丝头。

(7) 钢筋丝头宜满足6f级精度要求，使用专用直螺纹量规检验，通规能顺利旋入并达到要求的拧入长度，止规旋入不得超过3p。抽检数量10%，检验合格率不应小于95%。

4. 镦粗直螺纹连接施工要求

(1) 连接前的准备：钢筋连接前，先回收丝头上的塑料保护帽和套筒端部的塑料保护塞，并检查钢筋规格是否和连接套筒一致，检查螺纹丝扣是否完好无损、清洁。如发现杂物或锈蚀要用铁刷清理干净。

(2) 标准丝头型接头的连接：把装好连接套筒一端钢筋拧到被连接钢筋上，然后用扳手拧紧钢筋，使两根钢筋相对顶紧，使套筒两端外露的丝头不超过1个完整扣，连接即告完成，随即画上标记。

(3) 加长丝头型接头的连接：先将锁紧螺母及标准套筒按顺序全部拧在加长丝头钢筋一侧，将待接钢筋的标准丝头靠紧后，再将套筒拧回到标准丝头一侧，并用扳手拧紧，再将锁紧螺母与标准套筒拧紧锁定，连接即告完成。

6.3.3 套筒冷挤压连接施工

1. 连接钢筋范围

该技术可连接国产400MPa级、500MPa级高强钢筋、焊接性能差的带肋钢筋以及与国产钢筋相当的进口钢筋。在直径12～50mm范围内相同直径或直径相差不超过两个级别的异径带肋钢筋任意方向均能实现连接。

2. 施工工艺流程

钢套筒与钢筋试套→用测深尺划线标记插入套筒深度→钢筋插入钢套筒→开动液压泵从套筒中间逐扣压接套筒至接头成型→最后进行压痕直径和压痕宽度检验验收。

3. 挤压技术要求

(1) 必须用测深尺在钢筋端头用油漆做定位标志和检查标志，定位标志即钢筋插入套筒的长度，检查标志距定位标志15mm，用来检查压接后钢筋是否插到位。

(2) 挤压时挤压机与钢筋轴线应保持垂直。

(3) 挤压应从套筒中央开始，并依次向两端挤压。

(4) 冷压接头的压接一般宜分两次进行。第一次先将套筒一半套入一根被连接钢筋，压接半个接头，然后在施工现场再压接另半个接头。

(5) 挤压后的接头弯折不得大于4°。

(6) 挤压后的套筒不得有肉眼可见的裂缝。

4. 施工安全要求

(1) 压接作业时，定型挡板应与压接器卡住。

(2) 高空作业时，模具与压接器应采用钢丝绳连接，以防止模具拆装时掉落，压接器应系保险绳以防坠落伤人。

(3) 挤压设备为超高压液压机械，作业时操作人员应避开高压软管反弹方向。高压软管避免负重拖拉、弯折、锐器划伤或重物挤压，当发现高压软管起鼓时，应及时更换，严禁带压拆卸高压软管。

(4) 操作人员在压接时应在压接器的侧面操作，头部应避开模具压接的正上方，上压时，严禁近距离俯视模具。

(5) 进入施工现场的设备必须接地，雨天设备的电器装置要有防雨措施。非维修人员不得打开电器箱。

(6) 每次工作前，必须将高压软管接头的螺纹拧紧，防止因螺纹过松导致油管接头崩开伤人。

(7) 施工前，必须对每一位操作人员进行认真的培训，并经考核合格后方能上岗操作。

6.3.4 锥螺纹连接施工

1. 连接钢筋范围

该技术可连接国产400MPa级、500MPa级高强钢筋、焊接性能差的带肋钢筋以及与国产钢筋相当的进口钢筋。在直径12～40mm范围内相同直径或异径带肋钢筋任意方向均能实现连接。

2. 施工工艺流程

钢筋切断→加工锥螺纹→丝头检验→连接施工→力矩扳手拧紧→外观和力矩检验验收。

3. 锥螺纹加工技术要求

(1) 钢筋套丝时，须用水溶性切削冷却润滑液冷却，不得用机油润滑或不加润滑液套丝。

(2) 套丝过程中必须用钢筋接头厂家提供的牙型规、环规按标准要求检查套丝质量。要求牙形与牙型规吻合。

(3) 钢筋丝头长度应满足设计要求，使拧紧后的钢筋丝头不得相互接触，丝头加工长度公差应为$-0.5 \sim -1.5p$；

(4) 钢筋丝头的锥度和螺距应使用专用锥螺纹量规检验；抽检数量10%，检验合格率不应小于95%。

4. 锥螺纹连接施工要求

(1) 钢筋与连接套的规格应一致，施工完成的接头应无完整丝扣外露。

(2) 用力矩扳手施工时应均匀加力、防止用力不均匀致使没达到规定力矩值但力矩扳手即发出“卡塔”声造成的假性拧紧。

(3) 安装好的接头必须作上标记，避免重复或遗漏拧紧接头，同时作好施工记录。

6.4 高强钢筋机械连接质量控制与验收

6.4.1 高强钢筋机械连接接头设计原则

钢筋机械连接接头是按性能等级要求进行设计的，既要满足该性能等级的强度要求，又要满足变形性能要求。在大量工程应用中往往人们只关注强度指标，对变形要求放松。设计连接件时，其屈服承载力和抗拉承载力的标准值不应小于被连接钢筋的屈服承载力和抗拉承载力标准值的1.10倍，当不同钢筋直径连接时，按较小钢筋直径计算。套筒的横截面积应不小于屈服承载力计算横截面积和抗拉承载力计算横截面积的较大者。套筒长度设计应根据连接工艺和强度要求两部分确定，其中强度所需最小长度应由试验确定，考虑到各种不利因素后适当增加，作为连接安全度的储备。

6.4.2 钢筋机械连接接头性能要求

在钢筋机械连接中，刚度和残余变形是接头的重要性能指标。刚度是接头受力时呈现出来的抗变形能力大小的一种性能；残余变形是接头受力后被连接钢筋之间残留的滑动量。刚度、残余变形与钢筋混凝土结构的裂纹展开有很大的关系，刚度还与地震时构建吸收能量和载荷重新分布有关。钢筋机械连接的刚度除了与接头各组成部分的形状(刚度)有关外，还与各部分之间的紧密结合程度、各部分之间的预应力状况以及载荷大小有关。随着机械连接接头承受载荷的增大，其刚度将逐渐变小，因此在表示机械连接接头的刚度时一般用割线模量，而不用弹性模量。用割线模量表示刚度时，必须指明在多大应力水平下的割线模量。钢筋机械连接各部分之间只是以点、线或面向接触，并存在预应力，在荷载作用下接头处于高应力区部分将产生弹塑性变形，卸载后接头间出现残余变形。大量试验证明割线模量与残余变形存在一定的非线性关系，因此在《钢筋机械连接技术规程》JGJ 107—2010中，评定钢筋机械连接接头的性能用强度、最大力总伸长率、残余变形三项指标。接头单向拉伸时的强度和变形是接头的基本性能。高应力反复拉压性能反映接头在风荷载及小地震情况下承受高应力反复拉压的能力。大变形反复拉压性能则反映结构在强烈地震情况下钢筋进入塑性变形阶段接头的受力性能。上述三项性能是进行接头型式检验时必须进行的检验项目。而抗疲劳性能则是根据接头应用场合有选择性的试验项目。

钢筋机械连接接头的型式较多，受力性能也有差异，根据接头的受力性能将其分为若干等级。接头根据抗拉强度、残余变形以及高应力和大变形条件下反复拉压性能的差异，分为三个性能等级：

Ⅰ级：接头抗拉强度等于被连接钢筋的实际拉断强度或不小于 1.10 倍钢筋抗拉强度标准值，残余变形小并具有高延性及反复拉压性能。

Ⅱ级：接头抗拉强度不小于被连接钢筋抗拉强度标准值，残余变形较小并具有高延性及反复拉压性能。

Ⅲ级：接头抗拉强度不小于被连接钢筋屈服强度标准值的 1.25 倍，残余变形较小并具有一定的延性及反复拉压性能。

1. 接头抗拉强度要求

接头抗拉强度要求应符合表 6-1 的规定。

接头的抗拉强度 **表 6-1**

接头等级	Ⅰ级	Ⅱ级	Ⅲ级
抗拉强度	$f_{mst}^{o} \geq f_{stk}$ 断于钢筋或 $f_{mst}^{o} \geq 1.10 f_{stk}$ 断于接头	$f_{mst}^{o} \geq f_{stk}$	$f_{mst}^{o} \geq 1.25 f_{yk}$

注：本表摘自《钢筋机械连接技术规程》JGJ 107—2010 的表 3.0.5。

Ⅰ级、Ⅱ级、Ⅲ级接头应能经受规定的高应力和大变形反复拉压循环，且在经历拉压循环后，其抗拉强度仍应符合表 6-1 的规定。

2. 接头的变形性能要求

Ⅰ级、Ⅱ级、Ⅲ级接头的变形性能应符合表 6-2 的规定。

接头的变形性能 **表 6-2**

接头等级		Ⅰ级	Ⅱ级	Ⅲ级
单向拉伸	残余变形(mm)	$u_0 \leq 0.10$ ($d \leq 32$) $u_0 \leq 0.14$ ($d > 32$)	$u_0 \leq 0.14$ ($d \leq 32$) $u_0 \leq 0.16$ ($d > 32$)	$u_0 \leq 0.14$ ($d \leq 32$) $u_0 \leq 0.16$ ($d > 32$)
	最大力总伸长率(%)	$A_{sgt} \geq 6.0$	$A_{sgt} \geq 6.0$	$A_{sgt} \geq 3.0$
高应力反复拉压	残余变形(mm)	$u_{20} \leq 0.3$	$u_{20} \leq 0.3$	$u_{20} \leq 0.3$
大变形反复拉压	残余变形(mm)	$u_4 \leq 0.3$ 且 $u_8 \leq 0.6$	$u_4 \leq 0.3$ 且 $u_8 \leq 0.6$	$u_4 \leq 0.6$

注：本表摘自《钢筋机械连接技术规程》JGJ 107—2010 的表 3.0.7。

对直接承受动力荷载的结构构件，应由设计单位根据钢筋应力变化幅度提出接头的抗疲劳性能要求。

根据结构的重要性、接头在结构中所处位置、接头百分率等不同，应合理选用接头类型，例如，在混凝土结构高应力部位的同一连接区段内必须实施 100%钢筋接头的连接时，应采用Ⅰ级接头；实施 50%钢筋接头的连接时，宜优先采用Ⅱ级接头；混凝土结构中钢筋应力较高但对接头延性要求不高的部位，可采用Ⅲ级接头。分级后也有利于降低套筒材料消耗和接头成本，取得更好的技术经济效益；分级后还有利于施工现场接头抽检不合格时，可按不同等级接头的应用部位和接头百分率限制确定是否降级处理。

6.4.3 钢筋机械连接接头应用

混凝土结构中要求充分发挥钢筋强度或对延性要求高的部位应优先选用Ⅱ级接头；当

在同一连接区段内必须实施100%钢筋接头的连接时，应采用Ⅰ级接头；钢筋应力较高但对延性要求不高的部位可采用Ⅲ级接头。

接头宜设置在结构构件受拉钢筋应力较小部位，当需要在高应力部位设置接头时，在同一连接区段内Ⅲ级接头的接头百分率不应大于25%；Ⅱ级接头的接头百分率不应大于50%；Ⅰ级接头的接头百分率除有抗震设防要求的框架的梁端、柱端箍筋加密区外可不受限制。

接头宜避开有抗震设防要求的框架的梁端、柱端箍筋加密区；当无法避开时，应采用Ⅱ级接头或Ⅰ级接头，且接头百分率不应大于50%；受拉钢筋应力较小部位或纵向受压钢筋，接头百分率可不受限制；对直接承受动力荷载的结构构件，接头百分率不应大于50%。

当对具有钢筋接头的构件进行试验并取得可靠数据时，接头的应用范围可根据工程实际情况进行调整。

6.4.4 钢筋机械连接接头加工与安装

加工钢筋接头的操作工人应经专业技术人员培训合格后才能上岗，人员应相对稳定；钢筋接头的加工应经工艺检验合格后方可进行。

直螺纹接头的钢筋端部应切平或镦平后加工螺纹；镦粗头不得有与钢筋轴线相垂直的横向裂纹；钢筋丝头长度应满足企业标准中产品设计要求，公差应为0～2.0p(p为螺距)；钢筋丝头宜满足6f级精度要求，应用专用直螺纹量规检验，通规能顺利旋入并达到要求的拧入长度，止规旋入不得超过3p；抽检数量10%，检验合格率不应小于95%。

锥螺纹接头的钢筋端部不得有影响螺纹加工的局部弯曲；钢筋丝头长度应满足设计要求，使拧紧后的钢筋丝头不得相互接触，丝头加工长度公差应为－0.5p～－1.5p；钢筋丝头的锥度和螺距应使用专用锥螺纹量规检验；抽检数量10%，检验合格率不应小于95%。

直螺纹钢筋接头安装时可用管钳扳手拧紧，应使钢筋丝头在套筒中央位置相互顶紧；标准型接头安装后的外露螺纹不宜超过2p；安装后应用扭力扳手校核拧紧扭矩；校核用扭力扳手的准确度级别可选用10级。

直螺纹接头安装时的最小拧紧扭矩值应符合表6-3规定。

直螺纹接头最小拧紧扭矩表 **表6-3**

钢筋直径(mm)	≤16	18～20	22～25	28～32	36～40
拧紧扭矩(N·m)	100	200	260	320	360

注：本表摘自《钢筋机械连接技术规程》JGJ 107—2010的表6.2.1。

锥螺纹接头安装时应严格保证钢筋与连接套的规格相一致；使用扭力扳手拧紧，拧紧扭矩值应符合表6-4的规定。

锥螺纹接头最小拧紧扭矩表 **表6-4**

钢筋直径(mm)	≤16	18～20	22～25	28～32	36～40
拧紧扭矩(N·m)	100	180	240	300	360

注：本表摘自《钢筋机械连接技术规程》JGJ 107—2010的表6.2.2。

校核用扭力扳手与安装用扭力扳手应区分使用，校核用扭力扳手应每年校核一次，准确度级别应选用 5 级。

挤压接头钢筋端部不得有局部弯曲，不得有严重锈蚀和附着物；钢筋端部应有检查插入套筒深度的明显标记，钢筋端头离套筒长度中点不宜超过 10mm；挤压应从套筒中央开始，依次向两端挤压，压痕直径的波动范围应控制在供应商认定的允许波动范围内，并提供专用量规进行检验；挤压后的套筒不得有肉眼可见裂纹。

6.4.5 钢筋机械连接接头型式检验

在下列情况时应进行型式检验：

(1) 确定接头性能等级时；

(2) 材料、工艺、规格进行改动时；

(3) 型式检验报告超过 4 年时。

对每种型式、级别、规格、材料、工艺的钢筋机械连接接头，型式检验试件不应少于 9 个，单向拉伸试件不应少于 3 个，高应力反复拉压试件不应少于 3 个，大变形反复拉压试件不应少于 3 个。同时应另取 3 根钢筋试件做抗拉强度试验。全部试件均应在同一根钢筋上截取。

用于型式检验的直螺纹或锥螺纹接头试件应散件送达检验单位，由型式检验单位或在其监督下由接头技术提供单位按《钢筋机械连接技术规程》JGJ 107—2010 规定的拧紧扭矩进行装配，拧紧扭矩值应记录在检验报告中，型式检验试件必须采用未经过预拉的试件。

6.4.6 钢筋机械连接接头施工检验

工程中应用钢筋机械接头时，应由该技术提供单位提交有效的型式检验报告。

钢筋连接工程开始前，应对不同钢筋生产厂的进场钢筋进行接头工艺检验；施工过程中，更换钢筋生产厂时，应补充进行工艺检验。工艺检验应符合下列规定：

(1) 每种规格钢筋的接头试件不应少于 3 根；

(2) 每根试件的抗拉强度和 3 根接头试件的残余变形的平均值均应符合《钢筋机械连接技术规程》JGJ 107—2010 规定。

现场检验应按《钢筋机械连接技术规程》JGJ 107—2010 规定进行接头的抗拉强度试验，加工和安装质量检验；对接头有特殊要求的结构，应在设计图纸中另行注明相应的检验项目。

接头的现场检验应按验收批进行。同一施工条件下采用同一批材料的同等级、同型式、同规格接头，应以 500 个为一个验收批进行检验与验收，不足 500 个也应作为一个验收批。

螺纹接头安装后按验收批抽取其中 10%的接头进行拧紧扭矩校核，拧紧扭矩值不合格数超过被校核接头数的 5%时，应重新拧紧全部接头，直到合格为止。

对接头的每一验收批，必须在工程结构中随机截取 3 个接头试件作抗拉强度试验，按设计要求的接头等级进行评定。当 3 个接头试件的抗拉强度均符合《钢筋机械连接技术规程》JGJ 107—2010 表 3.0.5 中相应等级的强度要求时，该验收批应评为合格。如有 1 个试件的抗拉强度不符合要求，应再取 6 个试件进行复检。复检中如仍有 1 个试件的抗拉强度不符合要求，则该验收批应评为不合格。

现场检验连续 10 个验收批抽样试件抗拉强度试验一次合格率为 100%时，验收批接头数量可扩大 1 倍。

现场截取抽样试件后，原接头位置的钢筋可采用同等规格的钢筋进行搭接连接，或采用焊接及机械连接方法补接。

对抽检不合格的接头验收批，应由建设方会同设计等有关方面研究后提出处理方案。

6.5 套筒加工与质量控制

6.5.1 套筒分类

连接套筒是钢筋机械连接接头的关键连接件，根据《钢筋机械连接技术规程》规定：接头的设计应满足强度及变形性能的要求，接头连接件的屈服承载力和抗拉承载力的标准值应不小于被连接钢筋的屈服承载力和抗拉承载力标准值的 1.10 倍。目前我国钢筋机械连接套筒主要有：冷挤压连接套筒、锥螺纹连接套筒、滚轧直螺纹连接套筒、剥肋滚轧直螺纹套筒、镦粗直螺纹连接套筒、分体套筒和灌浆连接套筒。按照同、异径连接方式分为同径连接套筒、异径连接套筒和复合连接套筒，按照套筒长短分为短套筒、标准套筒和加长套筒。常用套筒如图 6-21 所示。

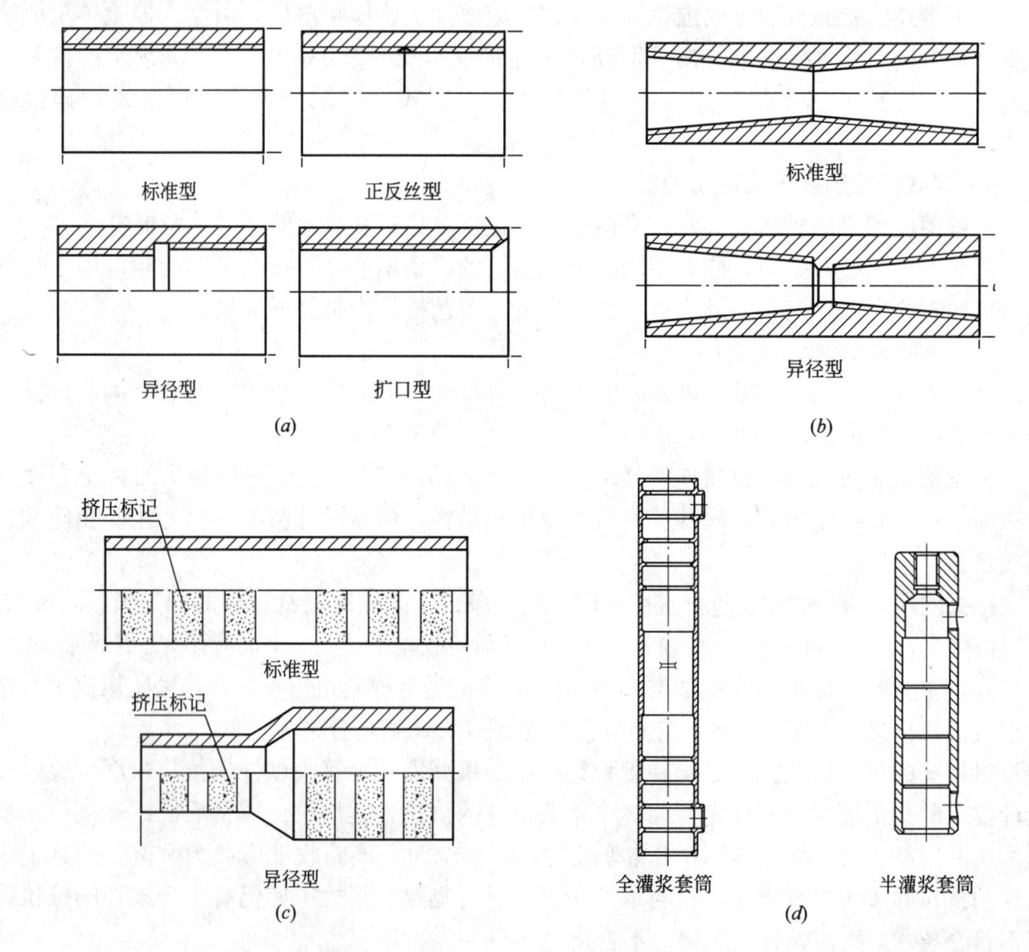

图 6-21 套筒示意图

(a)直螺纹套筒；(b)锥螺纹套筒；(c)冷挤压连接套筒；(d)灌浆套筒

6.5.2 套筒材料

1. 直螺纹和锥螺纹套筒

套筒原材料宜采用牌号为45号的圆钢、结构用无缝钢管，其外观及力学性能应符合GB/T 699、GB/T 8162、GB/T 17395的规定。套筒原材料可选用经型式检验证明能够符合接头性能规定的其他钢材。套筒原材料采用45号钢冷拔或冷轧精密无缝钢管时，应进行退火处理，并应符合GB/T 3639的相关规定，其抗拉强度不应大于800MPa，断后伸长率δ_5不宜小于14%。冷拔或冷轧精密无缝钢管的原材料应采用牌号为45号管环钢，并符合YB/T 5222的规定。采用各类冷加工工艺成型的套筒，宜进行退火处理，且不得利用冷加工提高的强度。需要与型钢等钢材焊接的套筒，其原材料应满足可焊性的要求。

2. 冷挤压套筒

套筒的材料应根据被连接钢筋的强度级别选用适合压延加工的钢材，宜选用牌号为10号、20号的优质碳素结构钢或牌号为Q235、Q275的碳素结构钢。挤压套筒原材料的力学性能要求见表6-5。

冷挤压材料力学性能表　　表6-5

项目	性能指标
屈服强度，MPa	205～350
抗拉强度，MPa	335～500
断后伸长率σ_s，%	≥20
硬度，HRBW	50～80

3. 灌浆套筒

套筒采用铸造工艺制造时宜选用球墨铸铁，采用机械加工工艺制造时宜选用优质碳素结构钢、低合金高强度结构钢、合金结构钢或其他经过型式检验确定符合要求的钢材。球墨铸铁灌浆套筒材料性能见表6-6。

球墨铸铁灌浆套筒材料力学性能表　　表6-6

项目	性能指标
抗拉强度，MPa	≥550
延伸率，%	≥5
球化率，%	≥85
硬度，HBW	180～250

钢制灌浆套筒材料性能见表6-7。

钢制套筒材料力学性能表　　表6-7

项目	性能指标
屈服强度，MPa	≥355
抗拉强度，MPa	≥600
延伸率，%	≥16

6.5.3 套筒尺寸公差

1. 圆柱形直螺纹套筒

圆柱形直螺纹套筒的尺寸公差见表6-8。

直螺纹套筒尺寸公差表(单位:mm)　　**表6-8**

外径(D)允许偏差		螺纹公差	长度允许偏差
加工表面	非加工表面		
±0.50	$20<D\leqslant30$，±0.5； $30<D\leqslant50$，±0.6； $D>50$，±0.80	应满足GB/T 197中6H的要求	±1.0

2. 标准型挤压套筒

标准型挤压套筒尺寸公差见表6-9。

挤压套筒尺寸公差表(单位:mm)　　**表6-9**

套筒外径 D	外径允许偏差	壁厚 t 允许偏差	长度允许偏差
$\leqslant50$	±0.5	+0.12t −0.10t	±2.0
>50	±0.01D	+0.12t −0.10t	±2.0

3. 灌浆套筒

灌浆套筒的尺寸公差见表6-10。

灌浆套筒尺寸公差表(单位:mm)　　**表6-10**

序号	项目	套筒尺寸偏差					
		铸造套筒			机械加工套筒		
		12～20	22～32	36～40	12～20	22～32	36～40
1	外径允许偏差	±0.8	±1.0	±1.5	±0.4	±0.5	±0.8
2	壁厚允许偏差	±0.8	±1.0	±1.2	±0.5	±0.6	±0.8
3	长度允许偏差	±(0.01×L)			±2.0		
4	锚固段环形突起部分的内径允许偏差	±1.5			±1.0		
5	锚固段环形突起部分的内径最小尺寸与钢筋公称直径差值	≥10			≥10		
6	直螺纹精度	—			GB/T 197中6H级		

4. 锥螺纹套筒

锥螺纹套筒的尺寸公差见表6-11。

锥螺纹套筒尺寸公差表(单位:mm)　　**表6-11**

外径 D 允许偏差		长度允许偏差
$D\leqslant50$	±0.50	±1.0
$D>50$	±0.80	

6.5.4 套筒质量检验

1. 套筒检验分类

套筒检验分出厂检验和型式检验。套筒出厂检验项目包括强度检验和外观尺寸检验，套筒的型式检验用套筒和钢筋连接后的钢筋接头试件进行。

2. 套筒抗拉强度检验

套筒的抗拉强度检验可采用带内螺纹的高强度工具杆与套筒旋合后进行抗拉强度检验。以连续生产的同原材料、同类型、同规格、同批号为一个验收批，每批随机抽取3个套筒进行抗拉强度检验。当3个试件均满足规定时，该验收批应评为合格，当有1个试件不符合规定时，应随机再抽取6个试件进行抗拉强度试验复检，当复检的试件全部合格时，可评定该验收批为合格；复检中如仍有1个试件的抗拉强度不符合规定，则试验收批应评为不合格。

3. 套筒外观、标识、尺寸、公差和螺纹检验

以连续生产的同原材料、同类型、同规格、同批号的1000个或少于1000个套筒为一个验收批，随机抽取10%进行检验；套筒尺寸、螺纹、公差应满足设计规定。合格率不低于95%时，应评为该验收批合格；当合格率低于95%时，应另取双倍数量重做检验，当加倍抽检后的合格率不低于95%时，应评定该验收批合格，若仍小于95%时，该验收批应逐个检验，合格者方可出厂。当连续十个验收批一次抽检均合格时，验收批抽检比例可由原10%减为5%。

4. 套筒型式检验

(1) 套筒的型式检验用套筒和钢筋连接后的钢筋接头试件进行。

(2) 在下列情况下进行型式检验：

① 套筒产品定型时；

② 套筒材料、工艺、规格进行改动时；

③ 型式检验报告超过4年时。

(3) 型式检验的项目、数量、检验方法和判定依据应符合《钢筋机械连接技术规程》JGJ 107的规定。

本章参考文献

[1] JGJ 107—2010. 钢筋机械连接技术规程.

[2] 徐瑞榕等. 钢筋机械连接用套筒. 报批稿.

[3] JG/T 398—2012. 钢筋连接用灌浆套筒.

第7章　高强钢筋工程监理

7.1　高强钢筋监理工作内容及程序

7.1.1　高强钢筋监理工作内容

1. 施工准备阶段

(1) 阅读图纸，设计交底。监理人员应全面理解节点构造、高强钢筋安装要求，特别是对应的锚固技术，以及连接方式的限制(如焊接技术的限制使用)等，为高强钢筋质量控制做好准备；

(2) 施工组织设计(专项方案)审查。应结合施工设备和材料供应等条件，重点审查钢筋连接方式、锚固搭接长度、重要部位的钢筋配置等主要技术组织措施是否具有针对性、施工程序是否合理、是否安全有效；施工要求是否明确，并提出审查意见或建议，经完善后进行审批；

(3) 工程检验批的划分审批。应根据工程特点制定高强钢筋工程监理控制重点和监理控制实施细则；

(4) 高强钢筋原材料进场检查。在进行外观质量及质保资料的检查和材料取样复试见证工作的同时，根据高强钢筋应用的主要规格和主要用途，进行监理平行检测，检查其称重、力学性能及抗震性能是否符合设计及规范要求；

(5) 采用成型钢筋的，对成型钢筋厂家的设备、生产能力，尤其是对高强钢筋成型加工的质量控制能力进行考察，确保其能满足工程的需要；

(6) 施工机械、设备的质量控制。对高强钢筋加工机械，如钢筋调直机、弯曲机、直螺纹加工机械，应根据质量要求和现场条件，对设备的选型、设备的机械性能进行审查并提出监理意见。

2. 施工阶段

(1) 对加工企业的成型钢筋加工质量进行抽查，在成型钢筋进场时应检查其加工合格证、复试报告及外观质量；

(2) 对现场高强钢筋加工进行巡视检查，重点是设备工作状态和加工质量；

(3) 对高强钢筋安装过程进行巡视检查，重点是钢筋连接件位置、连接质量，进行连接件的见证取样和监理平行检测工作；

(4) 对关键节点的高强钢筋的安装进行监理旁站，检查钢筋的安装是否符合设计及规范要求；

(5) 运用各种监理指令，对监理巡视、旁站、验收中发现的违反规范和设计要求的行为，及时向施工单位负责人提出口头或书面整改通知，要求施工单位整改，并检查整改结果。

3. 质量验收阶段

(1) 高强钢筋工程的隐蔽验收及钢筋工程检验批验收，重点验收节点构造、钢筋连接件质量等，合格后在验收记录上签证；

(2) 组织分项工程验收，合格后签署分项工程质量验收记录；

(3) 督促和审查施工单位资料整理情况，并提出质量保证资料核查意见。

7.1.2 高强钢筋监理工作程序

如图 7-1 所示。

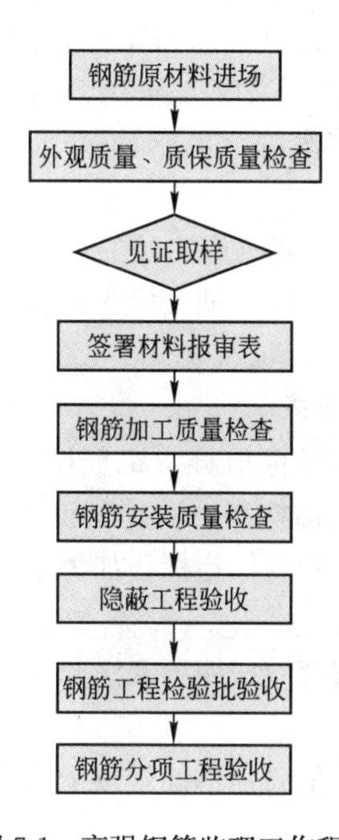

图 7-1 高强钢筋监理工作程序

7.2 高强钢筋的进场检验与质量控制

7.2.1 高强钢筋供应商的审核

监理应配合建设单位，或施工单位对供应厂商的资质、生产能力、工程业绩等进行综合考察。

1. 高强钢筋供应商市场准入条件审核

(1) 核查《全国工业产品生产许可证》，《生产许可证》由国家质量监督检验检疫总局颁发，其有效期一般不超过 5 年；

(2) 检查其地方备案情况。

2. 高强钢筋合格供应商内控审核

(1) 施工总包单位应建立健全高强钢筋的合格供应商名单，所属项目部应在合格供应商名单中选择所用材料供应商。监理应要求总包单位的项目部及时报送其公司合格供应商名录；

(2) 地方政府建立钢筋合格供应商名录的，工程采用的钢筋应在名录中选用。

7.2.2 高强钢筋原材料外观质量控制要点

高强钢筋原材料进场时，监理应从每批钢筋中抽取5%进行外观检查，外观质量要求可参阅本书第5章第5.1.2节钢筋的进场检验的相关内容。

7.2.3 高强钢筋质保资料检查要求

高强钢筋进场时，监理应核查高强钢筋质保资料，包括产品质量证明书、钢筋吊牌、标识等，监理应做好以下检查工作：

(1) 核验高强钢筋产品质量证明书，其字迹必须清楚并具有质量证明书编号、生产企业名称、用户单位名称、生产企业地址、联系电话；产品出厂检验指标(包括检验项目、标准指标值、实测值)；同时质量保证书应加盖生产单位公章或检验专用章。

(2) 监理应认真核查高强钢筋吊牌上的钢筋产地、炉批号、规格是否与质量证明书相符。

(3) 材料使用现场的产品质量证明书应当是原件；复印件须注明买受人名称、供应数量、原件保存单位、复印人签字、复印日期及施工单位项目章，及供货单位公章、责任人签名、送货日期、联系方式。

7.2.4 高强钢筋原材料取样检测要求

高强钢筋进场时，监理应进行见证取样，钢筋试样应在外观及尺寸合格的钢筋上切取，并将试样送具备资质的检测机构检测，监理见证人员必须监督取样、送样的全过程。收到复试报告后应认真比对报告中的复试指标，如力学性能、钢筋称重等，符合要求的方可签署钢筋原材料报审表。

对有平行检测要求的项目，监理应按照国家法律法规和合同要求取样进行监理平行检测复试。

在使用过程中发现异样，特别是高强钢筋焊接中出现异常情况应要求施工单位进行高强钢筋化学成分分析的复试。

7.2.5 高强钢筋抗震性能检测要求

对有抗震要求的高强钢筋，应核对钢筋力学性能检测报告进行复核，应满足以下要求：

(1) 抗拉强度实测值与屈服强度实测值的比值不应小于1.25；

(2) 屈服强度实测值与强度标准值的比值不应大于1.3；

(3) 钢筋的最大力总伸长率不小于9%。

7.2.6 进场堆放及产品保护控制要点

(1) 钢筋堆放地的地面用C10混凝土(厚度100mm)硬化，表面平整度要好；

(2) 钢筋堆放要进行挂牌，标明该建材生产企业名称、使用部位、规格、牌号、进场日期、数量及所处检测状态和检测结果(“合格”、“不合格”、“在检”、“待检”等产品质量状态)等事项，施工单位应有专人管理建筑材料收货和发料；

(3) 应按不同的品种、规格分别堆放。在条件允许的情况下，建筑钢材应尽可能存放在库房或料棚内，若采用露天存放，则料场应选择地势较高而又平坦的地面，经平整、夯实、预设排水沟道、安排好垛底后方能使用；

(4) 为避免因潮湿环境而引起的钢材表面锈蚀现象，在雨雪季节要用防雨材料覆盖。

7.2.7 钢筋原材料报审与台账

1. 钢筋原材料报审

钢筋原材料进场后施工单位应填写《工程材料/构配件/设备报审表》，进行钢筋原材料使用报审，报审表上应将材料数量、规格、拟使用部位、牌号等内容填写清楚，并将质保资料作为附件报审，包括生产厂家生产许可证、材料质保书、复试报告等。监理在收到复试报告，并审核符合要求后签署报审表，同意材料进场使用。

2. 钢筋原材料台账

钢筋原材料进场后监理单位应建立钢筋原材料台账，台账应包括钢筋规格、数量、使用部位、生产厂家、进场日期、取样日期、质保单编号、见证人、试验报告编号、试验结果等内容。

7.3 高强钢筋专业加工的监理

7.3.1 成型钢筋委托加工监理控制要点

1. 成型钢筋厂家的选择

监理应参与高强成型钢筋加工厂的考察，审核成型钢筋加工厂的资质，了解成型钢筋加工厂信誉情况，并对其设备设施、管理制度、质保体系及相关人员持证情况进行检查。

2. 成型钢筋加工监理控制要点

(1) 高强成型钢筋加工过程中监理应采取抽查的方式对成型加工厂进行检查，检查的内容包括：

① 原材料的外观质量、质量证明文件及复试报告；

② 调直过程中冷拉率的控制，调直后的钢筋外观质量及钢筋直径；

③ 接头加工质量，如直螺纹的接头钢筋端部是否正直，丝牙数量等；

④ 成型后钢筋的几何尺寸，如钢筋长度、弯钩长度、角度等。

(2) 成型钢筋加工厂内不同工程项目、不同规格的原材料应分区堆放并张挂标牌；

(3) 必要时采取高强成型钢筋加工的驻场监理工作。

3. 高强成型钢筋进场监理控制要点

(1) 高强成型钢筋进场时，除检查原材料的质保书、送货单、送检材料台账及相关复试报告外，还应检查成型钢筋质量合格证。

(2) 进入现场的成型钢筋须进行外形尺寸、受力钢筋弯起外形尺寸、弯起钢筋终点锚固长度验收，其质量应符合行业标准《混凝土结构用成型钢筋》JG/T 226 的规定。

(3) 进场时检查钢筋接头的保护措施，避免雨淋沾污、或遭受机械损伤；

(4) 对进场的成型钢筋按规定见证取样，进行重量偏差和力学性能的检测，发现复试不合格应责成施工单位全数退货。

7.3.2 高强钢筋现场加工监理控制要点

1. 钢筋调直监理控制要点

高强钢筋调直普遍使用慢速卷扬机拉直，也可用调直机调直。

高强钢筋调直普遍使用调直机调直，也可用慢速卷扬机拉直。

(1) 调直后的高强钢筋应平直，无局部曲折。

(2) 不得采用冷拉方法提高强度。

(3) 高强钢筋宜采用无延伸功能的机械设备进行调直，也可采用冷拉方法调直。当采用冷拉方法调直时，HRB400、HRB500、HRBF400、HRBF500 及 RRB400 带肋钢筋的冷拉率不宜大于 1%。

(4) 高强调直钢筋进场时应检查其调直钢筋质保书，并附原盘卷钢筋的质保书。

(5) 如进行现场钢筋调直，应在钢筋调直后进行重量偏差和力学性能复试，检验批次和检验项目应符合相关标准规定。

2. 钢筋切断监理控制要点

钢筋切断机分机械式切断和液压式切断两种。机械式切断机为固定式，能切断 ϕ40mm 钢筋；液压式切断机为移动式，便于现场流动使用，能切断 ϕ32mm 以下的钢筋。

(1) 钢筋切断应在工作台上标出尺寸刻度并设置控制断料尺寸用的挡板。切断过程中如发现劈裂、缩头或严重的弯头等必须切除。

(2) 短料切断时，应将钢筋套在钢管内送料，防止发生人身或设备安全事故。

(3) 切断后的钢筋断口不得有马蹄形或起弯等现象；钢筋长度偏差应小于±10mm。

3. 钢筋弯曲、成型监理控制要点

钢筋的弯曲成型是钢筋加工中的一道主要工序，宜用弯曲机进行。

(1) 对高强钢筋的弯曲加工，钢筋末端需作 90°或者 135°弯钩时，弯弧内径 D 不宜小于 $4d$，弯后平直段长度应按设计要求确定；

(2) 当作不大于 90°弯折时弯弧内径 D 不宜小于 $5d$；

(3) 箍筋的末端应作弯钩，弯钩形式应符合设计要求，当无具体要求时，应符合以下规定：

① 箍筋弯钩的弯弧内径 D 除不宜小于钢筋直径 $4d$ 外，尚应不小于受力钢筋直径；

② 对一般结构，箍筋弯钩的弯折角度不应小于 90°，对有抗震等要求的结构，应为 135°；

③ 对一般结构，箍筋弯后平直部分长度不宜小于箍筋直径的 5 倍，对有抗震等要求的结构，不应小于箍筋直径的 10 倍。

7.4 高强钢筋连接技术的现场监理

目前高强钢筋采用微合金化、超细晶粒、余热处理三种不同工艺生产，不同工艺生产的高强度钢筋在绑扎连接、焊接、机械连接等连接方式的选择上不尽相同，可按表 7-1 进行选择：

高强钢筋连接方式的选择 **表 7-1**

生产工艺	机械连接	焊接	绑扎连接
微合金化(HRB)	适用	适用	适用
超细晶粒(HRBF)	适用	焊接工艺应经试验确定	适用
余热处理(RRB)	适用	慎用	适用

7.4.1 高强钢筋绑扎连接监理控制要点

高强钢筋进行绑扎连接时，监理应进行巡视检查，主要检查内容应包括钢筋绑扎搭接长度、绑扎质量、相邻纵向受力钢筋的绑扎搭接接头位置、绑扎搭接接头连接区段的长度、纵向受拉钢筋搭接接头面积百分率、纵向受力钢筋绑扎搭接接头的最小搭接长度、在梁或柱类构件的纵向受力钢筋搭接长度范围内的箍筋配置等，具体技术控制指标可参见本书第 5 章高强钢筋施工质量控制的相关内容。

7.4.2 高强钢筋焊接监理控制要点

高强钢筋进行焊接作业时，监理应进行巡视检查，并对焊接接头进行见证取样，必要时进行监理平行检测。

1. 高强钢筋焊接设备要求

焊接设备应定期进行维护、保养和检修，重要焊接结构生产前要进行试用。定期校验焊接设备上的电流表、电压表、气体流量计等各种仪表，保证生产时计量准确。

2. 高强钢筋焊接质量要点

(1) 高强钢筋焊接前应根据工程特点进行焊接工艺试验。

(2) 焊接人员应持有焊工操作证。

(3) 高强钢筋焊接用焊条或焊丝型号必须符合相应图纸或规范要求。

(4) 检查搭接焊钢筋焊接接头焊缝高度、宽度、长度要符合相关要求；焊缝表面应平顺，无裂纹、夹渣和较大焊瘤等缺陷。

(5) 检查钢筋闪光对焊的外观质量，焊接接头应无横向裂纹和烧伤、焊包均匀，焊接接头处弯折不大于 4°，钢筋轴线位移不大于 $0.1d$，且不大于 2mm。

(6) 检查框架柱、剪力墙暗柱的纵向钢筋电渣压力焊接质量，焊接部位焊包均匀，无裂纹和烧伤，焊接接头处的弯折应不大于 4°，钢筋轴线位移不大于 $0.1d$。

3. 高强钢筋焊接见证取样要点

接头的现场检验应按验收批进行。同一施工条件下采用同一批材料的同等级、同型式、同规格接头，应以 300 个或 600 个作为一个验收批进行检验与验收，不足 300 个或 600 个也作为一个验收批。对接头的每一验收批，必须在工程结构中随机截取 3 个接头试件作抗拉强度试验，按设计要求的接头等级进行评定。

7.4.3 高强钢筋机械连接监理控制要点

高强钢筋采用机械连接时，监理应对其型式检验报告、接头加工质量、接头连接质量等进行控制，包括以下内容。

1. 检查高强钢筋机械连接技术型式检验报告

参照《钢筋机械连接通用技术规程》JGJ 107—2010 中第 5 章及相关条文说明，接头型式检验报告有效期不超过 4 年。进行型式检验时对试件数量、合格标准按照技术规程进行。

2. 机械连接接头的工艺检验

钢筋接头的加工应在其加工工艺检验合格后方可进行，同时加工操作工人应经专业人员培训后持证上岗。

3. 套筒产品进场验收及检测

连接套筒应有出厂合格证，一般为低合金钢或优质碳素结构钢，其抗拉承载力标准值应不小于被连接钢筋受拉承载力标准值的1.0倍，套筒长为钢筋直径的二倍，套筒应有保护盖，保护盖上应注明套筒的规格。套筒在运输、储存过程中要防止锈蚀和沾污，套筒的尺寸偏差及精度要求见表7-2。

套筒的尺寸偏差及精度要求 **表7-2**

套筒直径 D(mm)	外径允许偏差(mm)	长度允许偏差(mm)	螺纹精度(mm)
≤50	±0.5	±0.5	6H/GB 197—2003
>50	±0.01D	±0.5	6H/GB 197—2003

4. 现场接头加工质量控制

(1) 螺纹接头加工端部应切平后再加工螺纹。

(2) 高强钢筋丝头的长度应满足工艺设计要求，丝头的旋入长度等应符合规范要求。

(3) 经检查合格的丝头应加以保护，在其端头加带保护帽或用套筒拧紧，按规格分类堆放整齐。

(4) 直螺纹接头加工的质量应符合表7-3的要求。

直螺纹接头加工的质量要求 **表7-3**

检验项目	量具名称	检验要求
螺纹牙型	目测、卡尺	牙型完整，螺纹大径低于中径的不完整丝扣累计长度不得超过两螺纹周长
丝头长度	卡尺、专用量规	标准套筒长度的1/2，其公差为$2p$(p为螺距)
螺纹直径	通端螺纹环规	能顺利旋入螺纹

5. 机械连接接头的取样检测控制要点

接头的现场检验应按验收批进行。同一施工条件下采用同一批材料的同等级、同型式、同规格接头，应以500个作为一个验收批进行检验与验收，不足500个也作为一个验收批。对接头的每一验收批，必须在工程结构中随机截取3个接头试件作抗拉强度试验，按设计要求的接头等级进行评定。

7.5 高强钢筋安装工程监理控制要点

7.5.1 高强钢筋安装通用控制要点

1. 钢筋工程一般要求

(1) 当钢筋的品种、级别或规格需作变更时，应办理设计变更文件。

(2) 在浇筑混凝土之前，应进行钢筋隐蔽工程验收，其内容包括：

① 纵向受力钢筋的品种、规格、数量、位置等；

② 钢筋的连接方式、接头位置、接头数量、接头面积百分率等；

③ 箍筋、横向钢筋的品种、规格、数量、间距等；

④ 预埋件的规格、数量、位置等。

(3) 检查钢筋保护层厚度、位置，垫块应按梅花形设置。

2. 高强钢筋安装监理控制要点

(1) 钢筋安装时，受力钢筋的品种、级别、规格和数量必须符合设计要求。

(2) 钢筋安装位置的偏差要求可参阅本书第5章高强钢筋施工质量控制的相关内容。检查数量：在同一检验批内，对梁、柱和独立基础，应抽查构件数量的10%，且不少于3件；对墙和板，应按有代表性的自然间抽查10%，且不少于3间；对大空间结构，墙可按相邻轴线间高度5m左右划分检查面，板可按纵、横轴线划分检查面，抽查10%，且均不少于3面。

(3) 纵向受力钢筋的连接方式应符合设计要求。

(4) 在施工现场，应按国家现行标准《钢筋机构连接通用技术规程》JGJ 107、《钢筋焊接及验收规程》JGJ 18的规定抽取钢筋机械连接接头、焊接接头试件做力学性能检验，其质量应符合有关规程的规定。

(5) 钢筋的接头宜设置在受力较小处。同一纵向受力钢筋不宜设置两个或两个以上接头。接头末端至钢筋弯起点的距离不应小于钢筋直径的10倍。

(6) 当受力钢筋采用机构连接接头或焊接接头时，设置在同一构件内的接头宜相互错开。

(7) 纵向受力钢筋机械连接接头及焊接接头连接区段的长度为35倍d(d为纵向受力钢筋的较大直径)且不小于500mm，凡接头中点位于该连接区段长度内的接头均属于同一连接区段。同一连接区段内，纵向受力钢筋机械连接及焊接的接头面积百分率为该区段内有接头的纵向受力钢筋截面面积与全部纵向受力钢筋截面面积的比值。

(8) 同一连接区段内，纵向受力钢筋的接头面积百分率应符合设计要求；当设计无具体要求时，应符合下列规定，且检查数量满足在同一检验批内，对梁、柱和独立基础，应抽查构件数量的10%，且不少于3件；对墙和板，应按有代表性的自然间抽查10%，且不少于3间；对大空间结构，墙可按相邻轴线间高度5m左右划分检查面，板可按纵横轴线划分检查面，抽查10%，且均不少于3面。

① 在受拉区不宜大于50%；

② 接头不宜设置在有抗震设防要求的框架梁端、柱端的箍筋加密区；当无法避开时，对等强度高质量机械连接接头，不应大于50%；

③ 直接承受动力荷载的结构构件中，不宜采用焊接接头；当采用机构连接接头时，不应大于50%。

7.5.2 基础钢筋安装控制要点

(1) 对受力筋的绑扎控制：如图纸没有规定绑扎要求时，如双向钢筋直径和间距一致时，短向筋应放在长向筋的上边；如间距不一致时，钢筋间距小的受力筋放在下边，如钢筋直径不一致，直径大的钢筋放在下边。

(2) 有弯钩的钢筋弯钩应向上，不要倒向一边，双层钢筋网的上层钢筋弯钩应朝向下。

(3) 钢筋网眼尺寸检查，以1m内检查钢筋数量和孔眼数。

(4) 钢筋网和绑扎，四周两行钢筋交叉点应每点扎牢，中间部分可间隔绑扎，双排主筋和钢筋，必须将全部钢筋相互交点扎牢。

(5) 无论何种连接形式，同一断面内的接头数不得超过50%。

(6) 为保证上下层钢筋位置的正确，在计算的基础上于两层钢筋网之间设置马凳、支架等。

(7) 墙、柱和接地钢筋要焊在底板钢筋时，只准点焊，不准用大电流烧伤或咬肉主筋。

7.5.3 柱钢筋安装控制要点

(1) 柱竖向钢筋的数量、规格和位置必须符合设计要求。

(2) 竖向钢筋的弯钩应朝向柱心，角部钢筋的弯钩平面与模板夹角为45°。

(3) 竖向钢筋接头位置应按设计要求设置，如设计无规定时，楼面上1.1m以内不准接头，同一断面接头不准超过50%。

(4) 箍筋的接头应交错排列垂直放置，箍筋转角处与竖向钢筋交叉点应扎牢，扎丝要相互成八字形绑扎。

(5) 端柱与剪力墙相接，其剪力墙的水平钢筋应包在柱受力筋的外面。

(6) 下层柱的竖向钢筋露出楼面部分，宜用工具或柱箍将其收进一个柱筋直径，以利上层柱的钢筋连接。

(7) 当上下层柱截面有变化时，其下层柱钢筋的露出部分，必须在绑扎梁钢筋之前，先行收分准确。

7.5.4 剪力墙钢筋安装控制要点

(1) 墙内竖向和水平钢筋应按设计要求布置，竖向筋必须垂直，水平筋心须平直，网眼尺寸按三孔尺量，不得超过允许偏差。

(2) 在暗柱、端柱处墙体水平钢筋应从柱主筋外弯拆锚固长度按设计要求和抗震规范规定。

(3) 墙上有门窗和预留洞孔时，按设计要求在墙内配加强钢筋，应按图纸位置、尺寸、数量监控。

(4) 严格监控剪力墙水平钢筋锚固长度，特别注意在拐角十字接点、墙端、连梁等部位钢筋的锚固长度必须符合设计要求及规范规定。

7.5.5 梁、板钢筋安装控制要点

(1) 纵向受力钢筋为双排或多排时，两排钢筋之间应垫以ϕ25mm的短钢筋，如纵向钢筋直径＞25mm时，短钢筋规格与纵向钢筋规格相同。

(2) 纵向钢筋的接头应设置在梁长的1/3处。

(3) 箍筋的接头应交错设置，并与两根架立筋绑扎。悬臂梁的箍筋接头应在下，其余做法与柱相同。

(4) 板的钢筋网绑扎，应注意双层配筋和板上层钢筋，要防止被踩下，根据板的厚度可以设马凳或撑筋。特别是阳台雨篷，挑檐等的悬臂板，要严格控制负筋位置。

(5) 板、次梁与主梁交叉处，板的钢筋在上，次梁的钢筋在中间，主梁的钢筋在下。

(6) 主、次梁相交或梁上有集中荷载时，要注意监控箍筋加密区的设置，并按设计要求或“平法”图集中详图设置吊筋。

(7) 钢筋搭接处，应在中心和两端用铁丝扎牢。

(8) 受拉钢筋绑扎接头的搭接长度，设计没有规定时，按《混凝土结构工程施工质量验收规范》GB 50204—2011规范中的规定，受压钢筋绑扎接头的搭接长度，应取受拉钢筋绑扎接头搭接长度的0.7倍。

7.5.6 钢筋构造措施控制要点

(1) 剪力墙为双排钢筋时，钢筋之间应采有用拉筋固定位置，拉筋直径不小于ϕ6，间距不大于 600mm，拉筋应与外皮水平筋钩牢，底部加强部位的拉筋宜适当加密。

(2) 剪力墙端部、暗柱、端柱的构造钢筋应按设计要求控制，如无设计要求时，按规范或图集要求配置。

(3) 剪力墙内水平分布钢筋的连接和锚固应满足下列要求：

① 墙内水平分布钢筋的连接：抗震设计要求连接为抗震锚固长度，接头位置错开 500mm 以上。

② 墙内竖向分布钢筋连接：抗震设计要求接头位置应相互错开，每次连接的钢筋数量不能超过 50%。

(4) 剪力墙上预留洞的位置应正确，固定可靠，孔网周边钢筋加固筋应符合设计要求。

(5) 框架节点箍筋、加密区的箍筋及梁上有集中荷载处的附加吊筋或箍筋，不得漏放。

(6) 柱根部第一道箍筋和墙体第一道水平筋，应放在离结构结合部边缘 50mm 以内。

(7) 主次梁节点部位主梁箍筋应按加密要求布置。

(8) 钢筋保护层应按设计要求控制，无设计要求时，应按《混凝土结构工程施工质量验收规范》GB 50204—2011 规范要求控制，钢筋保护层的垫块强度、厚度、位置应符合设计及规范要求。

(9) 悬挑结构负弯矩钢筋应保证到位，督促采取措施防止踩压错位。

(10) 对有抗震要求的受力钢筋的接头，应优先采用焊接或机械连接，钢筋接头不宜设置在梁端、柱端的箍筋加密区范围内。

(11) 留孔、洞周边的补强钢筋应符合设计构造要求。

7.6 高强钢筋工程验收监理控制要点

在高强钢筋应用中，为确保高强钢筋质量，监理在钢筋工程验收中重点控制。

7.6.1 钢筋工程监理的实测实量

高强钢筋应用中，监理在施工过程及验收工作中应加强实测实量工作，对施工监理过程中的实测数据及验收数据进行记录，主要实测实量参数见表 7-4。

高强钢筋监理的实测实量内容　　表 7-4

序号	项目	内容	
1	绑扎钢筋网	长、宽	
		网眼尺寸	
2	绑扎钢筋骨架	长	
		宽、高	
3	受力钢筋	间距	
		排距	
		保护层厚度	基础
			柱、梁
			板、墙、壳

续表

序号	项目	内容
4	绑扎箍筋、横向钢筋间距	
5	钢筋弯起点位置	
6	预埋件	中心线位置
		水平高差
7	钢筋加工	受力钢筋顺长度方向全长的净尺寸
		弯起钢筋的弯折位置
		箍筋内净尺寸

7.6.2 钢筋工程的平行检测

1. 高强钢筋监理平行检测的要求

(1) 检测单位必须是通过技术质量监督部门计量认证的单位。检测单位的选择，应经过监理单位考察、推荐，报业主审核后确定。考察内容应包括试验资质、服务质量、报价等相关内容。

(2) 检测业务的委托由相应的监理单位负责办理。

(3) 监理机构对所有平行检测工作负总责，其中需委托的平行检测工作，受委托单位对出具的检测成果负责。

(4) 凡施工单位需做的检测项目，监理单位全部进行检测，检测频率按照规定及合同进行。

(5) 平行检测不合格的高强钢筋原材料不得用于工程。

2. 高强钢筋监理平行检测的内容

监理对高强钢筋应用中的平行检测内容见表 7-5。

高强钢筋监理平行检测的主要内容 **表 7-5**

检测内容	检测项目	具体参数
钢筋原材料	力学性能	拉伸试验、弯曲试验
	钢筋称重	尺寸、重量
机械连接件	力学性能	单向拉伸强度试验
焊接连接件	力学性能	单向拉伸强度试验

7.6.3 高强钢筋验收监理控制要点

(1) 高强钢筋原材料进场复试及监理平行检测符合设计及规范要求。

(2) 高强钢筋工程实物现场施工已完成。

(3) 通过监理验收实测实量，高强钢筋工程加工和安装质量符合设计及规范要求。

(4) 高强钢筋安装工程中涉及的焊接连接件、机械连接件接头的见证取样试验和监理平行检测试验结果合格。

(5) 高强钢筋质量保证资料、钢筋工程检验批、分项工程质量控制资料齐全。验收时施工单位应提交下列文件和记录。

① 设计变更文件；

② 原材料出厂合格证和进场复验报告；

③ 高强钢筋接头的试验报告；

④ 隐蔽工程验收记录；

⑤ 分项工程验收记录；

⑥ 钢筋保护层厚度检测记录；

⑦ 工程的重大质量问题的处理方案和验收记录；

⑧ 其他必要的文件和记录。

7.6.4 高强钢筋验收记录表

(1) 表 7-6：钢筋隐蔽工程验收记录表

(2) 表 7-7：钢筋加工工程检验批质量验收记录表(Ⅰ)

(3) 表 7-8：钢筋安装工程检验批质量验收记录表(Ⅱ)

(4) 表 7-9：钢筋分项工程验收记录表

钢筋隐蔽工程验收记录 **表 7-6**

施工单位： 编号：

<table>
<tr><td>工程名称</td><td colspan="2"></td><td>隐蔽项目</td><td></td></tr>
<tr><td>隐蔽验收部位</td><td colspan="2"></td><td>隐蔽时间</td><td></td></tr>
<tr><td>隐蔽依据</td><td colspan="4"></td></tr>
<tr><td colspan="5">隐蔽内容：
1. 纵向受力钢筋的品种、规格、数量、位置；
2. 钢筋的连接方式、接头位置、接头数量、接头面积百分率；
3. 箍筋、横向钢筋的品种、规格、数量、间距；预埋件的规格、数量、位置；
4. 设计变更和钢筋保护层厚度等</td></tr>
<tr><td colspan="5">施工单位自检记录：</td></tr>
<tr><td colspan="5">监理(建设)单位验收意见与结论：</td></tr>
<tr><td colspan="2">监理(建设)单位(签章)</td><td colspan="3">施工单位(签章)</td></tr>
<tr><td colspan="2" rowspan="2">专业监理工程师：
(建设单位项目专业技术负责人)

年 月 日</td><td>专业技术负责人</td><td>质检员</td><td>专业工长</td></tr>
<tr><td></td><td></td><td></td></tr>
</table>

钢筋加工检验批质量验收记录表 GB 50204—2002（Ⅰ）　　表 7-7

编号：

<table>
<tr><td colspan="2">工程名称</td><td colspan="2"></td><td>分项工程名称</td><td colspan="4"></td><td colspan="4">验收部位</td><td colspan="2"></td></tr>
<tr><td colspan="2">施工单位</td><td colspan="2"></td><td>专业工长</td><td colspan="4"></td><td colspan="4">项目经理</td><td colspan="2"></td></tr>
<tr><td colspan="2">分包单位</td><td colspan="2"></td><td>分包项目经理</td><td colspan="4"></td><td colspan="4">施工班组长</td><td colspan="2"></td></tr>
<tr><td colspan="4">施工执行标准名称及编号</td><td colspan="11"></td></tr>
<tr><td colspan="5">施工质量验收规范的规定</td><td colspan="9">施工单位检查评定记录</td><td>监理（建设）单位验收记录</td></tr>
<tr><td rowspan="5">主控项目</td><td>1</td><td colspan="2">力学性能检验</td><td>第 5.2.1 条</td><td colspan="9"></td><td rowspan="5"></td></tr>
<tr><td>2</td><td colspan="2">抗震用钢筋强度实测值</td><td>第 5.2.2 条</td><td colspan="9"></td></tr>
<tr><td>3</td><td colspan="2">化学成分等专项检验</td><td>第 5.2.3 条</td><td colspan="9"></td></tr>
<tr><td>4</td><td colspan="2">受力钢筋的弯钩和弯折</td><td>第 5.3.1 条</td><td colspan="9"></td></tr>
<tr><td>5</td><td colspan="2">箍筋弯钩形式</td><td>第 5.3.2 条</td><td colspan="9"></td></tr>
<tr><td rowspan="5">一般项目</td><td>1</td><td colspan="2">外观质量</td><td>第 5.2.4 条</td><td colspan="9"></td><td rowspan="2"></td></tr>
<tr><td>2</td><td colspan="2">钢筋调直</td><td>第 5.3.3 条</td><td colspan="9">、</td></tr>
<tr><td rowspan="3">3</td><td rowspan="3">钢筋加工的形状、尺寸</td><td>受力钢筋顺长度方向全长的净尺寸</td><td>±10</td><td></td><td></td><td></td><td></td><td></td><td></td><td></td><td></td><td></td><td rowspan="3"></td></tr>
<tr><td>弯起钢筋的弯折位置</td><td>±20</td><td></td><td></td><td></td><td></td><td></td><td></td><td></td><td></td><td></td></tr>
<tr><td>箍筋内净尺寸</td><td>±5</td><td></td><td></td><td></td><td></td><td></td><td></td><td></td><td></td><td></td></tr>
<tr><td colspan="4">施工单位检查评定结果</td><td colspan="11">项目专业质量检查员：　　　　年　月　日</td></tr>
<tr><td colspan="4">监理（建设）单位验收结论</td><td colspan="11">专业监理工程师：
（建设单位项目专业技术负责人）：　　　　年　月　日</td></tr>
</table>

钢筋加工检验批质量验收记录表 GB 50204—2002(Ⅱ) 表 7-8

编号：

工程名称		分项工程名称		验收部位	
施工单位		专业工长		项目经理	
分包单位		分包项目经理		施工班组长	
施工执行标准名称及编号					

		检查项目				质量验收规范规定	施工单位检查评定记录	监理(建设)单位验收记录
主控项目	1	纵向受力钢筋的连接方式				第 5.4.1 条		
	2	机械连接和焊接接头的力学性能				第 5.4.2 条		
	3	受力钢筋的品种、级别、规格和数量				第 5.5.1 条		
一般项目	1	接头位置和数量				第 5.4.3 条		
	2	机械连接、焊接的外观质量				第 5.4.4 条		
	3	机械连接、焊接的接头面积百分率				第 5.4.5 条		
	4	绑扎搭接接头面积百分率和搭接长度				第 5.4.6 条 附录 B		
	5	搭接长度范围内的箍筋				第 5.4.7 条		
	6	钢筋安装允许偏差	绑扎钢筋网	长、宽		±10mm		
				网眼尺寸		±20mm		
			绑扎钢筋网	长		±10mm		
				宽、高		±5mm		
			受力钢筋	间距		±10mm		
				排距		±5mm		
				保护层厚度	基础	±10mm		
					柱、梁	±5mm		
					板、墙、壳	±3mm		
			绑扎箍筋、横向钢筋间距			±20mm		
			钢筋弯起点位置			20mm		
			预埋件	中心线位置		5mm		
				水平高差		±3mm		

施工单位检查评定结果	项目专业质量检查员： 年 月 日
监理(建设)单位验收结论	专业监理工程师： (建设单位项目专业技术负责人)： 年 月 日

分项工程质量验收记录 表 7-9

<table>
<tr><td>工程名称</td><td></td><td colspan="2">结构类型</td><td></td><td>检验批数</td><td></td></tr>
<tr><td>施工单位</td><td></td><td colspan="2">项目经理</td><td></td><td>项目技术负责人</td><td></td></tr>
<tr><td>分包单位</td><td></td><td colspan="2">分包单位负责人</td><td></td><td>分包项目经理</td><td></td></tr>
<tr><td>序号</td><td colspan="2">检验批部位、区段</td><td colspan="2">施工单位检查评定结果</td><td colspan="2">监理（建设）单位验收结论</td></tr>
<tr><td></td><td colspan="2"></td><td colspan="2"></td><td colspan="2"></td></tr>
<tr><td></td><td colspan="2"></td><td colspan="2"></td><td colspan="2"></td></tr>
<tr><td></td><td colspan="2"></td><td colspan="2"></td><td colspan="2"></td></tr>
<tr><td></td><td colspan="2"></td><td colspan="2"></td><td colspan="2"></td></tr>
<tr><td></td><td colspan="2"></td><td colspan="2"></td><td colspan="2"></td></tr>
<tr><td></td><td colspan="2"></td><td colspan="2"></td><td colspan="2"></td></tr>
<tr><td></td><td colspan="2"></td><td colspan="2"></td><td colspan="2"></td></tr>
<tr><td>检查结论</td><td colspan="3">项目专业技术负责人
年 月 日</td><td>验收结论</td><td colspan="2">监理工程师
（建设单位项目专业技术负责人）
年 月 日</td></tr>
</table>

第 8 章　高强钢筋专业加工与配送技术

8.1　钢筋专业加工与配送的优势

8.1.1　传统钢筋加工模式存在的不足

钢筋混凝土结构工程施工主要由模板脚手架工程、钢筋工程和混凝土工程三部分组成，施工过程是搭设模板脚手架、钢筋连接与安装、浇注混凝土并振捣、混凝土养护、拆卸模板脚手架，依次分流水段作业往复循环。混凝土工程和模板脚手架工程基本上实现了专业化商品供应和具有专业资质的专业化设计、生产加工、部品供应，不仅提高了建筑工程施工质量，而且产生了显著的经济效益和社会效益。我国钢筋工程仍以工地施工现场加工为主，加工设备采用切断机、弯曲机、调直切断机、螺纹成型机等单机，上下料人工搬动。在现场加工钢筋存在诸多问题：

(1) 需要人工多，劳动强度大，钢筋加工质量相对专业，机械化低。

(2) 钢筋材料利用率低，单位钢筋加工产能的能耗大，加工成本高。

(3) 钢筋加工占用临时场地大，施工场地在城市内往往十分拥挤，给安全生产管理增加难度。

(4) 钢筋搬动与加工噪声大，时常发生噪声扰民问题。

(5) 单机设备分散加工，设备利用率低，废物排放大。

(6) 工人劳动环境差，现场工人生活管理工作量大。

8.1.2　钢筋专业加工与配送特点

国外经济发达国家和地区如欧洲、美国、新加坡等钢筋加工已经由工地现场加工转变为工厂内专业化加工配送供应，每隔 50～100km 就有一座现代化的钢筋加工厂，钢筋需求采用钢筋超市模式供应。钢筋专业化加工配送供应具有诸多优点：

(1) 钢筋在专业化工厂内加工，同时可为多个工程供应，易形成规模化生产，提高材料利用率。

(2) 钢筋规模化加工有利于自动化加工设备应用，加工质量高，稳定性好，劳动生产效率大大提高。

(3) 节省用工和用地，易实现计算机信息化管理和远程控制，提高管理效率。

(4) 有利于用高新技术改造钢筋工程劳动密集型产业，走建筑工业化道路，推动钢筋工程施工的技术进步。

(5) 有利于工地安全文明施工，使工地现场管理程序简化，减少资金占用，降低项目管理费用，增加工程承包的经济效益。

(6) 改善工人劳动环境，降低劳动强度。

8.1.3 钢筋专业加工与配送的优势

随着建筑施工企业市场管理模式的变革、工程质量要求的提高、质量监管力度的加大，特别是人力资源成本的增长，钢筋专业化加工与配送技术逐渐被越来越多的钢筋工程分包企业和管理部门所接受，应用该技术的工程项目越来越多，全国范围内专业化加工配送企业数量近年来显著增加，无论是在节材、节地、节能、环保的社会效益方面，还是在产业链相关主体经济效益方面都是十分显著的。钢筋专业化加工与配送技术相对于传统现场加工模式对项目开发投资商、建筑施工企业和加工配送企业都具有明显的优势，具体分析如下：

1. 对于项目开发投资商存在的优势

(1) 降低工程成本。减少了中间环节损耗，大幅度降低采购、管理成本等；

(2) 项目回报提前。合理的工艺、先进的设备、现代的配送等综合能力，按计划统一配送，大大缩短了工程施工工期；

(3) 工程质量保证。钢筋自动化的加工设备、先进的管理软件和专业化配送，确保钢筋加工质量；

(4) 成本管理科学化。避免了投资方与施工方在钢筋耗量计算上的误差，减少了场地租赁、临建及钢筋运输费用的支出。

2. 对于建筑施工企业存在的优势

(1) 节省施工场地、简化工地管理、优化施工组织。避免了工程因开工、竣工所带来的机械设备、原材料迁移及工作人员管理、吃、住所需临建及其他各项费用，为施工企业减少了管理费用支出。

(2) 降低工地能耗、节省人工、降低原料浪费。解决了施工企业采购人员、加工人员、设备维修人员及加工设备、场租等费用的投入；它能同时为多个工程项目配送成型钢筋，各工程之间相互综合优化套裁，使钢筋的利用率大大提高。节约了资源，降低了施工企业钢筋制作成本；由于采用制品钢筋配送，减少了施工企业资金占用，缓解了材料周转使用资金的矛盾。

(3) 降低环境污染和安全隐患风险。降低了噪音污染、油液污染、排放污染以及施工扰民问题；排除了由于钢筋加工制作带来的安全隐患。

(4) 保证施工进度、缩短施工周期、提高服务质量。采用先进的生产设备及工艺，自动化程度高，大大提高生产效率，有效缩短钢筋工程工期，提高钢筋成型加工精度，为使施工企业创建优质工程奠定基础。

(5) 提高建筑施工企业品牌效应。帮助施工企业树立安全、文明施工良好形象，在企业自身增进效益的同时提升企业品牌，增强市场竞争能力。

3. 对于加工配送企业存在的优势

(1) 先进工艺设备降低加工成本。采用自动化设备和先进生产工艺后可减少 2/3 的工人用量，提高 2%～5%的钢筋成材率，综合管理费用大幅度降低；

(2) 多项工程综合优化套裁降低工程成本。配送中心能同时为多个工程配送成型钢筋，可进行优化套裁，大大提高钢筋利用率，降低钢筋使用成本；

(3) 合理使用通尺和定尺产生利润。合理利用通尺原材料来加工成型制品，可通过通、定尺差价产生利润约 250 元/吨。

（4）集中批量采购降低直接采购成本，集中批量加工降低钢筋损耗，集中批量钢筋进出库有利于钢筋原材的质量控制和质量追踪。

综上所述，大力发展钢筋专业化加工与配送技术对促进我国钢筋工程施工领域发展和建筑施工技术进步将具有十分重要的作用。

8.2 高强钢筋专业加工设备

8.2.1 高强钢筋专业加工设备技术要求

高强钢筋专业化加工与配送技术是指在专业化加工厂内，由专业化队伍把线材或棒材钢筋经过矫直、剪切、弯曲、焊接、机械连接等工艺流程，使用专业化加工设备加工成各种成型钢筋制品，按照工程施工进度计划要求，将所需钢筋及时配送到工地现场进行安装施工。

钢筋专业化加工与配送技术主要内容包括：

（1）根据设计产能要求，确定钢筋专业化加工与配送工艺流程。按照工艺流程设计钢筋加工厂或者加工中心的平面布局，配置满足生产能力要求的钢筋加工设备，使钢筋原材进场堆放区、钢筋加工设备区、半成品周转区、成品存放配送区布局科学合理，实现物流周转效率和场地应用效率的最优化。

（2）根据加工能力要求合理选择配置钢筋专业化加工成套设备，实现钢筋加工高质量、高效率、高可靠性。

（3）按照钢筋专业化加工与配送工艺流程和配套设备情况，设计整个系统管理流程并建立组织机构，编制流程图、岗位职责及管理制度，应用计算机信息管理技术和软件，提高加工配送管理效率。

（4）按照钢筋加工配送施工验收规程、成型钢筋制品、产品国家或者行业标准要求组织生产与配送，进行现场质量检查、安装施工与验收。

钢筋专业化加工设备按加工对象分为线材加工设备、棒材加工设备、组合制品加工设备；按照其加工工艺不同分为钢筋强化设备(冷拉、冷拔、冷轧带肋和冷轧扭)，单件钢筋加工成型设备(自动控制调直、定尺切断、弯曲成型)，箍筋成型设备(数控弯箍机、封闭箍筋焊接)，组件钢筋加工成型设备(钢筋网成型、钢筋笼成型、钢筋桁架成型)，钢筋机械连接设备(钢筋丝头加工，现场套筒连接设备)。钢筋专业化加工主要设备有：全自动数控钢筋弯箍机、数控钢筋调直切断机、立式五机头弯曲生产线、立式两机头钢筋弯曲生产线、卧式钢筋弯曲生产线、钢筋剪切生产线、钢筋锯切生产线、钢筋螺纹生产线、钢筋网成型机、钢筋笼成型机、冷轧带肋钢筋生产线、钢筋桁架焊接生产线等。

由于该技术加工效率、加工质量的高要求，钢筋专业化加工对其所用设备相对于传统设备应具有更高要求，具体技术要求如下：

（1）加工设备应有较高的自动化程度，如上料系统、下料系统、尺寸定位系统、传输系统等；如果不提高自动化水平，很难提高效率和降低劳动强度。

（2）设备工作应有较高的稳定性，如果稳定性差，很难适应高效率的生产线式工业化连续生产。

（3）设备应有较完备的计算机输入输出控制功能，否则很难适应多工程、多流水段、多品种、多规格的批量化生产。

（4）设备应具有安全保护装置、安全防护措施和安全警示装置，高效率的自动化生产必须保护好操作者和周围工作人员的人身安全。

8.2.2 高强钢筋专业加工主要设备

1. 全自动数控弯箍机

全自动数控弯箍机主要用于将盘卷螺纹钢筋或者光圆钢筋加工成各种形状箍筋制品。全自动数控钢筋弯箍机主要由放线架、导向器、预矫直机构、牵引机构、精矫直机构、弯曲机构、剪切机构及控制系统等组成，其改变了传统的钢筋调直、切断再弯曲加工方式，通过计算机控制，实现了钢筋调直、弯曲、切断连续一次完成。其基本加工工作流程是：

（1）上料、穿筋；

（2）输入参数（如形状、尺寸、数量、加工速度等），开始加工；

（3）放线架将盘螺（条）开卷放线；

（4）导向器将盘螺（条）钢筋导至预矫直机构；

（5）预矫直机构对盘螺（条）钢筋进行预矫直；

（6）牵引机构牵引盘螺（条）钢筋送进；

（7）精矫直机构对盘螺（条）钢筋进行精矫直；

（8）弯曲机构对盘螺（条）钢筋进行弯曲；

（9）剪切机构对成型箍筋进行剪切；

（10）当计数装置累计到设定加工数量后控制设备停止加工。

全自动数控钢筋弯箍机从盘卷钢筋开卷到矫直、弯曲、切断等工序全部在计算机控制下完成，加工过程不需要人工干预，从原料到成品一次成型，产品一致性好，对于提高建筑构件质量，降低工人劳动强度，降低安全生产事故有重要意义。全自动数控钢筋弯箍与传统弯箍加工方式相比具有如下特点：

（1）自动化程度高

采用计算机控制、触摸屏进行操作，可选择图库中的图形或用户自行绘制的图形进行自动加工控制，实现了由盘螺（条）钢筋到成品钢筋的一次加工完成，速度无级可调，具有自动定尺、自动弯曲、自动切断、自动计数等功能。

（2）加工速度快

牵引速度最快可达 120m/min，弯曲速度最高可达 1200°/s，这是传统弯曲设备无法实现的。

（3）加工精度高，质量稳定性好

加工长度误差可达到 ±1mm，角度误差可达到 ±1°，有效保证成型箍筋的加工质量。

（4）成材率高

全自动数控钢筋弯箍机加工箍筋过程无需切断，每盘钢筋只有一个端头，成材率与传统加工方式相比可提高 4%左右。

（5）操作简便，人工成本低，回报率高

无需专业技工，1 台设备一般配置 1 人，经过简单培训即可上岗操作，人工成本低。

(6) 可靠性高，使用寿命长

全自动数控钢筋弯箍机的机械结构简单，其功能主要通过自动化控制实现，弯曲、牵引全部采用伺服电机，可靠性高，使用寿命长。

(7) 具有远程管理功能

通过配置通讯模块可与网络相连，实现远程下单、远程监控的功能，非常适合专业化加工中心使用。

由于全自动数控弯箍机具有自动化程度高、加工速度快、操作简单、可靠性高等特点，是一种理想的钢筋自动化加工设备，既适合于工厂专业化加工使用，又适合于工地现场加工，具有显著的经济效益和社会效益，对于工厂化加工的转型及高强盘螺钢筋的推广将产生积极作用，应用前景广阔。

市场上全自动数控弯箍机主要有两种型号，其技术参数见表 8-1。

全自动数控弯箍机技术参数表 **表 8-1**

型号	GGJ13	GGJ16
适用钢筋级别	HPB300、HRB400、HRB500	
钢筋直径，mm	6～13	8～16
最大牵引速度，m/min	120	80
最大弯曲速度，°/s	1200	900

全自动数控弯箍机外形图及常用加工图形如图 8-1 所示。

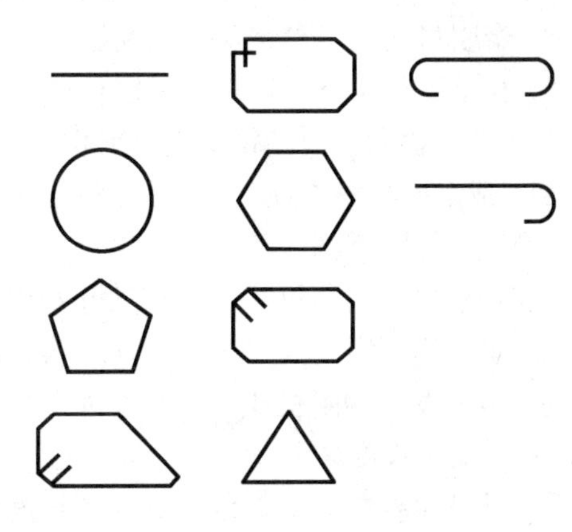

图 8-1 全自动钢筋弯箍机及常用加工图形

全自动数控钢筋弯箍机使用注意事项：

(1) 设备应安装稳定，固定牢固，导向器出线口应与弯箍机预矫直入线口对齐。

(2) 开机前应做好检查和调整：

① 各电气开关是否在正确位置；

② 检查气压、气路是否正常；

③ 根据钢筋直径，选择合适的切刀座，并更换；

④ 检查设备各功能是否正常，工作前加注润滑脂。

(3) 待各项检验合格后，把工作状态选择开关置于“自动”位置开始工作。

(4) 为了防止设备加工钢筋时伤人，钢筋所经区域及出料口正前方严禁站人。

(5) 工作过程中出现异常时应立即按下紧急停止按钮，故障排除后方可继续操作。

(6) 在进行检查或维护设备时，必须关闭设备电源。

(7) 作业后应清理场地，切断电源，做好润滑工作。

2. 数控钢筋调直切断机

数控钢筋调直切断机主要用于盘螺(盘条)钢筋的调直和定尺切断，其工作原理是：由电动机通过机械传动带动调直块或调直轮旋转，牵引轮带动钢筋向前移动，通过调直块或调直轮对钢筋反复挤压实现对钢筋的调直，达到设定长度后自动切断并收集。该设备采用计算机控制，具有加工速度快，自动化程度高等特点，是钢筋工厂专业化加工的主要设备之一。常用的数控钢筋调直切断机按调直方式分为三种型式：旋转调直块挤压调直、旋转调直轮反复挤压调直和调直轮反复挤压调直。其基本加工工作流程是：

(1) 上料、穿筋；

(2) 输入参数(如长度、数量、加工速度等)，开始加工；

(3) 放线架将盘螺(条)开卷放线；

(4) 导向器将盘螺(条)钢筋导至预矫直机构；

(5) 预矫直机构对盘螺(条)钢筋进行预矫直；

(6) 牵引机构牵引盘螺(条)钢筋送进；

(7) 调直块或调直轮对盘螺(条)钢筋进行精矫直；

(8) 牵引机构牵引盘螺(条)钢筋送进；

(9) 自动测量装置对钢筋进行定尺测量；

(10) 剪切机构对成品钢筋进行剪切；

(11) 成品收集槽对加工的成品钢筋进行收集；

(12) 达到设定数量后停止加工。

数控钢筋调直切断机从盘卷钢筋开卷到矫直、定尺、切断等工序全部在计算机控制下完成，加工过程不需要人工干预，从原料到成品一次成型并实现自动收集。数控钢筋调直切断机与传统调直切断机相比，具有如下特点：

(1) 自动化程度高

采用计算机控制方式，设定好加工长度和数量后自动加工，速度无级可调，具有自动定尺、自动切断、自动收集、自动计数等功能。

(2) 加工速度快

一般数控钢筋调直切断机调直速度不低于 80m/min，最高可达 180m/min。

(3) 操作简便

一般人员经过简单使用培训即可上岗。

(4) 可靠性高，使用寿命长

目前工地上使用的小型调直切断机通常情况使用寿命只有 1 年左右，而数控钢筋调直切断机的寿命至少为 5～10 年。

数控钢筋调直切断机常见型号及主要技术参数见表 8-2。

常用全自动数控钢筋调直切断机及主要技术参数表 **表 8-2**

型号	GT6	GT12	GT14	GT16	GT20
适用钢筋级别	HPB300、HRB400、HRB500				
钢筋直径(mm)	3～6	6～12	8～14	10～16	12～20
剪切长度(mm)	500～6000	800～12000	800～12000	1000～12000	1000～12000
最大牵引速度(m/min)	80	180	150	90	60

数控钢筋调直切断机外形如图 8-2 所示。

图 8-2　数控钢筋调直切断机

由于数控钢筋调直切断机具有自动化程度高、操作简单、加工速度快、可靠性高等特点，对保证工程质量、提高施工效率、降低工人劳动强度等具有重要意义，近年来在钢筋加工配送中心、建筑工程、桥梁、隧道、电站、大型水利等工程施工中广泛使用，综合经济效益十分明显。

数控钢筋调直切断机使用注意事项：

(1) 设备应安装稳定，固定牢固。导向器出线口应与预矫直入线口对齐，矫直出线口应与收集槽的入线口对齐。

(2) 开机前应按下列程序进行检查和调整：

① 各电气开关是否在正确位置；

② 根据被调直钢筋的直径，选择合适的调直送进辊，调整下压块和剪切刀具；

③ 检查液压泵站油位，手动开机检查泵站工作是否正常；

④ 盖好安全防护罩。

(3) 待各项检验合格后，把工作状态选择开关扳到“自动”位置开始工作。

(4) 防止设备加工钢筋时伤人，钢筋所经区域及出料口正前方严禁站人。

(5) 工作过程中出现异常应立即按下紧急停止按钮，故障排除后方可继续操作。

(6) 在进行检查或维护设备时，必须关闭设备电源。

(7) 作业后应清理场地，切断电源，做好润滑工作。

3. 立式五机头钢筋弯曲生产线

立式五机头钢筋弯曲生产线主要用于直径 6～25mm、长度不大于 8m 的钢筋连续多角度弯曲成型，其工作原理是，按成品钢筋的边长尺寸将 5 个弯曲头布置在行走导轨上，并设定好每个弯曲头的弯曲角度，钢筋上料后依次自动弯曲成型。该设备主要由 5 个弯曲头、上料架、行走导轨和定尺机构等组成，一次最多可连续弯曲 5 个角度，弯曲速度快。

与数控钢筋调直切断机配合使用，非常适合大批量钢筋制品的加工。其基本加工工作流程是：

(1) 将直条钢筋吊装到上料架上；

(2) 启动上料架链传动，将钢筋输送到弯曲头附近；

(3) 根据要求调整弯曲头的相对位置及弯曲角度；

(4) 利用气缸定位弯曲头；

(5) 人工上料，通过定尺机构定位钢筋；

(6) 弯曲头芯轴伸出，夹持机构夹紧钢筋；

(7) 弯曲头依次弯曲成型；

(8) 取下成品钢筋，重复步骤 5，加工下一组钢筋。

立式五机头钢筋弯曲生产线主要适用于 6～25mm 单向多角度钢筋制品的弯曲成形，是钢筋自动化加工设备中的重要设备之一，在弯曲箍筋类成品钢筋方面与全自动数控弯箍机形成互补。与传统弯曲加工设备相比具有如下特点：

(1) 适用范围广

适用于 6～25mm、长度不大于 8m 的钢筋连续多角度弯曲成型。

(2) 加工速度快

5 个弯曲头协同作业，可同时弯曲多根钢筋，加工速度快，弯曲多角度钢筋制品尤为突出。

(3) 精度高

与传统的每个弯曲角度单独人工定位弯曲工艺相比，5 个弯曲头一次定位后加工的钢筋尺寸精度高，一致性好。

(4) 操作方便

钢筋采用垂直方向“立式弯曲”，操作方便，安全性高；弯曲套更换方便，一般人员经过简单培训即可上岗。

(5) 对场地要求低

立式五机头弯曲生产线采用整体式设计，转运方便，工作时无需固定。

(6) 可靠性高

五机头结构简单、故障率低，可以长时间正常工作。

由于立式五机头钢筋弯曲生产线具有适用范围广、加工速度快、加工精度高，操作简单、可靠性高、成本低、劳动强度低等特点，在大批量加工同一钢筋规格时特点尤其突出，是钢筋加工中心必不可少的自动化加工设备。

常见立式五机头钢筋弯曲生产线型号及主要技术参数见表 8-3。

立式五机头钢筋弯曲生产线型号及主要技术参数表 **表 8-3**

型号		GWXL5-16						GWXL5-25					
适用范围		HPB300、HRB400、HRB500、HRBF400、HRBF500、RRB400											
弯曲角度		0～180°											
钢筋直径，mm		6～16						10～25					
一次弯曲数量	直径，mm	6	8	10	12	14	16	10	12	16	20	22	25
	数量，根	9	7	6	4	2	1	10	7	5	2	1	1

立式五机头钢筋弯曲生产线外形图及常用加工钢筋图形如图 8-3 所示。

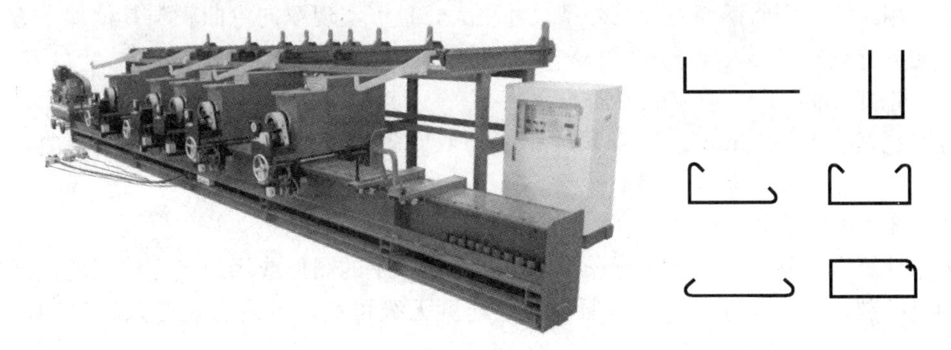

图 8-3 立式五机头弯曲生产线及常用加工图形

立式五机头钢筋弯曲生产线使用注意事项：

(1) 设备应放置平稳。

(2) 开机前应进行检查：

① 检查各电气开关是否在正确位置；

② 检查气压、气路是否正常；

③ 根据被加工钢筋直径，选择配套的弯曲套；

④ 保证主机所在的导轨面清洁无杂物；

(3) 上料及弯曲过程中严禁用手触碰弯曲头，弯曲时应站在安全距离以外。

(4) 严禁弯曲超过设备允许的钢筋规格和数量。

(5) 工作过程中出现异常，应立即按下紧急停止按钮，故障排除后方可继续操作。

(6) 在进行检查或维护设备时，必须关闭设备电源。

(7) 作业后应清理场地，切断电源，做好润滑工作。

4. 立式两机头钢筋弯曲生产线

立式两机头钢筋弯曲生产线主要用于直径 10～32mm、长度不大于 12m 的复杂形状钢筋制品的弯曲成型，该设备主要由两个弯曲机头、上料架、夹持机构及行走机构等组成，设备的弯曲和行走定位均由计算机控制、伺服电机驱动，一次装卡即可完成多角度的双向弯曲。其基本加工工作流程是：

(1) 将钢筋吊装到上料架上；

(2) 启动上料架链传动，将钢筋输送到弯曲头附近；

(3) 主机自动寻参，移动到所需位置；

(4) 通过计算机输入要加工的钢筋相关参数(形状、尺寸、加工速度等)；

(5) 利用定尺机构摆放至钢筋所需弯曲的位置；

(6) 人工上料至待弯曲位置；

(7) 中间夹紧机构进行夹紧；

(8) 两弯曲机头按设定形状和尺寸自动弯曲至成型；

(9) 两弯曲机头向内侧移动，夹紧机构松开；

(10) 取下加工完成的钢筋，重复步骤 6，加工下一组钢筋。

立式两机头钢筋弯曲生产线一次装卡即可完成设定形状的弯曲，与立式五机头钢筋弯曲生产线相比，可弯曲钢筋直径及外型尺寸更大，且可实现双向弯曲。与其他加工方式相比具有如下特点：

(1) 可加工范围广，适应能力强

可实现直径 10～32mm、最长 12m 钢筋的双向多角度弯曲，正方向最大弯曲角度为 180°，反方向为−120°。

(2) 自动化程度高

采用计算机控制、触摸屏进行操作，可选择图库中的图形或用户自行绘制的图形进行自动加工控制，弯曲及行走采用伺服电机，速度无级可调，具有自动定尺、自动弯曲等功能。

(3) 加工速度快

两个弯曲机头协同作业、同步弯曲，可一次弯曲多根钢筋，加工速度快，加工复杂形状钢筋制品尤为突出。

(4) 精度高

弯曲机头行走机构采用伺服控制、齿轮齿条传动，行走稳定、可靠，重复精度高，有效保证了成品钢筋的边长尺寸精度和一致性；同时，弯曲机构采用伺服控制，精度高，一致性好。

(5) 操作方便

钢筋采用垂直方向“立式弯曲”，操作简便，安全性高。采用触摸屏控制界面，易学易用，一般人员经过简单培训即可上岗。

(6) 对场地要求低

立式两机头钢筋弯曲生产线采用整体式设计，转运方便，工作时无需固定。

(7) 可靠性高

立式两机头钢筋弯曲生产线，结构简单、故障率低，可以长时间正常工作。

立式两机头钢筋弯曲生产线是弯曲设备系列中的“万能”设备，除可调用图库中的图形外，用户可根据需要自行绘制图形，所用动作均由计算机控制，适应能力强。

立式两机头钢筋弯曲生产线型号及主要技术参数见表 8-4。设备及常用弯曲图形如图 8-4 所示。

立式两机头钢筋弯曲生产线型号及技术参数表　　表 8-4

型号		GWXL2-25								GWXL2-32									
适用钢筋范围		HPB300、HRB400、HRB500、HRBF400、HRBF500、RRB400																	
弯曲角度		−120°～180°																	
钢筋直径(mm)		10～25								10～32									
一次弯曲数量	直径(mm)	10	12	14	16	18	20	22	25	10	12	14	16	18	20	22	25	28	32
	数量，根	7	6	5	4	3	2	1	1	7	6	5	4	3	3	2	1	1	1

立式两机头钢筋弯曲生产线使用注意事项：

(1) 设备应放置平稳。

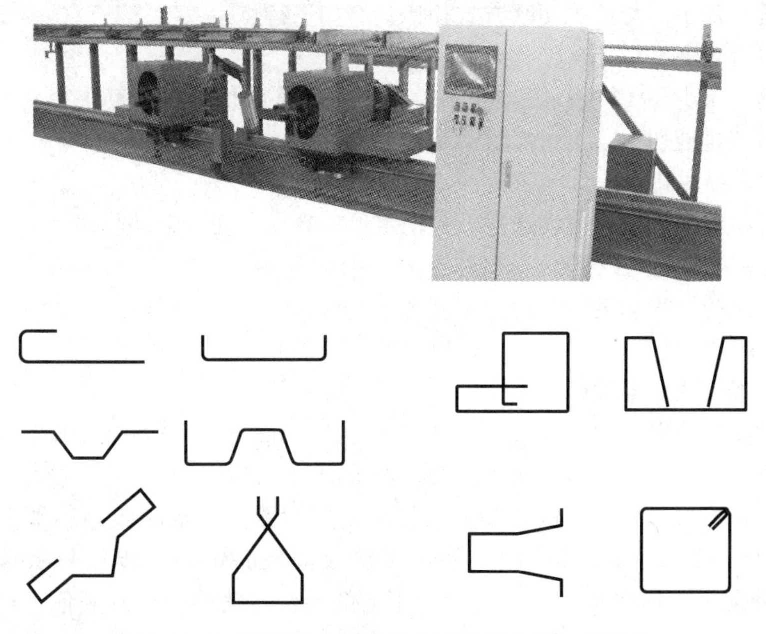

图 8-4　立式两机头钢筋弯曲生产线及常用加工图形

(2) 开机前应进行检查：

① 检查各电气开关是否在正确位置；

② 检查气压、气路是否正常；

③ 根据被加工钢筋直径，选择配套的弯曲轴及弯曲套；

④ 保证主机所在的导轨面清洁无杂物。

(3) 上料及弯曲过程中严禁用手触碰弯曲头，弯曲时应站在安全距离以外。

(4) 严禁弯曲超过设备允许的钢筋规格和数量。

(5) 工作过程中出现异常，应立即按下紧急停止按钮，故障排除后方可继续操作。

(6) 在进行检查或维护设备时，须关闭设备电源。

(7) 作业后应清理场地，切断电源，做好润滑工作。

5. 钢筋剪切生产线

钢筋剪切生产线主要用于棒材钢筋的定尺切断，该设备采用计算机控制，具有剪切速度快，自动化程度高等特点，是钢筋专业化加工的主要设备之一，广泛应用于建筑工程、桥梁、高速公路等工程施工中，适用于多规格、大批量钢筋的切断。根据定尺方式的不同分为主机移动定尺和下料架移动定尺，根据剪切方式不同分为机械式剪切和液压式剪切。机械式剪切单次剪切钢筋数量少，主要用于小批量剪切加工。液压式剪切具有剪切力大、工作稳定可靠等特点，单次剪切数量多，适用于较大批量或大批量剪切加工。基本加工工作流程如图 8-5 所示。

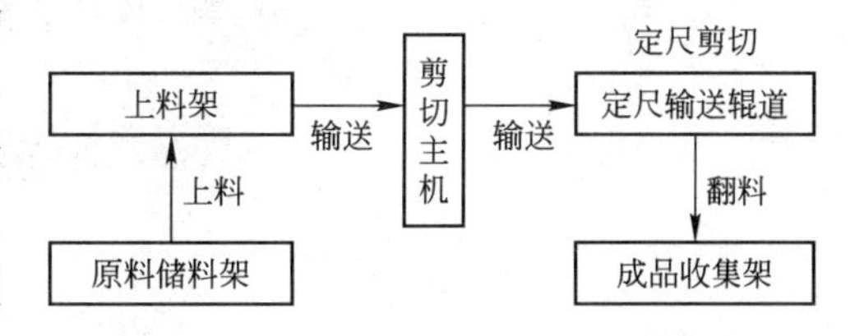

图 8-5　钢筋剪切生产线工程流程图

钢筋剪切生产线具有自动定尺、剪切力大、操作简单、可靠性高等特点，适用于批量钢筋的集中剪切加工。与传统切断方式相比具有如下特点：

(1) 剪切速度快

每分钟剪切不少于10次；刀体倾斜设计，一次可剪切多根钢筋，特别是液压式剪切主机，甚至可成排剪切。

(2) 自动化程度高

采用计算机控制方式，自动送料、自动定尺、自动剪切、自动收集。

(3) 加工精度高，一致性好

采用计算机控制移动定尺，定位精度为±2mm。

(4) 操作简便

一般人员经过简单培训即可上岗。

钢筋剪切生产线剪切的钢筋大部分有后序加工，如弯曲、螺纹加工等，因此在配置生产线时，经常将剪切生产线与弯曲生产线、螺纹加工生产线配套使用。根据不同需求，钢筋剪切生产线可配置不同的上料架和成品收集装置。常见的成品收集装置有收集槽和移动分配车(如图8-6所示)。其中收集槽可直接收集成品钢筋，转移搬动时需用起重设备。而移动分配车可横向移动，通过分配车上的辊台将钢筋输送到其他工序，不需起重设备。

图8-6　钢筋剪切生产线收集槽和移动分配车

市场上常见钢筋剪切生产线型号及技术参数见表8-5，设备如图8-7所示。

钢筋剪切生产线型号及技术参数表 **表 8-5**

型号		GQXJ150	GQX150	GQX300
剪切方式		机械式	液压式	液压式
适用钢筋		HRB400、HRB500、HRBF400、HRBF50、RRB400		
剪切力(t)		150	150	300
刀口宽度(mm)		300	500	500
剪切长度(m)		0.5～12	0.8～12	1.0～12
剪切数量(根)	ϕ50mm	1	1	2
	ϕ40mm	2	2	4
	ϕ32mm	3	8	14
	ϕ25mm	5	16	18
	ϕ20mm	8	25	25
	ϕ16mm	12	30	30
	ϕ12mm	16	40	40

图 8-7 钢筋剪切生产线

钢筋剪切生产线使用注意事项：

(1) 设备应安装稳定，固定牢固。

(2) 开机前应进行检查和调整：

① 检查各电气开关是否在正确位置；

② 检查气压、气路是否正常；

③ 检查液压泵站油位，手动开机检查泵站工作是否正常；

④ 检查切刀的磨损程度；

⑤ 对主机进行润滑。

(3) 严禁剪切超过设备允许的钢筋规格和数量。剪切前应注意检查钢筋不得有交叉现象。

(4) 收集装置下料方向在下料时严禁站人。

(5) 工作过程中出现异常，应立即按下紧急停止按钮，故障排除后方可继续操作。

(6) 在进行检查或维护设备时，须关闭设备电源。

(7) 作业后应清理场地，切断电源，做好润滑工作。

6. 钢筋锯切生产线

钢筋锯切生产线主要用于切断需要在钢筋端头继续加工螺纹的钢筋，以带锯条为切断方式，锯切的钢筋端面平直，可取代砂轮机的切断方式。钢筋锯切生产线主要由原料储料架、上料架、锯床主机、成品定尺输送辊道和成品收集架组成。除锯床主机外，其余结构与钢筋剪切生产线相似。

钢筋锯切生产线采用 PLC 控制，自动化程度高，可以自动定尺，钢筋的输送和翻料等动作通过按钮控制完成，不需要人工接触，很大程度提高了工作效率，减轻了工人的劳动强度，减少了工作的危险性。

钢筋锯切生产线的工作流程如图 8-8 所示。钢筋锯切生产线如图 8-9 所示。

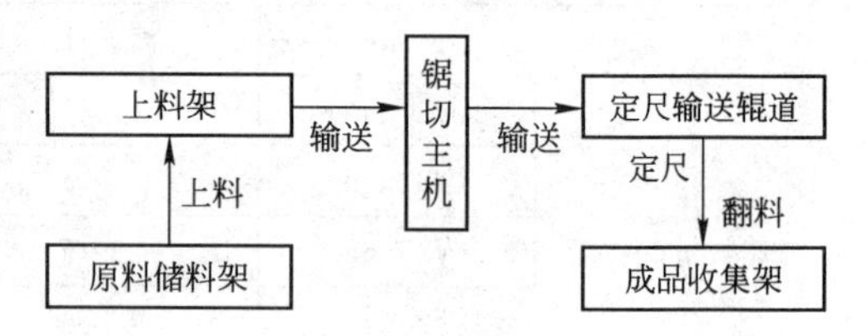

图 8-8　钢筋锯切生产线工作流程图

图 8-9　钢筋锯切生产线

钢筋锯切生产线主要配合直螺纹加工使用，目前在钢筋直螺纹连接的钢筋切断中有非常大的需求量，特别适合大批量、大直径钢筋的加工，应用前景非常广阔。与传统的钢筋砂轮机等切断方式相比具有以下特点：

(1) 加工效率高

钢筋锯切线可以成排切断钢筋，以 ϕ20mm 钢筋为例，500 型锯切线每次可以切断 22 根钢筋，批量加工时效率非常高。

(2) 自动化程度高

采用计算机控制方式，自动送料、自动定尺、自动锯切、自动收集。

(3) 加工精度高，一致性好

采用计算机控制移动定尺，定位精度为±2mm。

(4) 断面垂直度好

带锯切断的钢筋断面非常平整，可直接用于钢筋螺纹的加工。

(5) 锯切端头短，节省钢材

钢筋锯切线采用专用夹具，进出料两侧均有夹持装置，保证锯切端头时钢筋装卡稳定、牢固，切断端头最短为 10mm。

(6) 操作简便

所有加工动作通过按钮完成，长度定位自动确定，操作简单明了，一般人员经过简单培训即可上岗。

市场上常用的钢筋锯切生产线型号及技术参数见表 8-6。

钢筋锯切生产线型号及技术参数表 **表 8-6**

设备型号	GJX500
适用钢筋级别	HRB400、HRB500、HRBF400、HRBF500、RRB400
锯切钢筋直径(mm)	16～50
锯切长度范围(mm)	1800～12000
锯切长度误差(mm)	±2
最大锯切宽度(mm)	500

钢筋锯切生产线使用注意事项：

(1) 设备应安装稳定，固定牢固。

(2) 开机前应进行检查和调整：

① 检查液压油箱、切削液箱液位，各活动部件是否充分润滑；

② 检查锯条磨损情况，并检查其张紧程度；

③ 检查气压、气路是否正常；

④ 检查输送辊道、锯床钳口、主机行走导轨上是否有异物。

(3) 锯切时钢筋应夹持牢固，不得松动，且不得有交叉现象。

(4) 收集装置下料方向在下料时严禁站人。

(5) 工作过程中出现异常，应立即按下紧急停止按钮，故障排除后方可继续操作。

(6) 在进行检查或维护设备时，须关闭设备电源。

(7) 作业后应清理场地，切断电源，做好润滑工作。

7. 钢筋螺纹生产线

目前，钢筋直螺纹连接技术已被广泛应用，而加工钢筋螺纹的设备还停留在人工上料、手工操作的加工方式，不仅速度慢，劳动强度大，特别是加工大直径钢筋，生产效率非常低。钢筋螺纹生产线改变了传统的加工工艺，新工艺是先整圆(即将钢筋的横纵肋挤压形成圆柱形)，而后再滚压螺纹，整圆工艺和新滚压螺纹工艺使用的整圆模具和滚丝轮的寿命很长，非常适合于生产线的应用。钢筋螺纹生产线实现了钢筋喂料的自动化，大大降低的工人的劳动强度，提高了工作效率。钢筋螺纹生产线主要由上料架、链传送、送进架、整圆机、滚丝机和收集槽组成，其中链传送和送进架各两个，分别向整圆机和滚丝机供料。钢筋螺纹生产线具体结构如图 8-10 所示。

其工作流程是：

钢筋由上料架→链传送 1→翻到送进架 1→送进钢筋到整圆机整圆→送进辊向后将钢筋翻到链传送 2→翻到送进架 2→送进钢筋到滚丝机加工螺纹→送进辊向后翻到收集槽。

与目前人工上料加工螺纹相比，钢筋螺纹生产线具有如下特点：

(1) 自动化程度高，劳动强度低

由计算机控制，实现了从钢筋上料到加工螺纹的全过程自动化，具有自动加工、自动

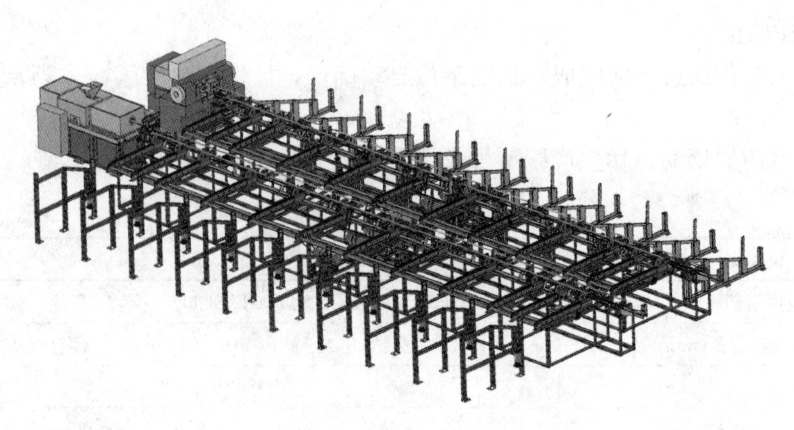

图 8-10　钢筋螺纹生产线

计数、自动停止功能。

(2) 加工速度快

钢筋连续送进，送进、退位、翻转多工位同步进行，每分钟可加工 5 个螺纹丝头，是人工操作加工速度的 3～5 倍。

(3) 加工螺纹强度高，质量稳定可靠

采用整圆滚压螺纹工艺比剥肋滚压或直接滚压螺纹强度高，可实现长螺纹的等强度连接。同时，整圆工艺对钢筋的直径公差大小适应性强，加工的螺纹一致性好，质量稳定、可靠。

(4) 加工范围广，适应性强

可加工直径 16～50mm、最大长度为 12m 各种规格和强度级别的钢筋。

(5) 可靠性高

整圆模具和新型滚丝轮使用寿命长，可靠性大大提高。

(6) 操作简单

生产线操作简单，只需对工人进行简单培训即可上岗。

钢筋螺纹生产线是对原直螺纹连接技术的一次革命性的产业升级，每台班可加工 2000 个钢筋螺纹，能很好地解决劳动力不足和生产效率低下的问题，是钢筋直螺纹加工由“施工现场”转向“工厂”的必备设备，将大大促进我国钢筋加工工业化水平，具有非常好的社会效益。

钢筋螺纹生产线的型号及技术参数见表 8-7。

钢筋螺纹生产线型号及技术参数表　　**表 8-7**

设备型号	GLX40	GLX50
适用钢筋范围	HRB400、HRB500、HRBF400、HRBF500	
加工钢筋直径范围(mm)	16～40	16～50
加工钢筋长度范围(mm)	1800～12000	

钢筋螺纹生产线使用注意事项：

(1) 开机前应进行检查和调整。

① 生产线使用前须检查各运转部分是否正常，防护设备是否齐全；

② 检查气压、气路是否正常。

(2) 收集槽下料方向在下料时严禁站人。

(3) 工作过程中出现异常，应立即按下紧急停止按钮，故障排除后方可继续操作。

(4) 在进行检查或维护设备时，须关闭设备电源。

(5) 作业后应清理场地，切断电源，做好润滑工作。

8. 钢筋网成型机

随着建筑业的高速发展及新技术、新材料的大量应用，钢筋焊接网这一新型、高效、节能、强化混凝土结构的建筑用材，已被建筑界广泛认可。它具有提高结构强度、节约钢材、节省劳动力、运输方便、施工便捷、尺寸精度高、易专业化、规模化生产、综合经济效益高等特点，已得到广泛应用。国内的钢筋网成型机是在吸取了国外先进技术经验的基础上，结合国内实际生产需要研发的，可焊接热轧带肋钢筋、冷轧带肋钢筋、光圆钢筋、光圆冷拔钢筋、冷拔钢丝等，生产能力大、布筋均匀、节点连接质量好、节能增效。

根据焊接原材料的不同(纵筋为预调直的直条钢筋或盘条钢筋)，钢筋网成型机分为两大类：直条上料钢筋网成型机和盘条上料钢筋网成型机，直条上料钢筋网成型机及生产流程如图 8-11 所示，盘条上料钢筋网成型机及生产流程如图 8-12 所示。

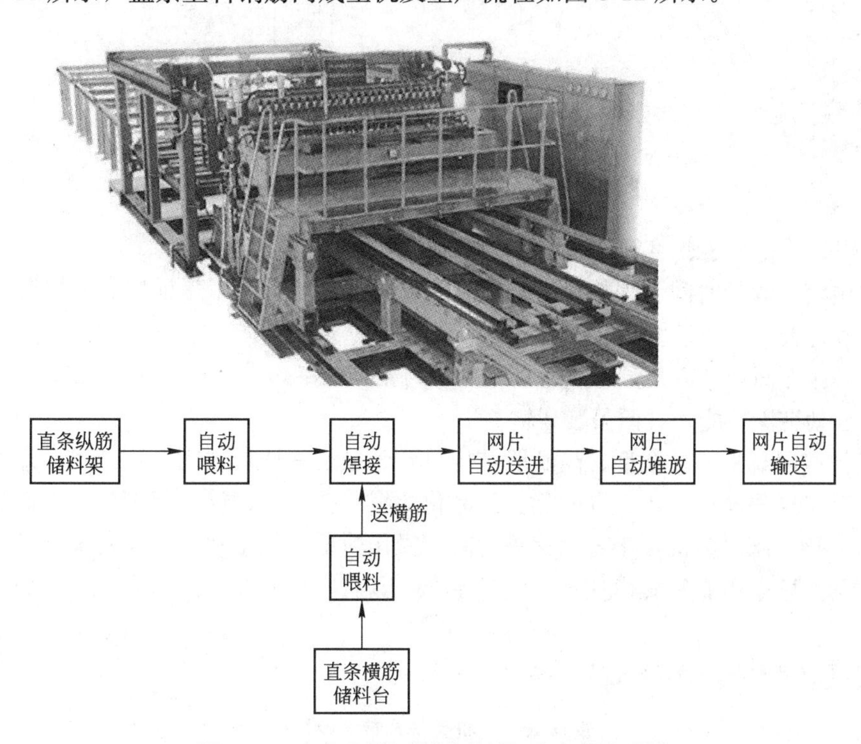

图 8-11　直条上料钢筋网成型机及生产流程图

与一般焊接设备相比，钢筋焊网机具有以下特点：

(1) 自动化程度高

采用计算机控制，焊接速度任意调整，自动计数，自动定尺剪切，自动收集堆垛。

(2) 焊接速度快，效率高

焊接速度一般在 60～120 排/min。

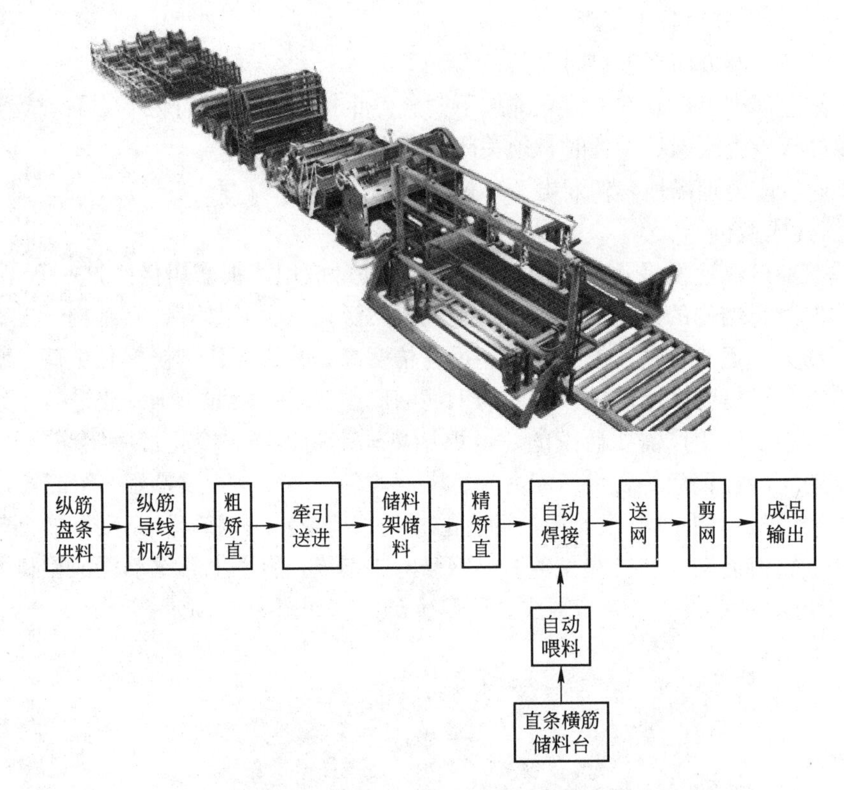

图 8-12　盘条上料钢筋网成型机及生产流程图

(3) 焊接质量稳定、可靠

焊接电流、焊接时间、焊接压力等可根据原料性能调整，以保证焊点的焊接质量。

(4) 节省人工，整条生产线需要 2～3 名工人。

(5) 操作方便。一般人员经过简单培训即可上岗。

(6) 自动堆垛功能，方便吊装运输。

钢筋焊接网既是一种新型、高性能结构材料，也是一种高效的施工技术，是钢筋施工由现场、手工操作向工厂化、专业化、商品化的根本转变。钢筋焊接网施工节省钢材，施工速度快。钢筋网成型机由于自动化程度高、操作简单、加工速度快、可靠性高，尤其适用于钢筋加工配送中心等规模化、大批量生产，具有明显的经济效益和社会效益，应用前景广阔。

钢筋网成型机主要型号及技术参数见表 8-8。

钢筋网成型机型号及技术参数表　　**表 8-8**

型号	GWC-Z，GWC-P
适用钢筋范围	HPB300、HRB400、HRB500、HRBF400、HRBF500
纵筋直径(mm)	3～8，5～12(16)
横筋直径(mm)	3～8，5～12(16)
焊接能力(mm)	8+8，12+12(16+16)
纵筋间距(mm)	50～400

续表

型号	GWC-Z，GWC-P
横筋间距(mm)	25～600
焊接速度(cws/min)	60～120
网宽(mm)	1250，1500，1800，2050，2600，2800，3300，4000

钢筋网成型机使用注意事项：

(1) 设备应安装平稳牢固，前后中心线一致。

(2) 设备必须由经过专门培训的人员操作。

(3) 开机前应进行各项检查和准备：

① 各电气开关是否处在正确位置；

② 检查冷却水压力及气源压力；

③ 根据要焊接的钢筋直径，选择合适的过线嘴。

(4) 工作过程中出现异常，应立即按下紧急停止按钮，故障排除后方可继续操作。

(5) 在进行检查或维护设备时，须关闭设备电源。

(6) 作业后应清理场地，切断电源，关闭水、气阀门，做好润滑工作。

9. 钢筋笼成型机

钢筋笼成型机是钢筋组合制品的自动化加工设备，可焊接各种形状的钢筋笼，如圆形、方形、六角形等，广泛应用于混凝土灌注桩、预制桩、混凝土管的生产。钢筋笼成型机主要由主筋上料架、主筋分料机构、钢筋笼固定和移动旋转机构、防变形机构、自动焊接机构及放线架组成。其工作原理是固定旋转盘和移动旋转盘带动主筋同步旋转，移动盘带动主筋轴向移动，将箍筋有规律缠绕在主筋上，在缠绕同时通过自动焊接或者手动焊接方式将主筋与箍筋焊接在一起而形成钢筋笼。与传统钢筋笼制作方式相比具有如下特点：

(1) 自动化程度高

采用计算机控制、触摸屏进行操作，旋转和行走速度无级可调，采用 CO_2 保护焊可实现自动焊接。

(2) 焊接速度快

1～2s 即可焊接一个焊点。

(3) 焊接的钢筋笼质量稳定、焊点质量可靠，主筋分布精度高，一致性好，箍筋间距均匀，为钢筋笼后续的快速对接提供了基础。

(4) 适应能力强

适用于主筋直径 12～50mm 钢筋笼的焊接，在焊接中箍筋间距可自动调整，满足不同钢筋笼的焊接需求。

(5) 操作简单

工人通过简单培训即可上岗。

(6) 劳动强度低

只需 2～3 人即可完成设备整体操作，大直径的钢筋笼尤为明显。

钢筋笼成型机是可实现钢筋箍筋的自动矫直、绕筋及与主筋焊接于一体的自动化加工设备，具有加工速度快和螺距无级可调等功能，产品质量稳定，生产效率高，劳动强度低，操作简单，是钢筋笼加工制作的自动化加工设备，推广应用前景广阔。

钢筋笼成型机主要型号及技术参数见表 8-9。钢筋笼成型机外形如图 8-13 所示。

钢筋笼成型机型号及技术参数表　　表 8-9

型号	GLJ1250	GLJ1500	GLJ2000	GLJ2200	GLJ2500
钢筋笼直径范围(mm)	300～1500	300～1500	500～2000	800～2200	1000～2500
适用钢筋	HPB300、HRB400、HRB500、HRBF400、HRBF500				
钢筋笼长度(m)	12～27				
缠绕筋直径(mm)	6～16				
主筋直径(mm)	12～32	12～40	12～50	12～50	12～50

图 8-13　钢筋笼成型机外形图

钢筋笼成型机使用注意事项：

(1) 设备应安装平稳牢固，设备的工作回转中心在同一中心线上。

(2) 设备必须由经过专门培训的人员操作。

(3) 开机前应检查设备是否正常。

(4) 开机时应先响铃提醒，上、下料及主筋分料机构、放线架等区域内不得站人。

(5) 工作过程中出现异常，应立即按下紧急停止按钮，故障排除后方可继续操作。

(6) 在进行检查或维护设备时，须关闭设备电源。

(7) 作业后应清理场地，切断电源，做好润滑工作。

10. 钢筋桁架成型机

随着钢结构、铁路、桥梁的不断发展，钢筋桁架及钢筋桁架楼承板的应用将越来越广泛，为钢结构楼板、铁路路轨及高架桥梁的高速发展提供了一条新的途径。相对于传统的现浇混凝土楼板，免去支模、拆模、钢筋绑扎等繁琐的施工工序，极大提高了楼板的施工速度，特别是对于高层建筑，对项目整体进度提供了一定的保证。

钢筋桁架焊接成型机是集机械、电器、液压、气动、智能化控制于一体的钢筋加工设备，由盘条原料放线架、矫直系统、储料机构、拱弯机构、焊接机构、步进机构、桁架剪切机构、集料机构、操作台等九部分组成全自动化生产线。其工作原理是：放线架由制动系统控制的基座和一个最大承重为 3.2t 的盘筋架(根据所需可以调节盘条钢筋的内部直径)等组成，其功能是钢筋顺利的送进矫直机构。矫直机构由线材导向轮、水平矫直、垂直矫直、旋转矫直、牵引机构等部分组成，其功能是对钢筋进行矫直，把经过矫直后的钢筋送入牵引部分，然后送进储料机构。储料机构由定位辊、U 型架和支架等部分组成，其功能是保证足够的钢筋储备，使后续工作正常有序的进行。拱弯机构由拱弯部分、牵引部分和支架等部分组成，导线管确保三根主弦筋安全准确的进入焊接机构，拱弯后的钢筋通过导料槽顺利进入焊接机构。焊接机构由上焊接部分、下焊接部分、变压器和支架等部分组成。当三根主弦筋和侧筋到达合适的位置时，上、下焊接各部分的焊接连接头在气缸的带动下移动，使相对应的焊接电极压住钢筋进行焊接。步进机构由步进夹紧装置、导轨和支架等组成，当三角梁需要向前移动时，步进夹紧装置在伺服电机的控制下到达合适的位置，拉动三角梁向前移动。剪切机构由动刀组、静刀组和液压系统等组成，当三角梁达到设置长度时，液压缸带动动刀组向一旁移动剪断钢筋。集料机构由滑料架、集料架和推料架等部分组成，三角梁剪切完毕后，在步进机构的推动下向前移动，三角梁到达合适的位置后，推料架推动三角梁滑落到滑料架上。操作台包括操作系统和控制系统，操作者可通过此系统完成控制设备所进行的活动。操作和控制系统包括参数的输入调整、数据显示以及安全信号。控制系统采用三菱 PLC、触摸屏、变频器及安川伺服电机。通过人机对话、智能化控制，提高效率，节约人工成本，三人即可运行生产。

钢筋桁架焊接成型机的特点是：

(1) 设备采用数字化控制，工作精度高，响应速度快，具有结构简单、易操作、效率高、功能强、维护方便的特点。

(2) 桁架步进机构由 CNC 伺服电机控制，精确度高、调整方便；

(3) 自动控制放线架机构，具有防止乱线功能；

(4) 线材折弯机构，成型精度高，稳定性好；

(5) 人性化的控制界面，操作方便、直观、智能化；

(6) 电器原件稳定可靠，工作寿命长；

(7) 可控硅触发单元，功耗小、体积小、可靠性高；

(8) 全自动集料机构，降低劳动强度，提高生产效率；

(9) 智能化故障识别报警系统，便于维修；

(10) 全自动钢筋桁架地脚折弯成型机构，折弯精准；

(11) 完善的生产管理系统，操作简便、生产快捷；

(12) 自动侧筋成型机构，速度快、质量高。

钢筋桁架焊接成型机主要型号及技术参数见表 8-10。钢筋桁架焊接成型机外形如图 8-14 所示。

数控钢筋桁架生产线型号及主要技术参数表　　表 8-10

型号	LH-320A	LH-100A
弯曲侧筋直径(mm)	4～8	4～8
上弦筋直径(mm)	8～12	8～12
下弦筋直径(mm)	8～12	8～12
桁架高度(mm)	50～320(可订制)	50～100(可订制)

续表

型号	LH-320A	LH-100A
桁架宽度(mm)	50～150(可订制)	50～150(可订制)
桁架长度(mm)	1000～12000	1000～12000
间隔长度(mm)	190～300(可订制)	190～300(可订制)
设备布置长度(mm)	42000	42000
焊接速度(m/min)	12～15	12～15

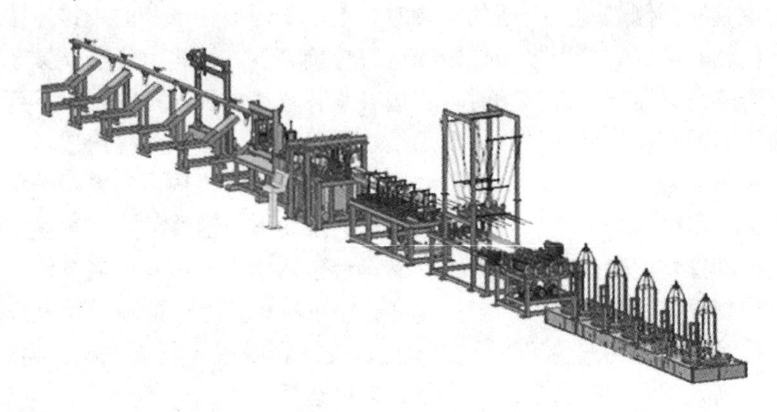

图 8-14 钢筋桁架焊接成型机外形图

8.3 信息化技术在钢筋专业加工与配送中的应用

8.3.1 信息化技术概述

钢筋专业加工与配送不仅需要有自动化钢筋加工设备硬件支撑，而且需要懂得操作使用这些自动化钢筋加工设备的专业人员和能够运用计算机管理系统开展信息化管理的技术人员。如何及时快捷地对所承揽工程的钢筋加工品种、规格、长度进行分类归纳，如何最大限度地发挥自动化加工设备高质量、高效率的特性，如何根据施工计划实施进度及时准确地把成型钢筋制品配送到施工现场安装，是制约施工现场与钢筋加工中心协同作业的关键问题，直接影响着专业化加工与配送技术的推广应用。要解决从钢筋计划、钢筋采购到工厂分类加工，从成型钢筋制品出库配送到施工现场收货验收安装组织管理的高效性问题，必须采用计算机信息化管理技术。

在欧美发达国家，钢筋专业化加工与配送(即商品化钢筋加工)已走过了几十年，计算机管理系统在钢筋加工企业得到广泛使用。随着我国商品化钢筋加工产业的兴起，国内钢筋加工管理软件不断发展，涌现出了部分国产化软件，如：鲁班软件、PKPM、广联达软件、凯博商品化钢筋生产配送系统软件等。软件中主要分为三个部分，一是配筋单管理系统，二是库存管理系统，三是查询系统。软件应用的最大特点是解决了数据使用唯一性问题，实现工地需求和工厂加工计划制定、采购排产、按计划配货供应的相统一，减轻了施工企业现场加工传统方式的繁杂劳动，降低管理成本。

配筋单管理系统是整个钢筋加工配送管理系统的基础，从输入端录入的有关项目、部位、品种、规格、长度、数量、重量及配筋图形等数据信息，将在采购、生产、成品出入库各环节使用该数据进行统一调配；库存管理系统和查询系统是整个钢筋加工配送管理系统过程管理的重要一环，其决定着配送中心能否及时快速地将所需钢筋制品供应到工地现场。通过查询系统管理人员可以随时掌控项目进展情况，并及时对客户需求进行汇总和传递，如客户提供的配筋单数量、重量、规格、长度，已加工数和未加工数，成品库存数和已出库数，所需某规格原材数及该规格库存数等。一系列有关的项目及库存信息，为合理高效地给客户提供商品钢筋提供了条件。

采用专业化钢筋加工信息化管理技术的优点是：

（1）提高数据准确性。配筋单信息的唯一性，能有效地避免在下达生产任务、质量检验及成品入库出库环节可能出现的错误或偏差，使所有的员工所使用的加工任务书或料牌都是出自一个系统。

（2）实现生产能力最优化。随时从系统中看到各项目的品种规格组成、进展情况，对生产环节进行动态管理，根据人力、原料、设备情况，有计划地合理组织生产，最大限度地同时满足不同客户施工需求。

（3）降低加工成本。通过系统实时掌控项目配筋信息，经过分类汇总、综合套材能有效地降低库存量和损耗，减少资金占用，提高场地及原材使用率。

（4）降低管理成本。管理系统实现网络化办公，提高数据传递速度和准确度，缩短数据统计时间，减少管理人员配置，提高了企业管理效率，降低了管理费用支出。

（5）为商品钢筋自动化加工奠定基础。先进的自动化钢筋设备完全可实现计算机终端控制，使用计算机管理系统可为建立全数字化的钢筋加工企业和在钢筋混凝土结构工程应用 BIM 技术提供条件。

8.3.2 信息化技术管理软件

信息化技术管理软件一般情况下具有生产管理、钢筋数据管理、配筋、下料、物流配送管理等功能，可实现钢筋加工企业配筋、采购、生产、销售、钢筋料牌打印等计算机信息化管理；对提高企业管理效率，改善供货准确度，降低成本和库存具有很大的促进作用。

软件主要功能一般分为八个模块，即基本档案管理模块、进货管理模块、库存管理模块、销售管理模块、报表设计模块、配筋单管理模块、钢筋下料量计算模块和系统维护模块。各模块的主要内容如下：

（1）基本档案管理模块——主要用于员工信息管理、客户信息管理、供货商信息管理；

（2）进货管理模块——主要用于采购进货、采购退货、采购查询管理；

（3）库存管理模块——主要用于库存调拨、库存报警、库存查询管理；

（4）销售管理模块——主要用于商品销售、客户退货、销售查询管理；

（5）报表设计模块——主要用于员工信息报表、供应商信息报表、进货报表、员工销售报表、进货分析报表、销售价格分析报表等管理；

（6）配筋单管理模块——主要用于钢筋信息的录入、钢筋信息查询，配筋单设计、料牌设计等；

（7）钢筋下料量计算模块——主要用于钢筋模型的建模、计算公式的统计及相关钢筋信息和计算结果数据库录入等；

（8）系统维护模块——主要用于用户设置、权限设置、修改密码、数据备份和数据还原等。

图 8-15～图 8-23 所示是信息化技术管理软件的典型系统结构图及工作界面。

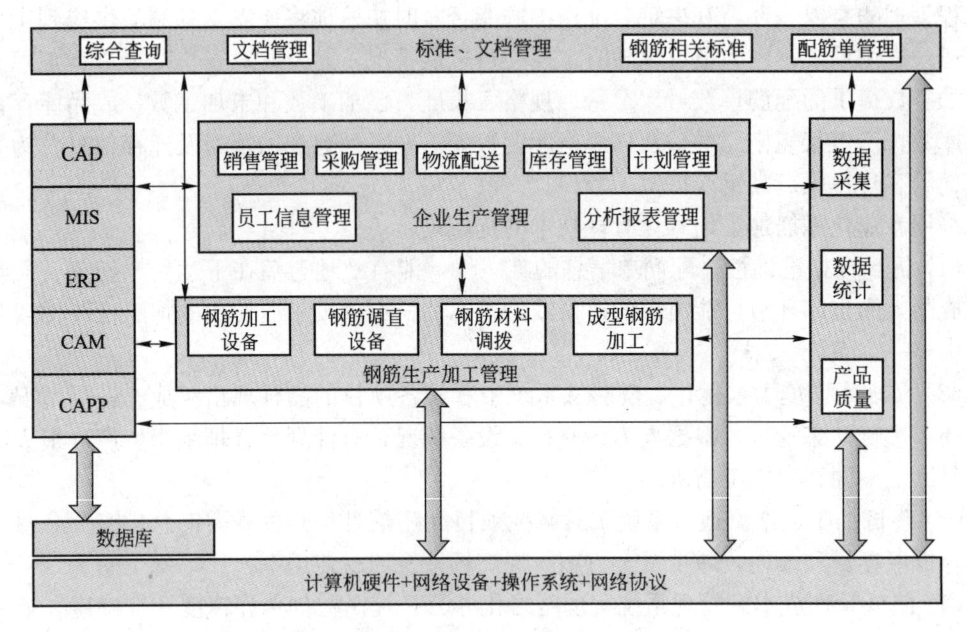

图 8-15　商品化钢筋加工系统结构图

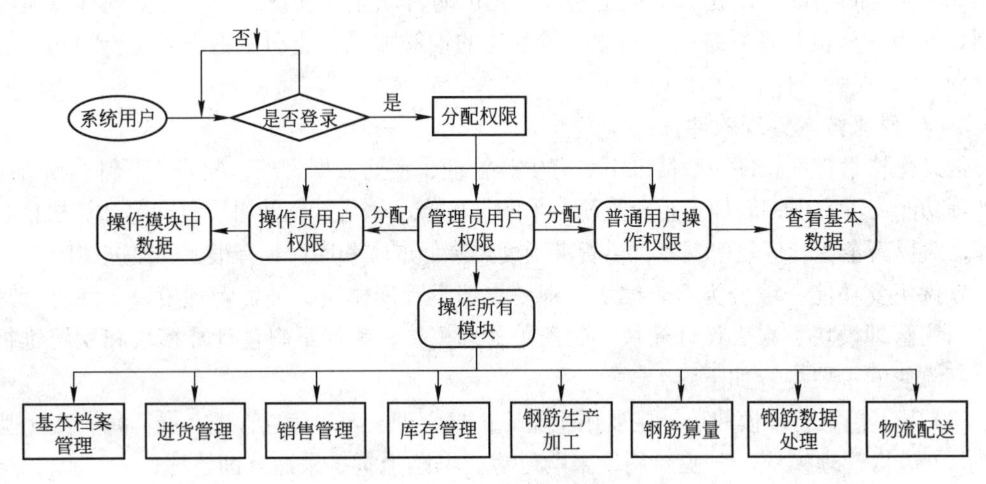

图 8-16　软件流程图

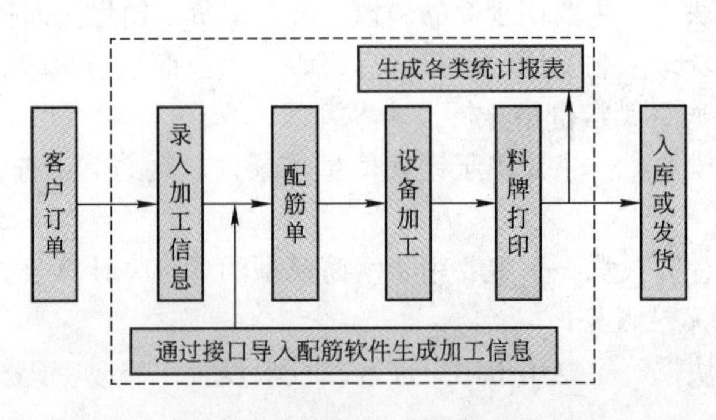

图 8-17　钢筋加工基本流程图

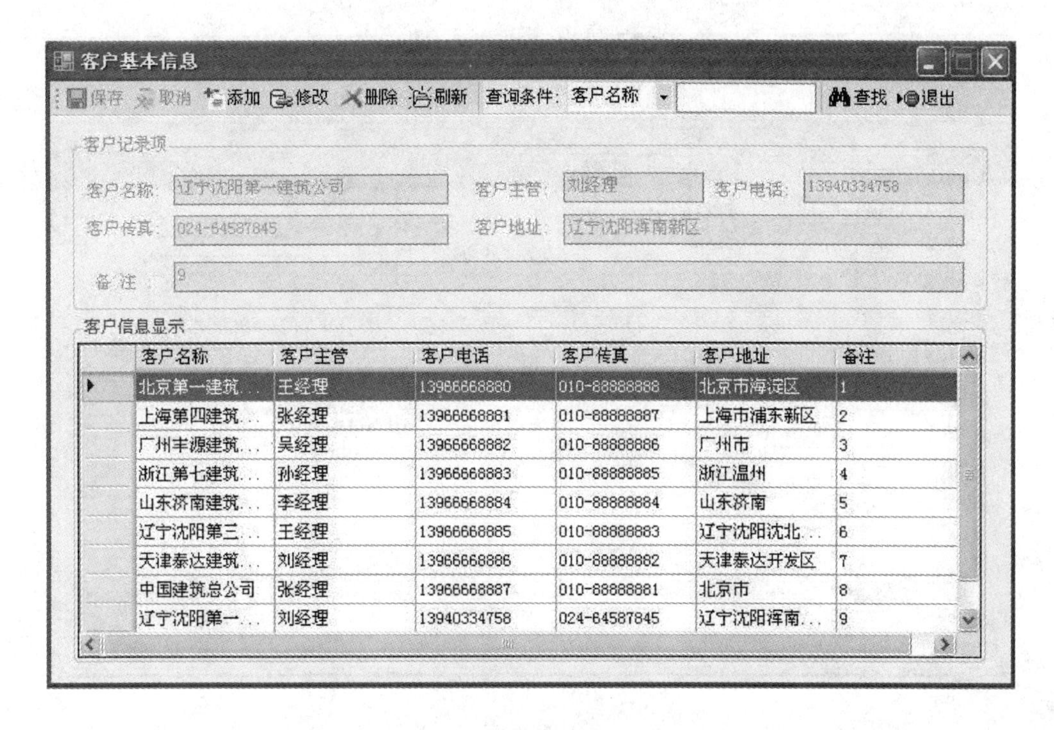

图 8-18　客户信息管理界面

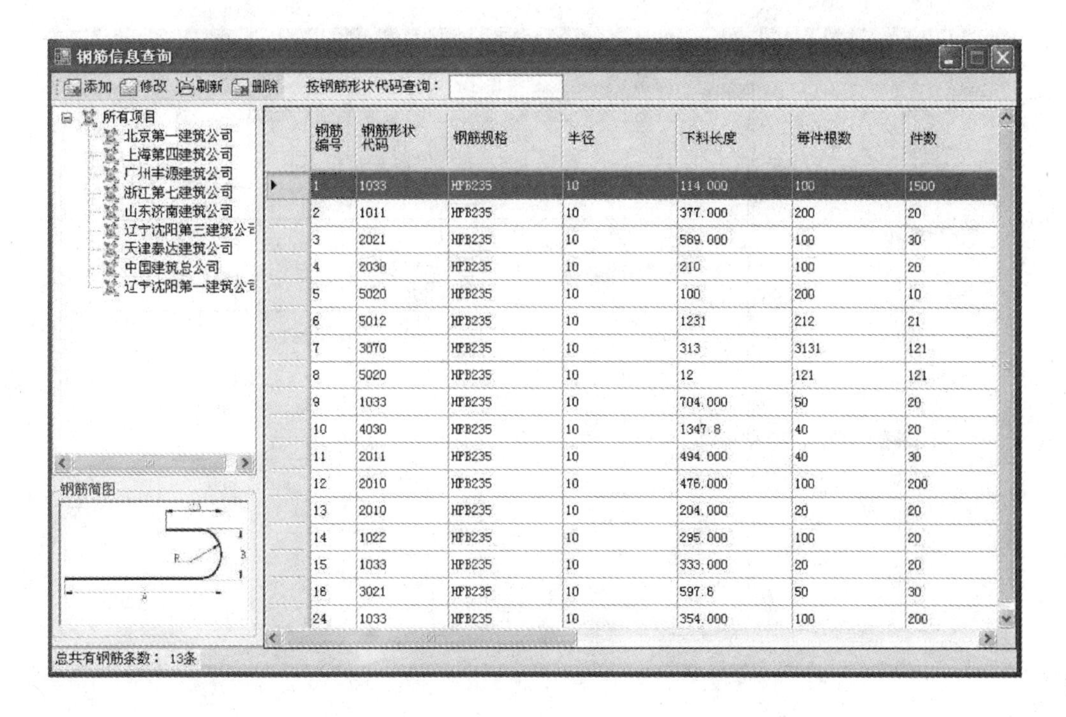

图 8-19　钢筋信息管理界面

添加钢筋信息

保存 退出

钢筋信息

基本数据

钢筋编号：22　成型钢筋代码：2020

钢筋规格：HPB23! 10　钢筋件数：50

每件数量：100　备注：

计算结果

总长/m：995000　总数量：5000

下料长度：199.000　总重/kg：122.783

参数设置

参数A：55　参数B：55

参数C：45　参数D：45

参数E：100　参数F：

参数G：　参数H：

计算

选择钢筋简图

项目设置

工程名称：新兴花园

施工单位：北京第一建筑公司

供货单位：本公司

结构部位：梁

图 8-20　钢筋数据输入界面

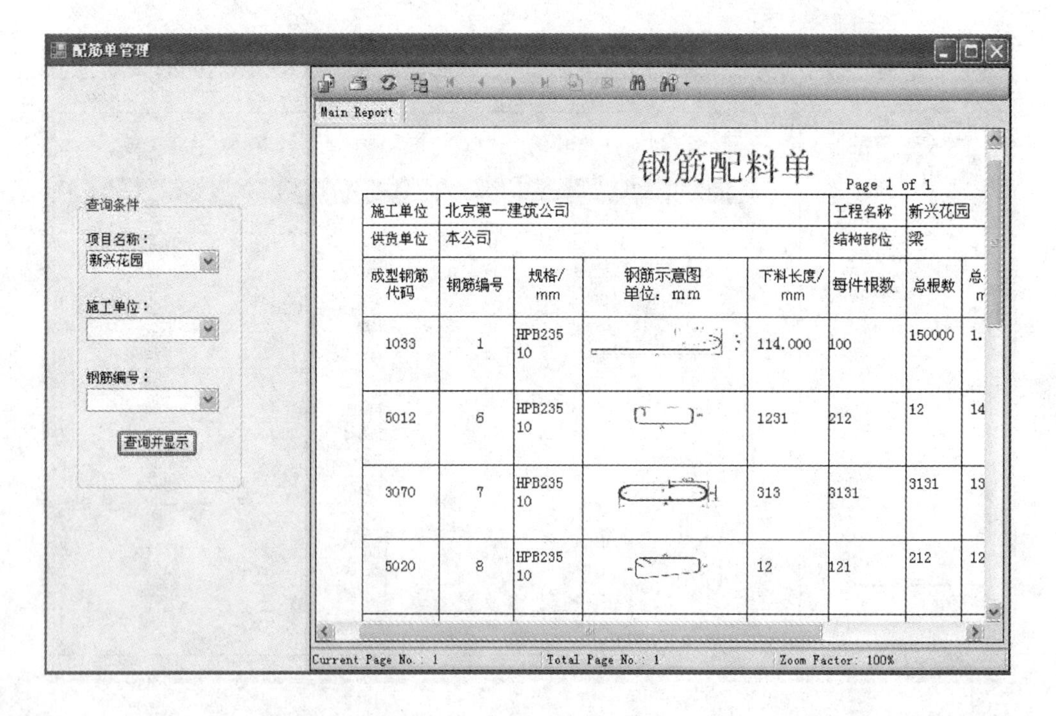

钢筋配料单

Page 1 of 1

施工单位	北京第一建筑公司	工程名称	新兴花园
供货单位	本公司	结构部位	梁

成型钢筋代码	钢筋编号	规格/mm	钢筋示意图 单位：mm	下料长度/mm	每件根数	总根数	总…
1033	1	HPB235 10		114.000	100	150000	1.
5012	6	HPB235 10		1231	212	12	14
3070	7	HPB235 10		313	3131	3131	13
5020	8	HPB235 10		12	121	212	12

图 8-21　配筋单管理界面

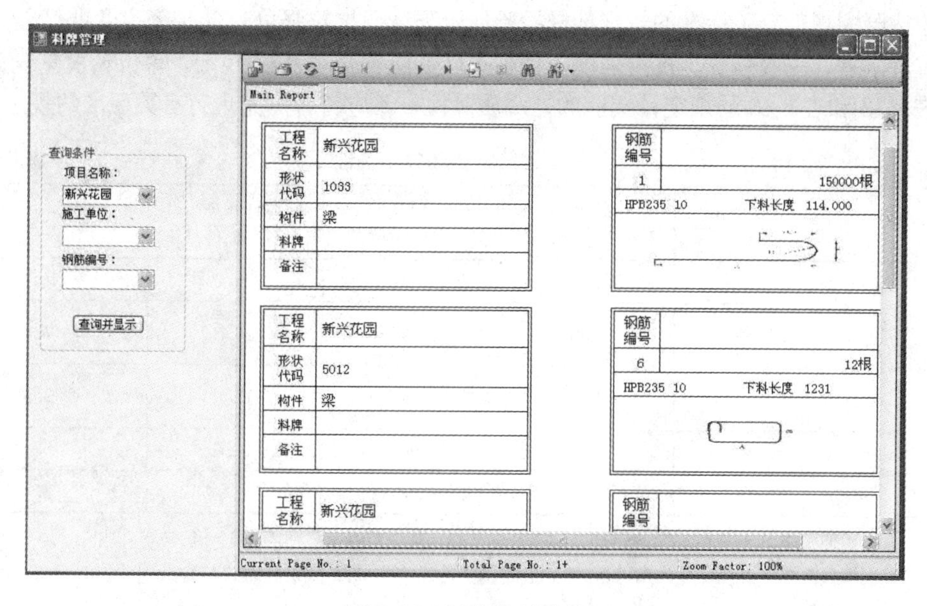

图 8-22　料牌管理界面

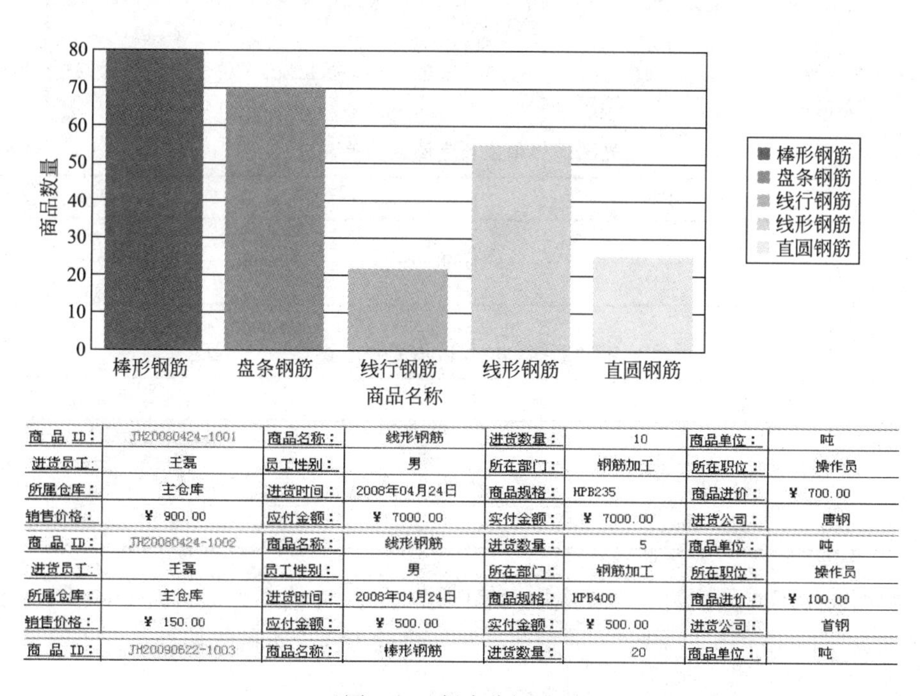

商 品 ID：	JH20080424-1001	商品名称：	线形钢筋	进货数量：	10	商品单位：	吨
进货员工：	王磊	员工性别：	男	所在部门：	钢筋加工	所在职位：	操作员
所属仓库：	主仓库	进货时间：	2008年04月24日	商品规格：	HPB235	商品进价：	¥ 700.00
销售价格：	¥ 900.00	应付金额：	¥ 7000.00	实付金额：	¥ 7000.00	进货公司：	唐钢
商 品 ID：	JH20080424-1002	商品名称：	线形钢筋	进货数量：	5	商品单位：	吨
进货员工：	王磊	员工性别：	男	所在部门：	钢筋加工	所在职位：	操作员
所属仓库：	主仓库	进货时间：	2008年04月24日	商品规格：	HPB400	商品进价：	¥ 100.00
销售价格：	¥ 150.00	应付金额：	¥ 500.00	实付金额：	¥ 500.00	进货公司：	首钢
商 品 ID：	JH20090622-1003	商品名称：	棒形钢筋	进货数量：	20	商品单位：	吨

图 8-23　报表分析界面

8.4　钢筋专业加工与配送中成型钢筋制品质量控制

成型钢筋的加工制作、配送和施工作为一个钢筋混凝土结构工程重要钢筋分项工程，其质量控制主要分为原材料进场控制、成型钢筋加工质量控制和施工现场质量控制。进场钢筋应检查钢筋生产企业的生产许可证书及钢筋质量证明文件，无证产品不应入场；钢筋入场后应按国家现行有关标准的规定抽样检验屈服强度、抗拉强度、伸长率、弯曲性能及单位长度重量偏差，屈服强度、抗拉强度、伸长率性能应符合表 8-11 规定，单位长度重量偏差应符合表 8-12 和表 8-13 的规定；钢筋的外观质量检查，应符合国家现行有关标准的规定。

常用钢筋种类和力学性能　　表 8-11

钢筋牌号	公称直径范围（mm）	屈服强度（f_{yk}）不小于（N/mm²）	抗拉强度（f_{stk}）不小于（N/mm²）	断后伸长率（A）不小于（%）	最大力总伸长率（A_{gt}）不小于（%）
HPB300	6～22	300	420	25.0	10.0
HRB400(E) HRBF400(E)	6～50	400	540	16.0	7.5
HRB500(E) HRBF500(E)	6～50	500	630	15.0	7.5
RRB400	8～40	400	540	14.0	5.0
CRB550	4～12	500	550	8.0	2.0

注：1. 断后伸长率 A 的量测标距为钢筋公称直径的 5 倍，其中 CRB550 钢筋为 10 倍；
2. 根据供需双方协议，伸长率可从 A 或 A_{gt} 中选定；如伸长率类型未经协议确定，则伸长率采用 A，仲裁试验时采用 A_{gt}；
3. 牌号带"E"的钢筋力学性能要求除与本表中不带"E"的钢筋牌号要求相同外，尚应符合 GB 1499.2 中 7.3.3 的规定；
4. 表中屈服强度的符号 f_{yk} 在相关钢筋产品标准中表达为 R_{eL}，抗拉强度的符号 f_{stk} 在相关钢筋产品标准中表达为 R_m。

光圆钢筋单位长度重量偏差要求　　表 8-12

公称直径(mm)	实际重量与理论重量的偏差
≤12	±7%
14～22	±5%

带肋钢筋单位长度重量偏差要求　　表 8-13

公称直径(mm)	实际重量与理论重量的偏差
≤12	±7%
14～20	±5%
≥22	±4%

成型钢筋加工质量控制应检查成型钢筋的形状、尺寸偏差和重量偏差，形状、尺寸偏差应符合表 8-14 和表 8-15 规定，成型钢筋实际重量与理论重量的偏差不应大于 6%。

单件成型钢筋加工的允许偏差　　表 8-14

序号	项目	允许偏差
1	调直后直线度	≤4mm/m
2	受力成型钢筋顺长度方向全长的净尺寸	±10mm
3	弯曲角度误差	≤1°
4	弯起钢筋的弯折位置	±10mm
5	箍筋内净尺寸	±4mm
6	箍筋对角线	±5mm

组合成型钢筋加工的允许偏差　　　　表 8-15

序号	项目	允许偏差
1	钢筋网网片间距	±10mm
2	钢筋网网片长度和网片宽度	±25mm
3	钢筋笼主筋间距	±5mm
4	钢筋桁架主筋间距	±5mm
5	箍筋(缠绕筋)间距	±5mm
6	钢筋桁架高度	±10mm
7	宽度	±10mm
8	钢筋笼直径	±10mm
9	钢筋笼总长度	±10mm
10	钢筋桁架长度	±5mm

成型钢筋进入施工现场时，产品供应方应提交进场批产品的出厂合格证书、质量检验报告、钢筋质量证明文件。工程施工和监理方等相关单位，应按规定对成型钢筋进行见证检验。抽样检验成型钢筋的屈服强度、抗拉强度、伸长率和重量偏差。检验批量可由合同约定，同一工程、同一原材料来源、同一组生产设备生产的成型钢筋，检验批量不应大于30t。

钢筋调直后应抽样检验力学性能和单位长度重量偏差，其强度应符合国家现行有关产品标准的规定，断后伸长率、单位长度重量偏差应符合现行国家标准《混凝土结构工程施工质量验收规范》GB 50204 的有关规定。

成型钢筋的钢筋品种、级别、规格、数量，应符合设计要求和订货要求；成型钢筋安装时的机械连接和焊接连接应按现行行业标准《钢筋机械连接技术规程》JGJ 107、《钢筋焊接及验收规程》JGJ 18 的规定进行施工并检查连接质量，按有关规定随机抽取钢筋机械连接接头、焊接接头试件作力学性能检验；成型钢筋中连接接头和箍筋应检查其设置位置，并应符合有关标准的规定。

成型钢筋安装后，应检查钢筋的品种、级别、规格、数量和位置，并应符合设计要求。直螺纹钢筋接头的安装质量应符合下列要求：

(1) 安装接头时用管钳扳手拧紧，应使钢筋丝头在套筒中央位置相互顶紧。标准型接头安装后的外露螺纹不宜超过 $2p$。

(2)安装后应用扭力扳手校核拧紧扭矩，拧紧扭矩值应符合表 8-16 的规定。

直螺纹接头安装时的最小拧紧扭矩值　　　　表 8-16

钢筋直径(mm)	≤16	18～20	22～25	28～32	36～40
拧紧扭矩(N·m)	100	200	260	320	360

(3) 校核用扭力扳手的准确度级别可选用 10 级。

8.5 专业加工与配送运营模式

钢筋专业化加工与配送成套技术是国际建筑业发展潮流，世界发达国家线材钢筋综合深加工比率达60%以上、棒材钢筋综合深加工比率40%以上，而我国钢筋深加工仅为10%～15%，已成为影响我国绿色建筑发展，制约建筑工程施工四节一环保的瓶颈之一。我国传统模式的钢筋加工隶属于建筑行业，而专业化的钢筋加工配送是多种资源重新整合的过程，实现钢材从产至销的采购定制、生产加工、保管仓储、包装配送、绑扎安装的全过程。这种新型钢筋加工配送体系具有现代物流性质，隶属物流范畴，具体细分为“建筑物流”。物流过程如图8-24所示。

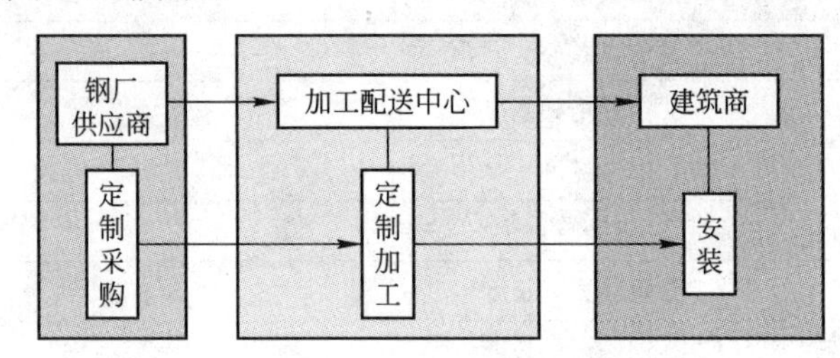

图8-24 物流过程示意图

从上图不难看出钢筋加工配送处在供应链的中游，上游有钢厂或供应商，下游是建筑商。这种新型模式的价值在于：将各个环节进行整合，提供钢筋加工全面解决方案；集约化生产，和钢厂或者钢材经销商直接对话，实现钢筋定制或通尺供应；同时为多个工地配送成型钢筋，通过综合套裁，提高利用率；工厂规模化生产能够根据工程需要加快建设速度；生产环节便于统一管理，提高工程质量，易于进行钢筋加工质量追溯。

钢筋加工配送行业的显著特点是系统性、多层次性、差异性和现代服务性。钢筋加工配送的物流性质决定了其非单一环节运作，具有物流的系统性特点；钢筋加工配送涉及面广，与建设方、施工方、设计方和监理方等都有交叉，具有多层次性；钢筋加工配送的各个环节有着很大的差异，对人员素质等要求各有不同，从农民工到博士等高端人才都有很大的需求；钢筋加工配送仅为建筑物流的一方面，其只有与其他内容的建筑物流项目相互协同才能发挥巨大优势。因此钢筋加工配送具有第二产业工业加工的特性，又同时具有第三产业现代物流服务业的特征，是介于第二和第三产业的中间产业。

在20世纪80年代中期之前，欧洲也是以工地现场加工为主，只有为数不多的加工厂，用一些简易设备进行钢筋加工；到了80年代后期才开始发展半自动化及自动化的钢筋加工机械，逐步形成钢筋加工配送的经营模式。目前欧美等一些发达国家，钢筋配送已是很普遍的事情，差不多每隔50～100km就有一座现代化的钢筋加工厂；亚洲新加坡、中国台湾等国家和地区钢筋加工配送应用很普遍，单体成型加工效率为国内的5～10倍。长期以来我国的钢筋加工基本停留在依靠人力和简单设备进行现场加工的阶段；随着我国改革开放的深入和施工企业走出国门承接工程施工项目，人们对高效钢筋工程施工技术产生需求，2002年起国内开始研究钢筋加工配送技术并组织推广应用，通过示范和推广许多单位对钢筋加工配送的先进性逐步有所认识，2005年原建设部将“钢筋加工配送”列为建筑节能重点推广项目。政府的重视使钢筋加工配送的专业化得到了飞跃式发展。我国目前已有大大小小的钢筋加工配送企业千余家，钢筋加工配送已经越来越得到施工企业和开发商的认可。不过相比于数量庞大的现场加工队伍，钢筋加工配送还有很长的一段路要走。国外钢筋加工的发展之路，就是我国今后的发展之路，随着我国智能化钢筋加工设备技术水平的不断提高和日趋完善，劳动力成本提升，传统的钢筋加工管理模式必将逐步向钢筋专业化加工配送方向转变。

目前我国推广应用钢筋加工配送技术还面临诸多问题，主要表现在：

(1) 市场认知度不高。钢筋加工配送项目虽说在国内经过了近十年的发展，但市场对这种新兴的钢筋供应机制认知还不十分清楚，现阶段大多数的建筑施工企业和专业分包商还是采用了传统的简单设备钢筋加工模式，市场开发有待进一步的深入进行。

(2) 钢筋集中加工规格多、品种杂、配送需求计划性强，成型钢筋的加工与设计市场不规范，相应的技术标准和规范缺乏。目前在我国建筑钢筋只是作为一种普通的建筑钢材来使用，按照传统观念成型钢筋加工是建筑施工企业的事情。在国内某大型钢筋加工配送企业，原材料钢筋品种达 242 种，每天加工的下料单就有 1000 多种，生产组织非常繁杂，自动化加工设备的高效生产特性根本发挥不出来，这在一定程度上制约了国内现代化钢筋加工配送行业的发展。

(3) 钢筋加工配送产业使相关各方发生利益再分配，在施工单位应用存在阻力。钢筋加工配送实质上是把建筑施工单位的钢筋加工任务搬到了钢筋加工配送企业来进行，引起建筑施工企业、钢材经销商和钢铁企业之间的利润重新分配。处理好利益分配为题的难点和重点在于如何满足建筑施工行业的专业需求，掌握物资流通领域的基本规律，并且拥有完全市场化的运作模式，也就是说如何高效准确地把钢铁厂、流通商与施工企业需求有效地衔接起来，形成利益的共同体。

(4) 操作过程繁杂，需要协调多方面关系 。钢筋加工配送是典型的非标准制作，需要按施工图纸加工，在此之前有大量的施工图纸翻样、配筋、下料单转化工作，同时需要得到甲方和施工企业的认可和支持。由于我国在钢筋加工配送方面起步较晚，国家既没有相应的政策支持，又没有完整系统的规范和标准可循，信息化管理软件比较滞后，因此给推广应用工作带来一定的难度。

(5) 上下游企业衔接有待加强，信息流通不畅 。钢筋加工配送作为服务性行业，与上下游的交流、沟通非常重要。而现在面临的问题是：我们引入了世界上最先进的加工设备，但是信息传递、数据交换系统却跟不上，造成设备利用率偏低、综合套裁无法实现，从而无法充分发挥钢筋专业化加工配送真正的优势。

(6) 钢筋加工配送行业专业人才匮乏。钢筋加工配送由多个环节组成，需要工程施工、机械操作人员和生产管理、物流管理、供应链管理各方面的人才，而且每个环节对于人员操作能力、管理能力、协调能力等的要求都是较高的，人才是钢筋加工配送行业发展所需的必要条件。目前由于钢筋加工配送行业发展较晚，复合型的专业人才还相对较少。

为了充分发挥钢筋专业化加工配送优势和市场价值，应对目前在市场推广应用中面临的问题，下面介绍国内某一钢筋加工配送企业的运营模式，仅供参考。国内某企业通过建立成型钢筋销售网络、配送网络、钢筋物流价值链以及改进钢筋采购业务流程，实现钢筋加工配送增值，大力发展钢筋专业化加工与配送技术。该企业钢筋加工、存储与配送的运营体系如图 8-25 所示。

钢筋加工配送体系由三部分组成，其一是与钢铁生产企业合作形成定制钢筋原材料供应体系，其二是建立自动化、规模化、标准化、集约化钢筋加工体系，其三是与建筑施工企业合作建立按照施工组织计划供应成型钢筋的配送管理体系，使建筑工地临时贮存钢筋空间与施工管理成本最小化。将三个部分通过管理有机融合为一体，实现钢筋加工配送的

钢筋加工、存储与运输的创新体系
与钢厂合作定制钢筋原材料
自动化、大规模、标准化、集约化的钢筋加工
最小化建筑工地临时储运空间与成本
钢筋加工与配送

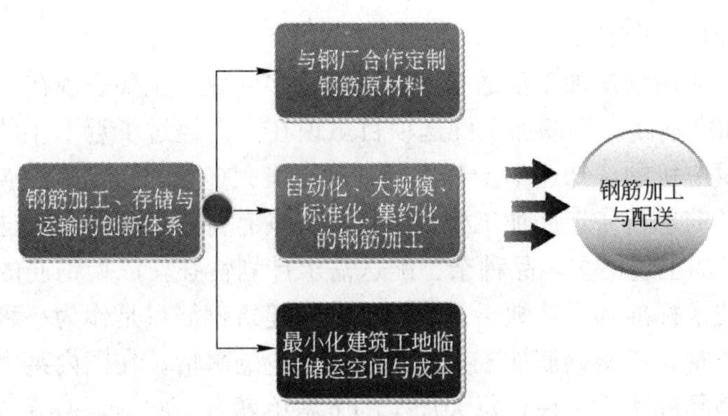

图 8-25　存储与配送运营体系图

高效节材、保证质量、及时供应之目标。

业务管理由配送订单市场管理系统、加工料单业务管理系统、成型钢筋制品库存管理系统、钢筋原材料采购管理系统、机械设备供应运维管理系统和施工现场管理系统等六大系统组成，如图 8-26 所示。

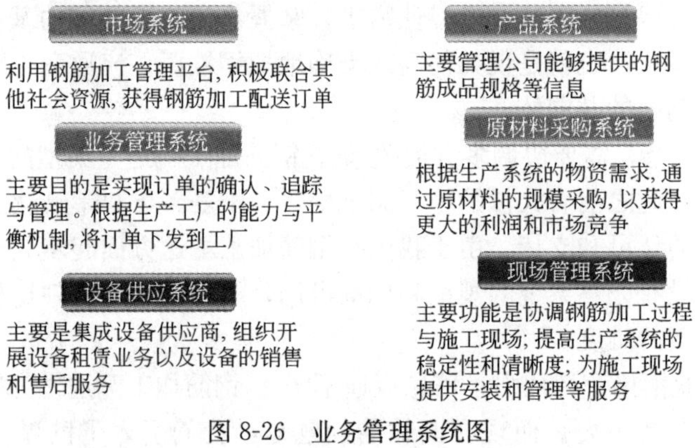

市场系统
利用钢筋加工管理平台，积极联合其他社会资源，获得钢筋加工配送订单
业务管理系统
主要目的是实现订单的确认、追踪与管理。根据生产工厂的能力与平衡机制，将订单下发到工厂
设备供应系统
主要是集成设备供应商，组织开展设备租赁业务以及设备的销售和售后服务
产品系统
主要管理公司能够提供的钢筋成品规格等信息
原材料采购系统
根据生产系统的物资需求，通过原材料的规模采购，以获得更大的利润和市场竞争
现场管理系统
主要功能是协调钢筋加工过程与施工现场；提高生产系统的稳定性和清晰度；为施工现场提供安装和管理等服务

图 8-26　业务管理系统图

按照六大系统形成钢筋加工配送运营的整体架构如图 8-27 所示。

产品增值
钢铁生产企业
规模化，批量化
工厂化，标准化
专业化，商品化
钢材
原材料定制中心
钢筋加工中心
物流配送及施工
商品钢筋
剪切
弯曲
笼网
其他
原材料采购
加盟拓展
订单管理
公共关系
运营中心
渠道规划
客户服务与呼叫咨询中心
客户管理
市场开发
大客户
工程商
经销商
订单
客户资源
市场信息
终端客户
客户增值
产品流
信息流

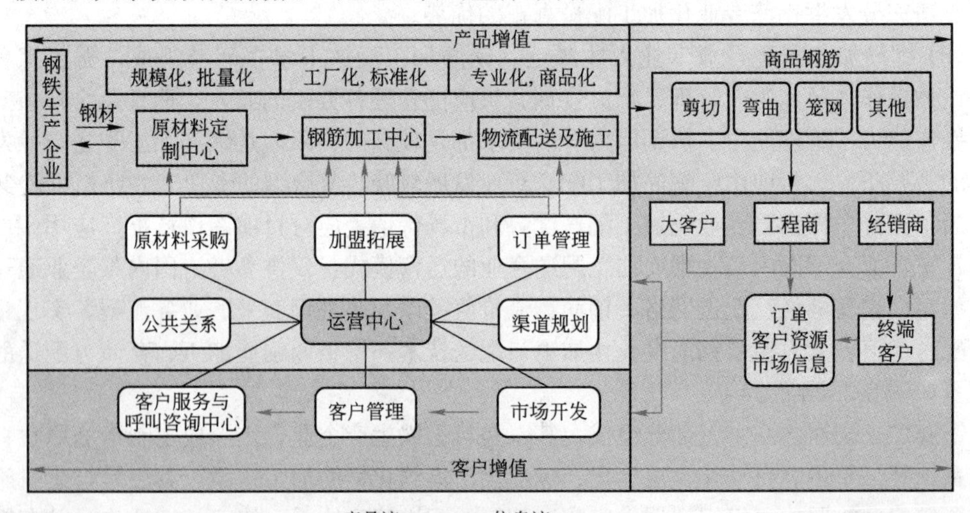

图 8-27　整体运营构架图

整体运营架构的流程是：市场管理系统从大客户、承包商、经销商获得成型钢筋需求信息，包括订单、客户资源、工程信息；将这些信息作为业务管理系统（运营中心）的输入端，分配到市场开发、客户管理、客户服务等部门；运营中心对信息分类后通过原材料采购部门、订单管理部门作为运营中心的输出端向原材料定制中心、钢筋加工中心、物流配送及施工管理部门发送指令；原材料定制中心、钢筋加工中心、物流配送及施工管理部门根据接收到的需求信息进行原材料采购和定制、加工生产、库存产品安排配送与安装施工，最终满足客户需求。

通过加工配送整体运营，不断扩大公司运营规模，拓展渠道和领域，积极承揽高端市场自营工程项目；加强网络建设，利用社会资源打造全国钢筋加工配送网；建立加盟连锁店，整合产业链资源，扩大采购规模，走钢筋定制与钢筋加工相结合之路，形成创新型钢筋加工配送盈利模式，如图 8-28 所示。

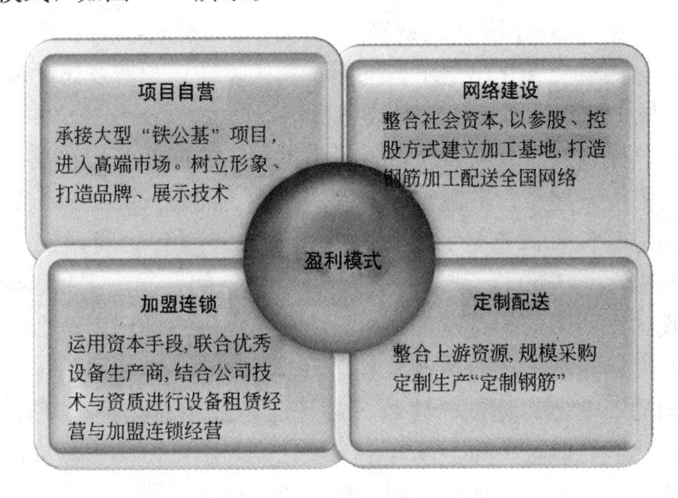

图 8-28　加工配送整体运营图

钢筋专业化加工配送是一个系统性很强的综合性工程，涉及装配制造业、信息化产业、物流产业、钢铁产业和建筑业等多个领域，需要管理、专业技术等多方面人才队伍，在我国还处于起步发展期，是一个工业化朝阳产业。随着我国节能减排国家战略的实施和工业化建筑的推进，通过技术的不断创新、科技的进步、设备水平的提高和工程实践经验的积累，钢筋专业化加工配送必将具有十分广阔的市场前景。

本章参考文献

[1] GB 1499.1—2008. 钢筋混凝土用钢 第 1 部分：热轧光圆钢筋.
[2] GB 1499.2—2007. 钢筋混凝土用钢 第 2 部分：热轧带肋钢筋.
[3] GB 50204—2002. 混凝土结构工程施工质量验收规范.
[4] JGJ 107—2010. 钢筋机械连接技术规程.
[5] JGJ 18—2012. 钢筋焊接及验收规程.

附录A
提高认识　狠抓落实　推动高强钢筋应用工作实现新突破

陈大卫副部长在全国推广应用高强钢筋工作会议上的讲话

这次会议的主要任务，是贯彻落实《住房和城乡建设部、工业和信息化部关于加快应用高强钢筋的指导意见》，对全国高强钢筋推广应用工作进行动员和部署。姜伟新部长高度重视此项工作，多次过问并作出指示。下面，我代表住房和城乡建设部讲几点意见。

一、深刻认识推广应用高强钢筋的重要意义

改革开放以来，我国经济社会发展取得了举世瞩目的成就。但在发展进程中，我们既面临刚性需求；也需应对能源、资源、环境的“刚性”约束。一方面，随着经济总量扩大和人口增长，我国战略性资源不足的矛盾日益尖锐。2011年，我国铁矿石对外依存度达到60%。快速上涨的铁矿石价格吞噬着钢铁企业利润空间，制约了我国钢铁工业的健康发展。另一方面，我国长期形成的高投入、高消耗、高污染、低产出、低效率的“粗放”发展模式尚未根本改变，经济发展与资源浪费、环境污染并存。我国单位GDP能耗仍是日本的4.5倍、美国的2.9倍，钢铁、建材等高耗能行业单位产品能耗比国际先进水平高10%～20%；水体化学需氧量指标、大气中二氧化硫等主要污染物排放量居高不下，二氧化碳排放总量持续上升。不解决这些问题，我国资源难以支撑、环境难以承受、发展难以持续、民生难以改善。两部门加快推广应用高强钢筋，我们要从调整经济结构、转变发展方式、推动科学发展的高度，认识这项工作的重要意义。

（一）推广应用高强钢筋是落实中央节能减排决策部署的重要措施

加强节能减排工作，是党中央、国务院针对当前经济社会发展的问题、矛盾，从我国经济社会长远发展出发做出的战略部署，是落实科学发展观，落实资源节约和环境保护基本国策的客观要求。

党的十七大、“十二五”规划纲要都对节能减排工作提出了明确要求。国务院《“十二五”节能减排综合性工作方案》强调“坚持优化产业结构、推动技术进步、强化工程措施、加强管理引导相结合，大幅度提高能源利用效率，显著减少污染物排放。制定并实施绿色建筑行动方案，从规划、法规、技术、标准、设计等方面全面推进建筑节能。推广使用新型节能建材”。

推广应用高强钢筋是实现节能减排目标的有效措施之一，建设工程使用高强钢筋能够降低钢筋用量，相应减少钢铁生产的能源资源消耗和污染物排放，实现国家年均节能目标的2%。应用高强钢筋是绿色建筑行动方案的重要内容，有助于带动建设领域科技创新。

（二）推广应用高强钢筋是钢铁工业转型升级的突破口

我国是钢铁生产和消费大国。2011年钢材产量8.8亿吨，居全球第一。据统计，我国每吨钢平均消耗1.6t铁矿石、600kg标准煤、4.1t新水，排放约2t二氧化碳、2t污水、1.5kg粉尘。过多的能源资源消耗和污染物排放使钢铁工业转型升级势在必行。

我国建设工程以钢筋混凝土结构为主，钢筋消耗量很大。2010年全国城镇房屋建筑钢筋和线材用量1.3亿吨，占其总产量一半以上，占钢铁总产量的16%。

推广应用高强钢筋是实现减量化用钢的重要途径。据测算，以HRB400替代HRB335钢筋的省钢率约12%～14%；HRB500取代HRB400钢筋可再节约5%～7%。在高层或大跨度建筑中应用高强钢筋，效果更明显，约节省钢筋用量30%。2010年全国高强钢筋用量比例约35%，按照当前我国工程建设规模，如果高强钢筋用量比例达到65%，每年大约可节省钢筋1000万吨，相应缓解铁矿石进口、煤炭和电力供应的压力，节省环境容量。

《钢铁工业“十二五”发展规划》提出“扩大高性能钢材品种，实现减量化用钢，推进节能降耗”。加快应用高强钢筋，是落实《规划》部署，推动钢铁工业结构调整和转型升级的突破口。

（三）推广应用高强钢筋是推动建筑业技术进步的有效途径

“十一五”末期，建筑业增加值占国内生产总值的比重已达到6.6%，从业人员超过4000万，成为拉动国民经济发展的支柱产业和吸纳农村富余劳动力就业的重要领域。目前，我国建筑业生产方式总体上还是以粗放型为主，工业化水平低、湿法作业多、物耗能耗高。随着科技进步和人民生活水平提高，对建筑产品的需求不仅仅局限于数量增加，用户更注重功能完善和质量品质，行业更关注生产工业化、建造过程精细化，国家则要求能源资源消耗减量化、废弃物利用资源化。建筑业必须从拼物质资源消耗向依靠科技进步、提高劳动者素质和创新管理模式转变。

推广应用高强钢筋，是建筑业将钢铁行业技术进步成果转化为现实生产力的具体体现。作为一项系统工程，使用高强钢筋涉及工程设计、材料加工、工程管理、质量监控等，其构成要素包括构建技术支撑平台、改进工程设计方法、改善钢筋加工方式、改良钢筋连接技术、提高施工现场管理水平和加强技术人员培训等，可以推动建筑业技术创新。另外，使用高强钢筋能够解决建筑结构中，特别是梁柱节点部位，钢筋密集、不易操作的问题，还有助于避免“肥梁胖柱”，对保障工程质量和安全可靠性具有积极意义。总之，应用高强钢筋将提高相关工程技术和建筑“四节一环保”水平，促进建筑业科学发展。

二、妥善处理推广应用高强钢筋中的几个问题

1995年，原建设部和冶金部开始联合推广应用新型钢筋。经过10多年努力，取得了一定成效。但由于经济发展水平不够均衡、工程技术应用普及程度不够平衡等原因，我国高强钢筋应用比例仍然偏低，地区差异较大，东部地区应用好于西部地区，大城市应用好于中小城市。

根据我国现行标准规范，在混凝土结构中，高强钢筋使用量理论上可以达到钢筋总用量的70%。发达国家非预应力钢筋多以400MPa、500MPa为主，甚至600MPa，其用量一般占到钢筋总量的70%～80%。这表明我国推广应用高强钢筋潜力很大。考虑到两大行业生产、应用、研发等实际情况，两部门经过认真研究，确定到“十二五”末期，在建筑工程中高强钢筋使用量至少要达到钢筋总用量65%，这是一个经过努力可以实现的目标；明确推广应用技术路线为：加快淘汰335MPa、优先使用400MPa、积极推广500MPa螺纹钢筋。

推广应用高强钢筋涉及不同行业、不同主体和多个环节，需要统筹兼顾、协同配合，妥善处理好以下问题。

（一）供给和需求问题

丰富市场供给，满足工程需要，是推广应用高强钢筋的基础，发挥市场配置资源基础性作用，通过合理制度安排，改善市场环境、规范市场秩序，平衡供需、引导价格。工程建设对钢筋需求总量大、需要规格多，企业希望及时供货，但单一规格批量大小不一，而钢筋是批量生产，达不到一定的量，钢铁企业不愿意生产。目前，高强钢筋总的产品规格和产能可以满足使用需求，但在有些区域，还难以便捷地买到高强钢筋，更不用说价格合理、规格齐全。生产和应用单位要加强协同配合，解决好供需矛盾。鼓励生产单位创新供应方式，规划好仓储、发展或依托高效物流配送渠道，在更宽范围、更广领域内满足市场需求。应用单位要加强对需求的分析预测。两系统要形成有效衔接机制，联合建立信息平台，及时、准确发布高强钢筋的供需及价格信息，合理引导供给与消费。

（二）市场机制与政府引导问题

要坚持通过市场机制推动高强钢筋应用，发挥企业主体地位和积极性，保障市场供应、调节供需平衡。政府工作侧重点要转向社会管理和公共服务，通过完善标准体系、制定激励政策、健全监管措施等，确保钢筋质量和工程质量，避免钢筋价格大幅波动。

云南推广高强钢筋取得成效的重要原因，就是注重发挥企业积极性和政府引导作用。昆钢集团强化高强钢筋技术研发，主动与建设、设计和施工单位沟通协调，针对高强钢筋应用中的技术问题举办培训班，并向保险公司投保钢筋质量，这些措施产生了积极效果。云南有关部门加强引导，出台了《在建筑工程中推广 HRB500 热轧带肋钢筋的指导意见》、《关于推广应用高性能抗震钢筋的意见》、《HRB500 热轧带肋钢筋建筑工程应用技术措施》、《建筑工程应用 500MPa 热轧带肋钢筋技术规程》等政策措施和地方标准，推动了高强钢筋应用。

（三）全局利益与局部利益问题

生产单位和应用单位要有大局观，从全局利益的高度出发，兼顾对方诉求，共同做好工作。由于外部环境恶劣、市场竞争激烈，钢铁企业运营艰难，在建设领域推广应用高强钢筋，为企业提供了新的发展机遇，拓展了转型发展空间。通过减少钢筋用量节约成本是建筑企业使用高强钢筋的主要动力，在一定时期内，价格仍是影响高强钢筋应用的关键因素。建筑企业整体利润微薄，难以承受过高的材料价格；价格也不能过低，钢铁企业没有了积极性，供给就难以为继。价格适宜，保证生产单位和应用单位合理利润空间，形成“共赢”，是高强钢筋成功应用的前提条件和重要保障，云南、江苏、河北等地的经验就说明了这一点。

（四）技术先进性与经济适用性问题

不是所有建筑结构和构件都要使用高强钢筋，也不是使用钢筋强度越高越好，要坚持以节材为核心，以结构安全为前提，科学可靠、经济合理地使用。建筑结构形式多样，规范对不同构件的设计计算和构造要求也不同，使用高强钢筋的节材效果差别较大。当节材效果明显或有助于保障建筑质量安全时，应当使用高强钢筋，特别是高层和大跨度建筑；当不需要很高强度时可采用普通强度钢筋。多种钢筋生产工艺都能实现高强度，但延性有差别，价格也不同，要综合考虑钢筋强度和延性，根据结构和构件受力特点选用钢筋，如地下室墙、基础底板，可用延性小、价格低的钢筋，降低工程造价。

（五）全国推广与重点示范问题

"十二五"期间应用高强钢筋的指导思想、主要目标和重点任务，是综合分析全国情况后提出的。各地要根据本地区应用高强钢筋基础条件，实事求是制定各自目标：基础好的地区，如400MPa螺纹钢筋应用水平高的城市，可积极应用500MPa，力争提前实现全国工作目标；基础差一些的城市要循序渐进，推广应用以400MPa为主；有抗震设防要求的地区，要推广高强抗震钢筋。

试点示范对全国推广应用高强钢筋具有积极作用。两部门选择云南、重庆、江苏、河北和新疆作为试点，就是要通过不同地区、不同条件的城市、钢铁企业和建设项目示范，积累高强钢筋的生产和应用经验，建立生产、配送、设计、施工、监理、验收等推广应用全过程协调和管理机制。

三、切实完成推广应用高强钢筋的各项任务

两部门联合印发了《指导意见》，成立了高强钢筋推广应用协调组和技术指导组，协同工作机制、政策和技术支撑体系初步形成。近年来各地也积累了很多经验，这次会议期间将进行交流。为保障推广应用高强钢筋各项工作落到实处，目前要重点做好以下工作：

（一）加强组织领导和协同配合。应用高强钢筋工作涉及面广、关联性强。各地要高度重视，加强领导，按照《指导意见》要求，成立相关部门参加的领导与工作协调机构，完善制度、明确职责、制定方案，形成联合推广机制，强化阶段目标管理，加强过程监督，做到有部署、有落实、有检查。

（二）完善相关政策措施。两部门正抓紧研究推广应用高强钢筋的鼓励政策和措施。一是会同国家发改委、财政部等部门，将钢铁企业淘汰落后产能、生产高强钢筋技改项目纳入技改资金扶持范围；将应用高强钢筋纳入绿色建筑行动方案、绿色建筑标识测评与工程评奖等工作；争取建筑工程领域节材的财政扶持政策。各地也要结合实际制定扶持政策。二是完善相关标准规范，进一步修订已纳入500MPa钢筋的《混凝土结构设计规范》，启动修订《钢筋机械连接技术规程》、《钢筋焊接及验收规程》等，发布国家产品标准《钢筋混凝土用钢》。

（三）做好示范工作。各试点地区要按照《示范工作方案》要求，强领导、抓落实，按时完成任务。示范工作与全国推广同时进行，示范过程中好的经验我们将组织交流、推广；对出现的共性问题，我们也会采取措施加以解决。地区也可借鉴这种模式，在全面推广的基础上，选择部分城市、项目开展示范，发挥典型引路效应。

（四）加强技术研发与指导。协调组将组织对500MPa及以上钢筋的生产、加工、机械连接、焊接等技术和结构设计软件进行研究，加强改进高强钢筋综合性能、高强钢筋和高强混凝土结构构件抗震性能的研究，摸索准确识别钢筋牌号的方法，避免混淆使用。编制高强钢筋应用图集、手册、指南等辅助技术资料。各地要成立由两系统专家组成的高强钢筋推广应用技术指导组，建立咨询平台，畅通沟通渠道，及时提供指导。

（五）加大宣传和培训力度。各地两部门要统一组织、协同围绕应用高强钢筋的社会效益和经济效益，利用报刊、杂志、网络等媒体，通过案例分析、专家访谈及经验交流等形式，开展有深度、有声势的宣传。要以相关标准规范为依据，对工程设计、施工、监理等单位的技术人员开展高强钢筋应用技术培训，特别要关注偏远、经济欠发达地区和中小城市。协调组正组织专家编写教材，近期将在全国组织开展师资培训。

（六）加强监督检查。今年两部门将组织对有关工程建设标准和钢筋产品标准实施情况进行监督检查，严格控制钢筋直径负偏差，杜绝瘦身钢筋。各地要将是否合理使用高强钢筋作为施工图审查和工程质量监督的重要内容，严格把关。建设、设计、施工和监理单位要认真履职，加强管理，保障工程质量。同时，各地也要及时反馈推广应用中遇到的新情况、新问题，两部门要抓紧研究，提出解决办法。

同志们，应用高强钢筋是新形势下推进节能减排工作的重要内容，任务艰巨，责任重大，使命光荣。大家要统一认识、振奋精神、加强协同、扎实推进，以实际行动贯彻落实科学发展观，以优异成绩迎接党的十八大召开！

附录B 关于加快应用高强钢筋的指导意见

建标［2012］1号

各省、自治区、直辖市住房和城乡建设厅(委)、工业和信息化主管部门，新疆生产建设兵团建设局、工业和信息化主管部门，有关单位：

为落实《国务院关于印发“十二五”节能减排综合性工作方案的通知》(国发［2011］26号)中有关工作部署，促进钢铁工业和建筑业转变发展方式，按照《国民经济和社会发展第十二个五年规划纲要》的要求，现就建筑工程中加快应用400兆帕级及以上高强钢筋提出以下意见。

一、充分认识推广应用高强钢筋的重要性

高强钢筋是指抗拉屈服强度达到400MPa级及以上的螺纹钢筋，具有强度高、综合性能优的特点，用高强钢筋替代目前大量使用的335MPa级螺纹钢筋，平均可节约钢材12%以上。高强钢筋作为节材节能环保产品，在建筑工程中大力推广应用，是加快转变经济发展方式的有效途径，是建设资源节约型、环境友好型社会的重要举措，对推动钢铁工业和建筑业结构调整、转型升级具有重大意义。

随着我国城镇化的快速发展，建筑规模不断增加，2010年建筑钢筋用量已达1.3亿吨，并仍将呈上升趋势。近年来，为推广应用高强钢筋，国务院有关部门和地方住房和城乡建设、工业和信息化主管部门做了大量工作，高强钢筋使用量已达到建筑用钢筋总量的35%左右。

与此同时，高强钢筋推广应用还存在着各地工作不平衡、政策法规和标准缺乏有效约束、推广应用工作机制不完善等问题，在“十二五”期间，有必要制定目标和措施，加快推广应用高强钢筋工作。

二、推广应用指导思想、基本原则和主要目标

(一) 指导思想。深入贯彻落实科学发展观，以建筑钢筋使用减量化、提高资源利用效率为目标，通过完善政策和标准配套，优化建筑钢筋生产、使用品种和结构，创新应用建筑高强钢筋工作机制，实现钢铁行业与建筑业的技术进步和节材、节能。

(二) 基本原则。在遵循政策引导、行业服务、技术支撑、典型示范、市场配置和供需平衡等原则基础上，积极推进应用高强钢筋的各项工作。

(三) 主要目标。加速淘汰335MPa级螺纹钢筋，优先使用400MPa级螺纹钢筋，积极推广500MPa级螺纹钢筋。

2013年底，在建筑工程中淘汰335MPa级螺纹钢筋。

2015年底，高强钢筋的产量占螺纹钢筋总产量的80%，在建筑工程中使用量达到建筑用钢筋总量的65%以上。

在应用400MPa级螺纹钢筋为主的基础上，对大型高层建筑和大跨度公共建筑，优先采用500MPa级螺纹钢筋，逐年提高500MPa级螺纹钢筋的生产和使用比例。对于地震多发地区，重点应用高强屈比、均匀伸长率高的高强抗震钢筋。

三、重点工作

（一）保障高强钢筋产品的市场供应。钢铁生产企业要通过技术改造，保证高强钢筋各品种规格产品的供应，扩大符合抗震要求的400MPa级螺纹钢筋的生产，提高400MPa级螺纹钢筋生产质量稳定性，并逐步提高500MPa级螺纹钢筋产量。

（二）加快混凝土用钢的标准修订。2012年上半年完成钢筋混凝土用钢的产品标准(GB 1499)修订，取消GB 1499标准中的235MPa级光圆钢筋和335MPa级螺纹钢筋，将光圆钢筋的强度等级从235MPa提高到300MPa，钢筋强度等级设置为300MPa、400MPa、500MPa。

（三）开展高强钢筋产品的分类认证。加强产品质量检测，严格按照规定对微合金化、超细晶粒、余热处理等不同工艺生产的钢筋进行认证和标识，保证产品质量，避免施工使用中的混淆，规范钢材市场。

（四）贯彻实施新修订的《混凝土结构设计规范》(GB 50010—2010)。建筑结构中的纵向受力钢筋要优先采用400MPa级及以上螺纹钢筋，其中，梁、柱纵向受力钢筋应采用400MPa级及以上螺纹钢筋。梁、柱箍筋推广采用400MPa级及以上螺纹钢筋。适时修订相关工程建设标准，淘汰335MPa级螺纹钢筋，进一步推广500MPa级螺纹钢筋。

（五）加强相关标准的实施监督工作。积极开展相关标准宣贯培训工作，加强对设计单位和施工图审查机构执行相关标准规范的监督，完善实施工程建设标准的技术措施。

（六）加强对高强钢筋应用的质量管理。建设、施工、监理企业要加强施工现场进场钢筋及钢筋加工环节的质量检查。工程质量监督机构要做好相应的监管工作。

（七）加快高强钢筋产品及应用技术研发。研究钢筋连接新工艺和新技术，降低工程施工中钢筋加工成本。加强高强钢筋和高强混凝土结构构件抗震性能的研究，开展600MPa级及以上螺纹钢筋产品研发。

（八）工业和信息化部会同有关部门，提高下游行业工程建设用钢标准，加强在水利、交通、铁路等建设工程中淘汰235MPa级光圆钢筋、335MPa级螺纹钢筋工作。

四、保障措施

（一）住房和城乡建设部、工业和信息化部成立高强钢筋推广应用协调组，统筹生产和应用环节，协调解决应用高强钢筋中的问题，完善推广应用机制。

（二）住房和城乡建设部、工业和信息化部会同有关部门研究制定相关扶持政策，将高强钢筋推广应用纳入国家开展的节能减排、绿色建筑行动等工作中。

（三）住房和城乡建设部、工业和信息化部在部分省市组织开展高强钢筋应用项目和生产企业的示范工作。

（四）在住房城乡建设领域开展的工程评奖、评定和示范项目以及钢铁行业相关产品评优活动中，将采用高强钢筋的情况作为参评或获奖的条件之一，鼓励建设单位、设计单位使用高强钢筋。

（五）工业和信息化部支持企业技术改造，对企业采用先进适用技术生产高强钢筋的技术改造项目给予支持。

（六）工业和信息化部会同有关部门加强对淘汰落后生产能力的管理，淘汰落后工艺设备和235MPa级光圆钢筋、335MPa级螺纹钢筋。

（七）各级政府投资建设的公共建筑和保障性住房应率先采用高强钢筋。

（八）有关主管部门、协会和企业要完善信息沟通机制，加强高强钢筋推广应用的宣传，在社会上形成用好钢筋、节约用钢筋的氛围，促进全社会节能减排。

各级住房和城乡建设、工业和信息化主管部门要加强对高强钢筋推广应用的领导，建立协同工作机制，制定和完善相关措施，落实好指导意见的要求。

中华人民共和国住房和城乡建设部
中华人民共和国工业和信息化部
二〇一二年一月四日

附录C 关于开展推广应用高强钢筋示范工作的通知

建标［2012］13号

河北省、江苏省、重庆市、云南省、新疆维吾尔自治区住房和城乡建设厅(委)、工业和信息化主管部门：

为落实《关于加快应用高强钢筋的指导意见》（建标［2012］1号)的有关工作部署，经研究，决定在你省(自治区、直辖市)开展推广应用高强钢筋示范工作。现将《推广应用高强钢筋示范工作方案》印发你们，请按照有关要求，加强组织领导，建立工作机制，制定示范工作计划，积极推进示范工作，为全国推广应用高强钢筋积累经验。

请于6月底前将示范工作机制建立情况和示范工作计划报住房和城乡建设部、工业和信息化部。

附件：推广应用高强钢筋示范工作方案

中华人民共和国住房和城乡建设部

二○一二年四月五日

附件：

推广应用高强钢筋示范工作方案

根据《关于加快应用高强钢筋的指导意见》（建标［2012］1号)(以下简称《指导意见》)的要求，为做好推广应用400MPa、500MPa高强钢筋示范工作，积累高强钢筋生产和应用经验，解决推广应用中的问题，制定本示范工作方案。

一、基本原则

在全面推广应用高强钢筋的基础上，以示范省(自治区、直辖市)为重点，按照政策引导、企业参与、行业服务、技术支撑的原则，组织开展城市示范、建设项目示范和生产企业示范。

二、示范目标

到2013年底，示范工作应达到以下目标：

(一) 钢筋生产示范企业的高强钢筋产量占热轧带肋钢筋产量达70％以上，主要规格品种满足市场的需求。

(二) 示范城市新建混凝土结构工程的梁、柱纵向受力钢筋全部采用高强钢筋。示范城市建筑用高强钢筋的比例，在2011年基础上提高20个百分点或达到65％以上。

(三) 示范项目梁、柱纵向受力钢筋应采用500MPa级高强钢筋，应用先进的钢筋连接技术，保证钢筋加工质量和工程质量。

（四）示范省（自治区、直辖市）有关管理部门通过示范工作，评估示范项目高强钢筋应用情况及产生的效果，总结完善推广应用高强钢筋的措施，提出进一步推广的建议。

三、示范范围

（一）示范城市。在示范省（自治区）内，选定省会城市和至少1个地级城市作为示范城市。重庆市在全市范围内开展示范。

（二）示范企业。根据《钢铁工业“十二五”发展规划》有关要求和示范区域钢铁工业发展现状，确定一定数量的钢筋生产企业作为示范企业。

（三）示范项目。示范省（自治区、直辖市）应选定不少于10个新开工建设项目作为示范项目，优先考虑重点建设工程项目。示范项目建筑面积不小于5000平方米，结构形式应包括混凝土框架、剪力墙、框剪、筒体等。

四、示范内容

示范工作要以建立生产、配送、设计、施工、监理、验收等全过程高强钢筋推广应用协调机制为核心，按照以下内容全面开展推广应用高强钢筋的示范工作。

（一）建立完善的钢筋市场供需机制

组织钢铁企业实施技术改造，保证高强钢筋各品种规格产品的供应。建立畅通的钢筋市场供需信息交流平台，保证钢筋生产、供应和使用单位及时掌握需求量、价格信息，避免高强钢筋价格大幅波动，确保市场供需平衡。

（二）制定推广应用高强钢筋的政策措施

各地应按照《指导意见》的要求，结合本地区实际情况，制定推广应用高强钢筋的扶持政策。

（三）保证高强钢筋产品质量

加强钢筋分类认证和标识管理，严格执行高强钢筋分类认证和标识制度，强化对钢筋生产企业及其产品质量与标识的监督检查。

（四）强化工程建设标准的实施监督

进一步强化工程设计管理，确保工程设计单位严格按照相关标准的要求优先选用高强钢筋。依据相关标准规定，将高强钢筋应用作为施工图审查要点。加强高强钢筋应用质量监督检查，保证工程质量。

（五）建立高强钢筋生产和应用的统计制度

定期统计全省（自治区、直辖市）钢筋生产、使用数量，确保统计数据的准确性和及时性。

（六）鼓励开展高强钢筋区域性集中加工配送

支持发展高强钢筋加工配送，完善监管制度，保证钢筋加工质量。

（七）支持高强钢筋应用技术研发

鼓励企业和科研机构等单位开展高强钢筋应用技术、新型连接材料和新技术研发。结合新技术、新材料、新工艺应用情况，适时组织编制高强钢筋应用的地方标准。

五、实施步骤

（一）示范时间为2012年4月至2013年12月。

（二）2012年6月底示范省（自治区、直辖市）制定示范工作计划，明确示范城市、示范企业和示范项目，并报住房和城乡建设部、工业和信息化部。

（三）住房和城乡建设部、工业和信息化部高强钢筋推广应用协调组组织专家定期对示范工作进行检查指导。

（四）2013 年 10 月底示范城市完成评估报告，11 月由省级主管部门负责对示范工作进行初评，12 月由住房和城乡建设部、工业和信息化部组织专家进行验收和评估。

六、示范要求

各示范省(自治区、直辖市)有关主管部门要建立示范工作协调组，统一组织和领导示范工作；制订示范工作计划，确保示范工作稳步、有序开展；落实责任、明确分工，加大监督检查力度，保障示范工作顺利开展。

附录D 全国钢筋生产企业名录

序号	地区	企业名称	许可证编号	相 关 产 品
1	天津	天津荣程联合钢铁集团有限公司	XK05-001-00529	HPB300 6～22mm(盘卷)
2	天津	天津市泰峰钢铁有限公司	XK05-001-00219	HRB335、HRB400 10～25mm
3	天津	天津金都钢铁有限公司	XK05-001-00218	HRB335、HRB400 10～28mm
4	天津	天津达亿钢铁有限公司	XK05-001-00163	HRB335 12～25mm
5	天津	天津钢铁集团有限公司	XK05-001-00147	HRB335、HRB335E、HRB400、HRB400E 6～40mm、HRB500、HRB500E 6～12mm、HPB300 6～22mm(盘卷、直条)、KL400 12～40mm
6	天津	天津市天铁轧二制钢有限公司	XK05-001-00152	HRB335、HRB400、HRB400E 10～50mm、HRB500 10～32mm
7	天津	天津天铁冶金集团有限公司	XK05-001-00071	HRB335、HRB400 6～16mm(盘卷)、HPB300 6～16mm(盘卷)
8	上海	上海沪宝轧钢有限公司	XK05-001-00525	HRB335、HRB400 10～25mm
9	上海	上海善行轧钢有限公司	XK05-001-00471	HRB335、HRB400 10～25mm
10	上海	上海榕秀轧钢有限公司	XK05-001-00453	HRB335、HRB400 10～25mm
11	上海	上海嘉良钢铁有限公司	XK05-001-00173	HRB335 10～36mm、HRB400 14～25mm
12	上海	上海市崇明县江口标准件厂	XK05-001-00113	HRB335 10～14mm、HRB335 10～25mm、HRB400 14～25mm
13	重庆	璧山县狮子金属加工有限责任公司	XK05-001-00533	HRB335、HRB400 10～16mm、HPB300 10～18mm(直条)
14	重庆	重庆典发钢业发展有限公司	XK05-001-00502	HRB335 10～25mm、HRB400 8～10mm
15	重庆	重庆市鹏程钢铁有限公司	XK05-001-00500	HRB335、HRB400 12～25mm
16	重庆	重庆永航金属制品有限公司	XK05-001-00495	HRB335、HRB400 6～25mm、HPB300 6.5～18mm(盘卷、直条)

续表

序号	地区	企业名称	许可证编号	相 关 产 品
17	重庆	重庆雄越金属制品有限公司	XK05-001-00430	HRB335、HRB400 12～25mm
18	重庆	重庆市恒龙钢铁有限公司	XK05-001-00375	HRB335、HRB400 12～25mm
19	重庆	重庆市渝西钢铁(集团)有限公司	XK05-001-00363	HRB335 12～25mm、HRB335E、HRB400、HRB400E 12～18mm
20	重庆	重庆市涪陵区闽发金属制造有限公司	XK05-001-00362	HRB335 12～25mm
21	重庆	重庆钢铁股份有限公司	XK05-001-00060	HRB335、HRB400 12～40mm
22	河北	青县一钢轧钢有限公司	XK05-001-00532	HRB335 12～25mm
23	河北	河北泰钢钢铁轧制有限公司	XK05-001-00497	HRB335、HRB400 8～32mm、HRB500 8～25mm
24	河北	唐山市金鑫钢铁有限公司	XK05-001-00496	HRB335 12～28mm
25	河北	河北津西钢铁集团股份有限公司	XK05-001-00482	HRB400 10～40mm
26	河北	唐山市振华轧钢有限公司	XK05-001-00476	HRB335、HRB400 12～25mm
27	河北	河北钢铁集团敬业钢铁有限公司	XK05-001-00469	HRB335、HRB400、HRB335E、HRB400E 6～32mm HRB500、HRB500E 8～32mm
28	河北	天铁第一轧钢有限责任公司	XK05-001-00468	HRB335、HRB400、HRB335E、HRB400E 12～32mm HRB500、HRB500E 12～28mm
29	河北	唐山志成轧钢有限公司	XK05-001-00451	HRB335、HRB400 10～28mm
30	河北	河北新武安钢铁集团烘熔钢铁有限公司	XK05-001-00445	HPB300 12～18mm(直条)
31	河北	唐山国义特种钢铁有限公司	XK05-001-00434	HPB300 6.5～16mm(盘卷)
32	河北	河北钢铁集团松汀钢铁有限公司	XK05-001-00420	HRB335、HRB400 8～10mm
33	河北	唐山市春兴特种钢有限公司	XK05-001-00419	HPB300 6.5～10mm(盘卷)
34	河北	唐山东方轧钢有限公司	XK05-001-00412	HRB335 10～28mm、HRB400 10～25mm
35	河北	唐山市丰润区玄龙钢铁有限公司	XK05-001-00411	HRB335 10～28mm、HRB400 10～25mm
36	河北	唐山港丰钢铁有限公司	XK05-001-00410	HRB335 10～28mm、HRB400 10～25mm
37	河北	邯郸市特钢厂	XK05-001-00396	HRB335、HRB400 12～25mm
38	河北	唐山东海钢铁集团有限公司	XK05-001-00386	HRB335、HRB400 10～25mm、HPB300 6.5～10mm(盘卷)
39	河北	河北新金钢铁有限公司	XK05-001-00347	HPB300 6.5～12mm(盘卷)

续表

序号	地区	企业名称	许可证编号	相关产品
40	河北	河北新武安钢铁集团文安钢铁有限公司	XK05-001-00346	HPB300 6.5～16mm(盘卷)
41	河北	武安市裕华钢铁有限公司	XK05-001-00345	HPB300 6～12mm(盘卷)
42	河北	河北新武安钢铁集团明芳钢铁有限公司	XK05-001-00321	HPB300 6.5～16mm(盘卷)
43	河北	秦皇岛安丰钢铁有限公司	XK05-001-00295	HPB300 6.5～12mm(盘卷)
44	河北	河北钢铁集团九江线材有限公司	XK05-001-00291	HPB300 6.5～16mm(盘卷)
45	河北	河北普阳钢铁有限公司	XK05-001-00283	HPB300 6.5～16mm(盘卷)
46	河北	唐山市东华轧钢有限公司	XK05-001-00270	HRB335 10～28mm HRB335E、HRB400、HRB400E 10～25mm
47	河北	唐山市德龙钢铁有限公司	XK05-001-00265	HRB335、HRB400 8～12mm、HRB500 8～10mm(盘卷)、HPB300 6.5～12mm(盘卷)
48	河北	河北鑫长达钢铁有限公司	XK05-001-00231	HRB335、HRB400 12～25mm
49	河北	唐山瑞丰钢铁(集团)粤丰钢铁有限公司	XK05-001-00165	HRB335 10～25mm
50	河北	唐山宝泰钢铁集团乾城特钢有限公司	XK05-001-00166	HRB335 12～25mm
51	河北	石家庄钢铁有限责任公司	XK05-001-00149	HRB335、HRB400 14～25mm
52	河北	唐山国丰钢铁有限公司	XK05-001-00139	HRB335、HRB400、HRB500 12～28mm
53	河北	唐山市丰南区宏利钢铁(集团)有限公司	XK05-001-00134	HRB335 10～25mm
54	河北	唐山贝氏体钢铁(集团) 佳奇钢铁实业有限公司	XK05-001-00135	HRB335、HRB400 10～25mm(直条)
55	河北	新兴铸管股份有限公司	XK05-001-00062	HRB335、HRB335E、HRB400、HRB500、HRB500E 6～10mm(盘卷)、HRB335、HRB335E、HRB400、HRB400E、HRB500、HRB500E 12～36mm(直条)、HPB300 6.5～16mm(盘卷)16～22mm(直条)
56	河北	崇利制钢有限公司	XK05-001-00063	HRB335、HRB400、HRB500 120mm×120mm、150mm×150mm、HRB335E、HRB400E、HRB500E 150mm×150mm、HPB300 150mm×150mm
57	河北	沧州临港三菱金属制品有限公司	XK05-001-00070	HRB335、HRB400 10～25mm
58	河北	承德万通钢铁管业制造有限责任公司	XK05-001-00077	HRB335、HRB400 10～25mm
59	河北	河北兴华钢铁有限公司	XK05-001-00078	HRB335、HRB335E、HRB400、HRB400E、HRB500、HRB500E 12～32mm(直条)、HPB300 12～22mm(直条)

续表

序号	地区	企业名称	许可证编号	相 关 产 品
60	河北	河北钢铁股份有限公司	XK05-001-00096	HRB335、HRB335E、HRB400、HRB400E、HRB500、HRB500E 8～36mm
61	河北	保定亚新钢铁有限公司	XK05-001-00053	HRB400 12～25mm
62	河北	邢台钢铁有限责任公司	XK05-001-00030	HRB400E 8～10mm(盘卷)
63	山西	襄汾县星原钢铁集团有限公司	XK05-001-00503	HPB300 6.5～12mm(盘卷)
64	山西	山西新泰钢铁有限公司	XK05-001-00463	HPB300 6.5～20mm(盘卷)
65	山西	黎城太行钢铁有限公司	XK05-001-00461	HRB335、HRB335E、HRB400、HRB400E 8～28mm、HPB300 6.5～10mm(盘卷)
66	山西	潞城市兴宝钢铁有限责任公司	XK05-001-00441	HRB335、HRB335E、HRB400、HRB400E 12～25mm
67	山西	山西通才工贸有限公司	XK05-001-00402	HRB335、HRB400、HRB500、HRB335E、HRB400E、HRB500E 12～40mm(直条)、HPB300 16～22mm(直条)6～20mm(盘条)
68	山西	山西常平钢铁有限公司	XK05-001-00332	HPB300 6.5～10mm(直条)
69	山西	河津市华鑫源钢铁有限责任公司	XK05-001-00318	HPB300 6.5～10mm(盘卷)
70	山西	襄汾县新金山特钢有限公司	XK05-001-00296	HRB335、HRB400、HRB335E、HRB400E 12～28mm、HPB300 6.5～22mm(盘卷、直条)
71	山西	太原钢铁(集团)有限公司	XK05-001-00294	HPB300 8～20mm(盘卷)
72	山西	文水海威钢铁有限公司	XK05-001-00279	HPB300 6.5～12mm(盘卷)
73	山西	晋城福盛钢铁有限公司	XK05-001-00244	HRB335、HRB400 8～40mm
74	山西	山西中阳钢铁有限公司	XK05-001-00232	HRB335、HRB335E、HRB400、HRB400E 6～25mm、HPB300 6～22mm(盘卷、直条)
75	山西	酒钢集团翼城钢铁有限责任公司	XK05-001-00217	HRB335、HRB400、HRB500、HRB335E、HRB400E、HRB500E 12～32mm、KL400 12～28mm
76	山西	太原市宝晋钢铁有限公司	XK05-001-00216	HRB335 10～25mm
77	山西	大同煤矿集团钢铁有限公司	XK05-001-00140	HRB335 12～28mm
78	山西	海鑫钢铁集团有限公司	XK05-001-00076	HRB335、HRB400 10～40mm、HRB400E 10～25mm、HPB300 6.5～10mm(盘卷)
79	山西	首钢长治钢铁有限公司	XK05-001-00029	HRB335、HRB335E、HRB400、HRB400E、HRB500、HRB500E 8～10mm(盘卷)HRB335、HRB335E、HRB400、HRB400E、HRB500、HRB500E 12～40mm(直条)、HPB300 6.5～16mm(盘卷)12～16mm(直条)

续表

序号	地区	企业名称	许可证编号	相 关 产 品
40	河北	河北新武安钢铁集团文安钢铁有限公司	XK05-001-00346	HPB300 6.5～16mm(盘卷)
41	河北	武安市裕华钢铁有限公司	XK05-001-00345	HPB300 6～12mm(盘卷)
42	河北	河北新武安钢铁集团明芳钢铁有限公司	XK05-001-00321	HPB300 6.5～16mm(盘卷)
43	河北	秦皇岛安丰钢铁有限公司	XK05-001-00295	HPB300 6.5～12mm(盘卷)
44	河北	河北钢铁集团九江线材有限公司	XK05-001-00291	HPB300 6.5～16mm(盘卷)
45	河北	河北普阳钢铁有限公司	XK05-001-00283	HPB300 6.5～16mm(盘卷)
46	河北	唐山市东华轧钢有限公司	XK05-001-00270	HRB335 10～28mm HRB335E、HRB400、HRB400E 10～25mm
47	河北	唐山市德龙钢铁有限公司	XK05-001-00265	HRB335、HRB400 8～12mm、HRB500 8～10mm(盘卷)、HPB300 6.5～12mm(盘卷)
48	河北	河北鑫长达钢铁有限公司	XK05-001-00231	HRB335、HRB400 12～25mm
49	河北	唐山瑞丰钢铁(集团)粤丰钢铁有限公司	XK05-001-00165	HRB335 10～25mm
50	河北	唐山宝泰钢铁集团乾城特钢有限公司	XK05-001-00166	HRB335 12～25mm
51	河北	石家庄钢铁有限责任公司	XK05-001-00149	HRB335、HRB400 14～25mm
52	河北	唐山国丰钢铁有限公司	XK05-001-00139	HRB335、HRB400、HRB500 12～28mm
53	河北	唐山市丰南区宏利钢铁(集团)有限公司	XK05-001-00134	HRB335 10～25mm
54	河北	唐山贝氏体钢铁(集团) 佳奇钢铁实业有限公司	XK05-001-00135	HRB335、HRB400 10～25mm(直条)
55	河北	新兴铸管股份有限公司	XK05-001-00062	HRB335、HRB335E、HRB400、HRB500、HRB500E 6～10mm(盘卷)、HRB335、HRB335E、HRB400、HRB400E、HRB500、HRB500E 12～36mm(直条)、HPB300 6.5～16mm(盘卷)16～22mm(直条)
56	河北	崇利制钢有限公司	XK05-001-00063	HRB335、HRB400、HRB500 120mm×120mm、150mm×150mm、HRB335E、HRB400E、HRB500E 150mm×150mm、HPB300 150mm×150mm
57	河北	沧州临港三菱金属制品有限公司	XK05-001-00070	HRB335、HRB400 10～25mm
58	河北	承德万通钢铁管业制造有限责任公司	XK05-001-00077	HRB335、HRB400 10～25mm
59	河北	河北兴华钢铁有限公司	XK05-001-00078	HRB335、HRB335E、HRB400、HRB400E、HRB500、HRB500E 12～32mm(直条)、HPB300 12～22mm(直条)

续表

序号	地区	企业名称	许可证编号	相关产品
60	河北	河北钢铁股份有限公司	XK05-001-00096	HRB335、HRB335E、HRB400、HRB400E、HRB500、HRB500E 8～36mm
61	河北	保定亚新钢铁有限公司	XK05-001-00053	HRB400 12～25mm
62	河北	邢台钢铁有限责任公司	XK05-001-00030	HRB400E 8～10mm(盘卷)
63	山西	襄汾县星原钢铁集团有限公司	XK05-001-00503	HPB300 6.5～12mm(盘卷)
64	山西	山西新泰钢铁有限公司	XK05-001-00463	HPB300 6.5～20mm(盘卷)
65	山西	黎城太行钢铁有限公司	XK05-001-00461	HRB335、HRB335E、HRB400、HRB400E 8～28mm、HPB300 6.5～10mm(盘卷)
66	山西	潞城市兴宝钢铁有限责任公司	XK05-001-00441	HRB335、HRB335E、HRB400、HRB400E 12～25mm
67	山西	山西通才工贸有限公司	XK05-001-00402	HRB335、HRB400、HRB500、HRB335E、HRB400E、HRB500E 12～40mm(直条)、HPB300 16～22mm(直条)6～20mm(盘条)
68	山西	山西常平钢铁有限公司	XK05-001-00332	HPB300 6.5～10mm(直条)
69	山西	河津市华鑫源钢铁有限责任公司	XK05-001-00318	HPB300 6.5～10mm(盘卷)
70	山西	襄汾县新金山特钢有限公司	XK05-001-00296	HRB335、HRB400、HRB335E、HRB400E 12～28mm、HPB300 6.5～22mm(盘卷、直条)
71	山西	太原钢铁(集团)有限公司	XK05-001-00294	HPB300 8～20mm(盘卷)
72	山西	文水海威钢铁有限公司	XK05-001-00279	HPB300 6.5～12mm(盘卷)
73	山西	晋城福盛钢铁有限公司	XK05-001-00244	HRB335、HRB400 8～40mm
74	山西	山西中阳钢铁有限公司	XK05-001-00232	HRB335、HRB335E、HRB400、HRB400E 6～25mm、HPB300 6～22mm(盘卷、直条)
75	山西	酒钢集团翼城钢铁有限责任公司	XK05-001-00217	HRB335、HRB400、HRB500、HRB335E、HRB400E、HRB500E 12～32mm、KL400 12～28mm
76	山西	太原市宝晋钢铁有限公司	XK05-001-00216	HRB335 10～25mm
77	山西	大同煤矿集团钢铁有限公司	XK05-001-00140	HRB335 12～28mm
78	山西	海鑫钢铁集团有限公司	XK05-001-00076	HRB335、HRB400 10～40mm、HRB400E 10～25mm、HPB300 6.5～10mm(盘卷)
79	山西	首钢长治钢铁有限公司	XK05-001-00029	HRB335、HRB335E、HRB400、HRB400E、HRB500、HRB500E 8～10mm(盘卷) HRB335、HRB335E、HRB400、HRB400E、HRB500、HRB500E 12～40mm(直条)、HPB300 6.5～16mm(盘卷)12～16mm(直条)

续表

序号	地区	企业名称	许可证编号	相关产品
80	内蒙古	包头市大安钢铁有限责任公司	XK05-001-00391	HRB335、HRB400、HRB500 8～25mm、HPB300 6.5～22mm(盘卷、直条)
81	内蒙古	赤峰远联钢铁有限责任公司	XK05-001-00269	HPB300 6.5～22mm(盘卷、直条)
82	内蒙古	包头钢铁(集团)有限责任公司	XK05-001-00130	HRB335、HRB400 8～14mm、HPB300 6.5～16mm(盘卷)
83	内蒙古	内蒙古包钢钢联股份有限公司	XK05-001-00131	HRB335、HRB400 12～40mm、HPB300 6.5～22mm(盘卷、直条)
84	内蒙古	乌兰浩特钢铁有限责任公司	XK05-001-00028	HRB335、HRB400、HRB400E 10～25mm(直条)、HPB300 10～14mm(直条)
85	黑龙江	黑龙江建龙钢铁有限公司	XK05-001-00531	HRB335、HRB335E、HRB400、HRB400E、HRB500、HRB500E 12～40mm
86	黑龙江	宁安市益昕钢铁有限公司	XK05-001-00524	HRB335、HRB400 10～28mm
87	黑龙江	西林钢铁集团有限公司	XK05-001-00223	HRB335、HRB335E、HRB400、HRB400E 6～36mm、HRB500 8～40mm、HRB500E 8mm、HPB300 6.5～22mm(盘卷、直条)
88	吉林	吉林鑫达钢铁有限公司	XK05-001-00522	HPB300 6.5～10mm(盘卷)
89	吉林	吉林吉钢钢铁有限公司	XK05-001-00356	HRB335、HRB400 8～32mm
90	吉林	延边兴鞍异型钢铁有限公司	XK05-001-00306	HRB335 12～25mm
91	吉林	吉林新钢金属棒材有限公司	XK05-001-00204	HRB335、HRB400 12～32mm
92	吉林	四平现代钢铁有限公司	XK05-001-00057	HRB335、HRB335E、HRB400、HRB400E、HRB500、HRB500E 12～32mm(直条)、HPB300 6.5～10mm(盘卷)12～14mm(直条)
93	吉林	辉南轧钢有限责任公司	XK05-001-00056	HRB335、HRB335E、HRB400、HRB400E、HRB500、HRB500E 12～16mm(直条)、HPB300 12～16mm(直条)
94	吉林	通化钢铁股份有限公司	XK05-001-00031	HRB335、HRB335E、HRB500、HRB500E 8～10mm(盘卷)、HRB335、HRB335E、HRB400、HRB400E、HRB500、HRB500E 18～40mm(直条)、HPB300 6.5～10mm(盘卷)16～22mm(直条)
95	辽宁	辽宁亿丰钢铁有限公司	XK05-001-00530	HRB335、HRB400 12～25mm
96	辽宁	辽阳县蓝翔特钢厂	XK05-001-00528	HPB300 10～22mm(直条)
97	辽宁	辽阳县华信特钢厂	XK05-001-00526	HRB335、HRB400 10～28mm、HPB300 8～20mm(直条)
98	辽宁	海城市银禄轧钢集团有限公司	XK05-001-00494	HRB335、HRB400 10～25mm
99	辽宁	辽阳辽鞍丰华轧钢厂	XK05-001-00439	HRB335、HRB400 12～16mm(直条)

续表

序号	地区	企业名称	许可证编号	相关产品
100	辽宁	辽宁天祥钢铁有限公司	XK05-001-00339	HRB335、HRB400 10～25mm
101	辽宁	鞍钢股份有限公司	XK05-001-00313	HRB335 12～25mm、HRBF400 6～12mm(盘卷)
102	辽宁	海城市东四型钢有限公司	XK05-001-00305	HRB335、HRB400 8～25mm、HRB335、HRB400 12～25mm、HRB335、HRB400 8～18mm
103	辽宁	沈阳市西城轧钢厂	XK05-001-00281	HRB335 12～20mm、HRB400 12～16mm
104	辽宁	锦州锦兴钢厂	XK05-001-00261	HRB335、HRB335E、HRB400、HRB400E 12～28mm
105	辽宁	鞍钢附企焊管轧钢厂	XK05-001-00215	HRB335、HRB400 12～28mm
106	辽宁	辽阳市轧钢厂	XK05-001-00208	HRB335、HRB400 6～32mm、HRB500 12～32mm、HPB300 6.5～16mm(盘卷)
107	辽宁	辽宁新澎辉钢铁有限公司	XK05-001-00209	HRB335、HRB400 12～25mm
108	辽宁	鞍山市腾鳌特区第一轧钢厂	XK05-001-00205	HRB335、HRB400 12～25mm
109	辽宁	辽宁骅亿兴线材实业有限公司	XK05-001-00186	HRB335、HRB400 8～25mm
110	辽宁	辽鞍联合冶金轧钢厂	XK05-001-00185	HRB335、HRB400 10～25mm
111	辽宁	鞍钢附企新钢公司	XK05-001-00182	HRB335 10～28mm
112	辽宁	本溪北营钢铁(集团)股份有限公司	XK05-001-00151	HRB335、HRB335E、HRB400、HRB400E 8～10mm(盘卷)，HRB335、HRB335E、HRB400、HRB400E、HRB500、HRB500E 12～32mm(直条)，HPB300 6.5～12mm(盘卷)
113	辽宁	凌源钢铁股份有限公司	XK05-001-00045	HRB335、HRB335E、HRB400、HRB400E、HRB500、HRB500E 8～40mm、HPB300 6.5～22mm(盘卷、直条)
114	辽宁	抚顺新钢铁有限责任公司	XK05-001-00019	HRB335、HRB335E、HRB400、HRB400E、HRB500、HRB500E 8～12mm(盘卷)，HRB335、HRB400、HRB400E、HRB500、HRB500E 12～40mm(直条)，HPB300 6.5～14mm(盘卷)
115	山东	武城县鑫成钢铁有限公司	XK05-001-00527	HRB400 12～25mm、HPB300 12～20mm(直条)
116	山东	临邑精贵铸件有限公司	XK05-001-00489	HRB335、HRB400 10～22mm
117	山东	日照钢铁控股集团有限公司	XK05-001-00457	HRB335、HRB400 8～32mm、HRB400E 12～32mm、HRB500、HRB500E 16～32mm
118	山东	临沂三德特钢有限公司	XK05-001-00444	HRB335、HRB400 12～25mm
119	山东	惠民县闽鑫金属制品有限公司	XK05-001-00403	HPB300 6.5～10mm(盘卷)

续表

序号	地区	企业名称	许可证编号	相关产品
120	山东	禹城市福泉钢铁有限公司	XK05-001-00380	HPB300 6.5～10mm(盘卷)
121	山东	烟台开发区华达钢铁有限公司	XK05-001-00337	HPB300 6～18mm(盘卷，直条)
122	山东	新泰元浦钢铁有限公司	XK05-001-00320	HPB300 6.5～12mm(盘卷)
123	山东	山东寿光巨能特钢有限公司	XK05-001-00319	HRB335、HRB400 16～32mm
124	山东	临清市盛世钢铁有限公司	XK05-001-00297	HPB300 6.5～18mm(盘卷、直条)
125	山东	烟台闽航特钢有限公司	XK05-001-00280	HPB300 6.5～18mm(直条、盘卷)
126	山东	山东西王钢铁有限公司	XK05-001-00276	HRB335、HRB400、HRB400E、HRB500 6～32mm、HPB300 6～12mm(盘卷)
127	山东	德州锦冠钢铁有限公司	XK05-001-00275	HPB300 6.5～18mm(直条、盘卷)
128	山东	张店钢铁总厂	XK05-001-00230	HRB335、HRB400、HRB400E、HRB500 16～40mm(直条)、HRB400、HRB400E、HRB500 6～10mm(盘卷)、HPB300 16～22mm(直条)、HPB300 6～20mm(盘卷)
129	山东	山东闽源钢铁有限公司	XK05-001-00228	HRB335、HRB400、HRB400E、HRB500、HRB500E12～28mm
130	山东	淄博博港型材有限公司	XK05-001-00221	HRB335、HRB400、HRB500、HRB335E、HRB400E、HRB500E 12～32mm
131	山东	山东莱钢永锋钢铁有限公司	XK05-001-00212	HRB335、HRB335E、HRB400、HRB500 6～32mm、HRB400E 12～32mm、HPB300 6.5～20mm(盘卷)
132	山东	山东淄博恒顺钢铁有限责任公司	XK05-001-00213	HRB335、HRB400 10～25mm、HPB300 6m～22m(盘卷、直条)
133	山东	山东泰山钢铁集团有限公司	XK05-001-00197	HRB335、HRB400 150 mm×150mm、165mm×165mm
134	山东	烟台新东方冶金企业有限公司	XK05-001-00191	HRB335、HRB400 12～28mm
135	山东	济宁远达钢铁有限公司	XK05-001-00178	HRB335、HRB400 10～25mm
136	山东	淄博钢铁股份有限公司	XK05-001-00133	HRB335 120mm×120mm、150mm×150mm
137	山东	鲁中冶金矿业集团公司	XK05-001-00137	HRB335、HRB400 12～25mm
138	山东	济南钢铁股份有限公司	XK05-001-00081	HRB335、HRB335E、HRB400、HRB400E、HRB500、HRB500E 12～40mm
139	山东	山东鲁丽钢铁有限公司	XK05-001-00082	HRB335E、HRB400、HRB400E 、HRB500、HRB500E 10～40mm(直条)
140	山东	山东石横特钢集团有限公司	XK05-001-00105	HRB335、HRB335E、HRB400、HRB400E、HRB500 6～50mm、HRB500E 6～40mm、HPB300 6～22mm

续表

序号	地区	企业名称	许可证编号	相　关　产　品
141	山东	淄博宏达钢铁有限公司	XK05-001-00017	HRB335E、HRB400、HRB400E、HRB500、HRB500E 120mm×120mm、150mm×150mm
142	江苏	溧阳市光明金属有限责任公司	XK05-001-00511	HRB335、HRB400 10～25mm
143	江苏	南京市栖霞山轧钢有限公司	XK05-001-00501	HRB335、HRB400 10～18mm
144	江苏	无锡新三洲特钢有限公司	XK05-001-00450	HRB335、HRB400、HRB335E、HRB400E 10～25mm
145	江苏	江苏鑫林钢铁有限公司	XK05-001-00440	HRB335、HRB400、HRB335E、HRB400E 10～25mm、HPB300 10～22mm(直条)
146	江苏	江阴市申港钢厂	XK05-001-00425	HRB335、HRB400 10～25mm
147	江苏	南通东日钢铁有限公司	XK05-001-00404	HRB335、HRB335E、HRB400、HRB400E 12～28mm
148	江苏	江苏力拓金属有限公司	XK05-001-00394	HPB300 10～20mm(直条)
149	江苏	常州市永兴轧钢有限公司	XK05-001-00355	HPB300 10～20mm(直条)
150	江苏	南通正大特钢有限公司	XK05-001-00329	HRB335、HRB335E 10～25mm HRB400、HRB400E 6～25mm、HPB300 6.5～20mm
151	江苏	江苏富港钢铁有限公司	XK05-001-00317	HRB335、HRB335E、HRB400、HRB400E 10～25mm
152	江苏	江苏红日钢铁有限公司	XK05-001-00314	HRB335、HRB335E、HRB400、HRB400E 8～25mm
153	江苏	睢宁县宁峰钢铁有限公司	XK05-001-00301	HRB335、HRB400 10～25mm、HRB400E 10～22mm、HPB300 8mm(盘卷)
154	江苏	徐州东南钢铁工业有限公司	XK05-001-00300	HRB335、HRB400 10～25mm、HRB335E、HRB400E 12～25mm
155	江苏	徐州东亚钢铁有限公司	XK05-001-00298	HRB335、HRB335E、HRB400、HRB400E 10～25mm
156	江苏	江苏胜丰钢铁有限公司	XK05-001-00290	HRB335、HRB400、HRB335E、HRB400E 10～25mm、HPB300 12～16mm
157	江苏	丹阳龙江钢铁有限公司	XK05-001-00282	HRB335、HRB400、HRB335E、HRB400E 12～28mm
158	江苏	江苏华西集团公司	XK05-001-00263	HRB335、HRB400、HRB335E、HRB400E、HPB300
159	江苏	江阴群友金属制品有限公司	XK05-001-00234	HRB335 10～25mm、HRB400 8～25mm
160	江苏	江苏宝航特钢有限公司	XK05-001-00225	HRB335、HRB335E、HRB400、HRB400E 10～25mm
161	江苏	徐州金虹钢铁集团有限公司	XK05-001-00220	HRB335 10～25mm、HRB400、HRB400E 6～25mm、HRB500、HRB500E 8～16mm
162	江苏	江苏如皋钢铁有限公司	XK05-001-00207	HRB335、HRB400 10～25mm
163	江苏	溧阳市上黄轧钢厂	XK05-001-00201	HRB335、HRB400 10～25mm

续表

序号	地区	企业名称	许可证编号	相关产品
164	江苏	江苏宏光钢铁有限公司	XK05-001-00200	HRB335、HRB400 10～25mm、HPB300 10～20mm(直条)
165	江苏	扬州华航特钢有限公司	XK05-001-00206	HRB335、HRB400 10～25mm、HPB300 10～22mm(直条)
166	江苏	江苏苏钢集团有限公司	XK05-001-00194	HRB335、HRB400 6～10mm
167	江苏	江苏沙钢集团淮钢特钢有限公司	XK05-001-00184	HRB335、HRB400、HRB335E 12～40mm、HRB500、HRB500E 12～36mm
168	江苏	连云港兴鑫钢铁有限公司	XK05-001-00180	HRB335、HRB400 10～25mm
169	江苏	溧阳市埭头振达钢铁有限公司	XK05-001-00141	HRB335、HRB400 10～25mm
170	江苏	溧阳市昆仑金属轧材有限公司	XK05-001-00142	HRB335、HRB400 10～25mm
171	江苏	南通宝钢钢铁有限公司	XK05-001-00143	HRB335、HRB335E、HRB400、HRB400E 10～50mm、HRB500、HRB500E 10～40mm、KL400 10～40mm
172	江苏	江阴市西城钢铁有限公司	XK05-001-00129	HRB335、HRB335E、HRB400、HRB400E、HRB500、HRB500E 8～32mm、HPB300 6.5～14mm(盘卷)
173	江苏	江苏沙钢集团有限公司	XK05-001-00073	HRB335、HRB335E、HRB400、HRB400E、HRB500、HRB500E 6～40mm、HPB300 6～16mm(盘卷)
174	江苏	江苏永钢集团有限公司	XK05-001-00074	HRB335、HRB335E、HRB400、HRB400E、HRB500、HRB500E 6～50mm、HPB300 6～22mm
175	江苏	江苏鸿泰钢铁有限公司	XK05-001-00075	HRB400、HRB400E 10～28mm(直条)
176	江苏	江苏泰富兴澄特殊钢有限公司	XK05-001-00085	HRB335、HRB400、HRB500、HRB500E 10～40mm
177	江苏	南京钢铁股份有限公司	XK05-001-00099	HRB335、HRB400 12～40mm、HRB335E、HRB400E、HRB500、HRB500E 14～40mm、HPB300 12～22mm(直条)
178	江苏	溧阳三元钢铁有限公司	XK05-001-00100	HRB335、HRB335E、HRB400、HRB400E 10～25mm(直条)
179	江苏	江阴市长达钢铁有限公司	XK05-001-00103	HRB335、HRB400、HRB335E、HRB400E 10～28mm、KL400 10～28mm
180	江苏	无锡旺业钢铁有限公司	XK05-001-00101	HRB335 12～25mm
181	江苏	江苏利淮钢铁有限公司	XK05-001-00058	HRB400、HRB400E 12～40mm(直条)、HRB500、HRB500E 12～36mm(直条)
182	江苏	中天钢铁集团有限公司	XK05-001-00038	HRB335、HRB335E、HRB400、HRB400E 6～40mm、HPB300 6.5～10mm(盘卷)
183	江苏	赣榆县瑞恒祥金属制品有限公司	XK05-001-00024	HRB400、HRB400E 、HRB500、HRB500E 10～25mm

续表

序号	地区	企业名称	许可证编号	相关产品
184	安徽	马鞍山天兴钢制品有限公司	XK05-001-00490	HRB400、HRB400E 8～32mm、HPB300 6.5～14mm(盘卷)
185	安徽	铜陵市富鑫钢铁有限公司	XK05-001-00486	HRB335、HRB400、HRB400E、HRB500、HRB500E 12～28mm(直条)
186	安徽	池州市贵池区贵航金属制品有限公司	XK05-001-00464	HRB335、HRB400 10～25mm、HPB300 10～22mm(直条)
187	安徽	郎溪县重振钢构有限公司	XK05-001-00456	HPB300 10～20mm(直条)
188	安徽	安徽益友金属制品有限公司	XK05-001-00399	HPB300 10～20mm(直条)
189	安徽	郎溪县飞业钢结构有限责任公司	XK05-001-00398	HPB300 10～20mm(直条)
190	安徽	合肥市成龙钢铁有限公司	XK05-001-00393	HPB300 6.5～10mm(盘卷)12～20mm(直条)
191	安徽	广德县新远达金属制品有限公司	XK05-001-00392	HPB300 10～22mm(直条)
192	安徽	淮南市宏泰钢铁有限责任公司	XK05-001-00374	HPB300 6.5～20mm(盘卷、直条)
193	安徽	安徽省郎溪县鸿泰钢铁有限公司	XK05-001-00370	HRB335、HRB400 12～28mm
194	安徽	芜湖市富鑫钢铁有限公司	XK05-001-00338	HRB335、HRB400、HRB500 16～25mm
195	安徽	马鞍山市江南钢铁制品厂	XK05-001-00325	HPB300 8～12mm(直条)
196	安徽	泾县隆鑫铸造有限公司	XK05-001-00299	HRB335、HRB400 14～25mm
197	安徽	广德华榕铸造金属压延有限公司	XK05-001-00286	HPB300 6.5～8mm(盘卷)
198	安徽	安徽省蚌埠市经纬轮辋钢有限责任公司	XK05-001-00167	HRB335 10～25mm
199	安徽	马钢(合肥)钢铁有限责任公司	XK05-001-00061	HRB400、HRB400E、HRB500、HRB500E 8～10mm(盘卷)、HRB335、HRB400、HRB400E、HRB500、HRB500E 12～32mm(直条)、HRB335E 12～25mm(直条)
200	安徽	安徽长江钢铁股份有限公司	XK05-001-00095	HRB335、HRB400、HRB500、HRB335E、HRB400E、HRB500E 6～32mm
201	安徽	马鞍山钢铁股份有限公司	XK05-001-00117	HRB335、HRB335E、HRB400、HRB400E 8～40mm、HRB500、HRB500E 12～40mm、HPB300 6.5～20mm(盘卷、直条)
202	安徽	芜湖新兴铸管有限责任公司	XK05-001-00001	HRB335、HRB335E、HRB400、HRB400E 12～40mm HRB500、HRB500E 14～32mm(直条)、HRB335、HRB335E、HRB400、HRB400E 6～10mm(盘卷)、HRB500、HRB500E 6mm(盘卷)、HPB300 6.5～10mm(盘条)、HPB30022mm(直条)、HRBF335、HRBF400、HRBF500 16～25mm(直条)
203	浙江	龙泉市骏隆钢业有限公司	XK05-001-00513	HPB300 10～20mm(直条)

续表

序号	地区	企业名称	许可证编号	相关产品
204	浙江	浙江华诚金属制品有限公司	XK05-001-00389	HPB300 6.5～10mm(盘卷)
205	浙江	浙江万泰特钢有限公司	XK05-001-00357	HPB300 6.5～20mm(盘卷、直条)、HRB335 10～22mmHRB400 8～25mm
206	浙江	浙江长宏钢铁有限公司	XK05-001-00343	HPB300 6.5～8mm(盘卷)
207	浙江	浙江名泰钢铁有限公司	XK05-001-00342	HPB300 6.5～8mm(盘卷)
208	浙江	浙江广欣金属制品有限公司	XK05-001-00341	HPB300 10～20mm(直条)
209	浙江	丽水华宏钢铁制品有限公司	XK05-001-00333	HRB335、HRB400 10～25mm
210	浙江	浙江冠富实业有限公司	XK05-001-00308	HPB300 10～20mm(直条)
211	浙江	浙江山雁金属制品有限公司	XK05-001-00307	HPB300 10～20mm(直条)
212	浙江	杭州昌鑫金属材料有限公司	XK05-001-00267	HRB335、HRB400 10～25mm
213	浙江	杭州钢铁集团公司	XK05-001-00236	HRB335、HRB400 12～32mm
214	浙江	衢州元立金属制品有限公司	XK05-001-00226	HPB300 16～22mm(直条)、6.5～20mm(盘卷)
215	浙江	临安市青鸿达金属制品有限公司	XK05-001-00177	HRB335、HRB400 10～25mm
216	浙江	浙江元立金属制品集团有限公司	XK05-001-00136	HRB335、HRB400 10～25mm
217	浙江	浙江龙游浙西轧钢有限公司	XK05-001-00027	HRB335、HRB400、HRB400E 10～25mm
218	浙江	浙江胜达钢铁有限公司	XK05-001-00026	HRB335、HRB400、HRB335E、HRB400E 10～25mm、HPB300 10～20mm(直条)
219	浙江	宁波神龙集团有限公司	XK05-001-00011	HRB335、HRB400、HRB335E、HRB400E、HRB500 10～25mm、HPB300 6.5～20mm(盘卷、直条)
220	浙江	浙江冈本钢铁有限公司	XK05-001-00012	HRB335、HRB400 10～16mm
221	浙江	桐乡市轧钢厂	XK05-001-00013	HRB335、HRB400、HRB335E、HRB400E 10～25mm、HPB300 10～20mm(直条)
222	浙江	浙江宇星实业有限公司	XK05-001-00014	HRB335、HRB400 10～20mm、HPB300 10～20mm(直条)
223	浙江	浙江富钢金属制品有限公司	XK05-001-00015	HRB335 10～25mm HRB400 8～25mm、HPB300 6.5～22mm(盘卷、直条)
224	福建	福建亿鑫钢铁有限公司	XK05-001-00499	HRB335、HRB335E、HRB400、HRB400E 10～32mm、HRBF335、HRBF335E 14～25mm、HRBF400、HRBF400E 14～32mm、HRB500、HRB500E 10～25mm、HPB300 14～22mm(直条)
225	福建	福建鑫海冶金有限公司	XK05-001-00498	HRB335、HRB335E、HRB400、HRB400E 6～32mm、HPB300 6～12mm(盘卷)

续表

序号	地区	企业名称	许可证编号	相 关 产 品
226	福建	龙岩卓龙钢铁有限公司	XK05-001-00373	HPB300 150mm×150mm
227	福建	福建三金钢铁有限公司	XK05-001-00364	HPB300 6.5～10mm(盘卷)
228	福建	联港金属制品(福建)有限公司	XK05-001-00246	HRB335 10～25mm
229	福建	福州福泰钢铁有限公司	XK05-001-00174	HRB335、HRB400 12～25mm
230	福建	福建三安钢铁有限公司	XK05-001-00123	HRB335、HRB400、HRB335E、HRB400E 12～40mm、HPB300 6.5～22mm(盘卷、直条)
231	福建	晋江三益钢铁有限公司	XK05-001-00034	HRB335、HRB400、HRB335E、HRB400E 12～25mm(直条)
232	福建	厦门众达钢铁有限公司	XK05-001-00035	HRB335、HRB335E、HRB400、HRB400E、HRB500、HRB500E 6～10mm(盘卷)、HRB335、HRB335E、HRB400、HRB400E、HRB500、HRB500E 12～40mm(直条)、HPB300 6～10mm(盘卷)12～22mm(直条)
233	福建	福建宏丰实业集团有限公司	XK05-001-00037	HRB335、HRB400、HRB400E 10～25mm(直条)
234	福建	福建三钢闽光股份有限公司	XK05-001-00002	HRB335、HRB335E、HRB400 HRB400E、HRB500、HRB500E 12～40mm(直条) HRB335、HRB400、HRB400E、HRB500、HRB500E 6～12mm(盘卷)、HPB300 6～20mm(盘卷)
235	福建	福建三钢小蕉实业发展有限公司	XK05-001-00005	HRB335、HRB400、HRB500、HRB400E、HRB500、HRB500E 10～25mm(直条)、HPB300 14～22mm(直条)
236	福建	福州吴航钢铁制品有限公司	XK05-001-00007	HRB335、HRB400、HRB335E、HRB400E 10～28mm、HPB300 10～22mm(直条)
237	福建	闽东赛岐经济开发区福华轧钢有限公司	XK05-001-00008	HRB335、HRB400、HRB335E、HRB400E 10～25mm(直条)
238	福建	南平市双友金属有限公司	XK05-001-00009	HRB335、HRB400、HRB500、HRB335E、HRB400E、HRB500E 10～25mm、HPB300 14～22mm(直条)
239	福建	福建省金盛钢业有限公司	XK05-001-00003	HRB335、HRB335E、HRB400、HRB400E、HRB500、HRB500E、10～28mm、HPB300 150mm×150mm
240	福建	福建省三明钢铁厂劳动服务公司	XK05-001-00004	HRB335、HRB400、HRB400E、HRB500、HRB500E 12～25mm(直条)、HPB300 14～22mm(直条)
241	福建	中国国际钢铁制品有限公司	XK05-001-00006	HRB335、HRB400、HRB335E、HRB400E 6～32mm、HRB500、HRB500E 14～25mm、HPB300 6～22mm(盘卷、直条)

续表

序号	地区	企业名称	许可证编号	相 关 产 品
242	福建	福建三山(集团)南平市钢铁有限公司	XK05-001-00010	HRB335、HRB400、HRB500、HRB335E、HRB400E、HRB500E 10～32mm、HPB300 14～22mm(直条)
243	江西	江西鹰翔钢铁有限公司	XK05-001-00484	HRB335 10～25mm
244	江西	赣州市百丰建材有限责任公司	XK05-001-00467	HRB335 12～25mm
245	江西	江西台鑫钢铁有限公司	XK05-001-00271	HRB335 12～25mm
246	江西	吉安市钢铁有限责任公司	XK05-001-00238	HRB335、HRB400 12～25mm
247	江西	新余钢铁股份有限公司	XK05-001-00084	HRB335、HRB400 6～10mm(盘卷)、HRB335、HRB400、HRB500 12～36mm(直条)、HPB300 6～18mm(盘卷)
248	江西	方大特钢科技股份有限公司	XK05-001-00020	HRB335、HRB400、HRB400E、HRB500、HRB500E 12～40mm(直条)、HRB400、HRB400E、HRB500、HRB500E 6～10mm(盘卷)、HPB300 6.5～10mm(盘卷)12～22mm(直条)
249	河南	荥阳市新金山特种钢有限公司	XK05-001-00512	HRB335、HRB400 10～25mm
250	河南	河南省广武特钢有限公司	XK05-001-00512	HRB335、HRB400 10～25mm
251	河南	安钢集团新普有限公司	XK05-001-00507	HPB300 6.5～12mm(盘卷)
252	河南	安钢集团驻马店南方钢铁有限责任公司	XK05-001-00493	HRB335、HRB400、HRB335E、HRB400E 10～32mm(直条)、HPB300 12～22mm(直条)
253	河南	安阳安郑轧材有限责任公司	XK05-001-00470	HRB335、HRB335E、HRB400、HRB400E 10～32mm
254	河南	叶县庆华特钢实业有限公司	XK05-001-00466	HRB335、HRB400 12～25m
255	河南	河南省郑州市特钢厂	XK05-001-00436	HRB335、HRB400 12～25mm
256	河南	新乡市新钢冶金有限公司	XK05-001-00395	HRB335、HRB400 12～25mm
257	河南	沁阳市宏达钢铁有限公司	XK05-001-00369	HPB300 6.5～18mm(盘卷、直条)
258	河南	河南亚新钢铁集团有限公司	XK05-001-00277	HRB335、HRB400 12～25mm
259	河南	安钢集团信阳钢铁有限责任公司	XK05-001-00192	HRB335 8～32mm、HRB400、HRB500 6～32mm、HRB335E、HRB400E、HRB500E 12～32mm、HPB300 6.5～22mm
260	河南	安阳市钢铁实业有限责任公司	XK05-001-00168	HRB335、HRB400 12～25mm

续表

序号	地区	企业名称	许可证编号	相关产品
261	河南	洛阳洛钢集团钢铁有限公司	XK05-001-00156	HRB335、HRB400 12～25mm
262	河南	新郑福华钢铁集团有限公司	XK05-001-00148	HRB335、HRB400、HRB335E、HRB400E 12～25mm
263	河南	安阳钢铁股份有限公司	XK05-001-00098	HRB335、HRB500 8～10mm(盘卷)、HRB335、HRB335E、HRB400、HRB400E、HRB500 12～32mm(直条)
264	河南	永城市振兴金属制品有限公司	XK05-001-00018	HRB335、HRB400 10～25mm(直条)
265	湖北	武汉钢铁集团鄂城钢铁有限责任公司	XK05-001-00040	HRB335、HRB400、HRB400E、HRB500、HRB500E 12～40mm(直条)、HRB400E、HRB500 8～10mm(盘卷)、HRB500E 10mm(盘卷)、HPB300 6.5～14mm(盘卷)16～22mm(直条)
266	湖北	荆州市群力金属制品有限公司	XK05-001-00424	HRB335 12～22mm
267	湖北	赤壁市闽发建材有限公司	XK05-001-00423	HPB300 10～22mm(直条)
268	湖北	武汉市闽光金属制品有限责任公司	XK05-001-00385	HPB300 6.5～18mm(盘卷、直条)
269	湖北	武汉南天钢铁有限公司	XK05-001-00384	HPB300 6.5～10mm(盘卷)
270	湖北	孝感金达钢铁有限公司	XK05-001-00383	HPB300 6.5～10mm(盘卷)
271	湖北	十堰福堰钢铁有限公司	XK05-001-00382	HPB300 6.5～10mm(盘卷)10～20mm(直条)
272	湖北	武汉市和兴金属制品有限公司	XK05-001-00381	HPB300 6.5～18mm(盘卷、直条)
273	湖北	鄂州鸿泰钢铁有限公司	XK05-001-00239	HRB335、HRB400 10～32mm
274	湖北	宜昌市福龙钢铁有限公司	XK05-001-00193	HRB335 10～28mm
275	湖北	武汉顺乐不锈钢有限公司	XK05-001-00179	HRB335、HRB400 8～25mm、HPB300 6.5～10mm(盘条)
276	湖北	湖北丹福钢铁集团有限公司	XK05-001-00181	HRB335、HRB400 12～25mm
277	湖北	枣阳市立晋冶金有限公司	XK05-001-00170	HRB335、HRB400 10～40mm
278	湖北	石首市顺发钢铁有限公司	XK05-001-00171	HRB335 12～25mm
279	湖北	湖北大展钢铁有限公司	XK05-001-00172	HRB HRB335、400 10～25mm
280	湖北	郧县榕峰钢铁有限公司	XK05-001-00157	HRB335、HRB400 10～25mm
281	湖北	黄石市中宏钢铁有限公司	XK05-001-00154	HRB335、HRB400 12～25mm

续表

序号	地区	企业名称	许可证编号	相　关　产　品
282	湖北	武汉钢铁股份有限公司	XK05-001-00138	HRB335、HRB400 12～36mm
283	湖北	大冶华鑫实业有限公司	XK05-001-00122	HRB335、HRB400 10～28mm
284	湖北	武钢集团襄樊钢铁长材有限公司	XK05-001-00114	HRB335、HRB400
285	湖南	郴州亿兴钢铁有限公司	XK05-001-00479	HRB335、HRB400 10～18mm
286	湖南	益阳金沙钢铁有限责任公司	XK05-001-00452	HRB335、HRB400 10～25mm
287	湖南	衡阳市白地市钢铁水泥有限责任公司	XK05-001-00442	HRB335 12～20mm
288	湖南	麻阳金湘钢铁有限公司	XK05-001-00416	HRB335、HRB400 12～22mm
289	湖南	益阳中源钢铁有限公司	XK05-001-00397	HRB335、HRB400 10～22mm
290	湖南	邵阳市福源金属材料有限公司	XK05-001-00328	HRB335 10～22mm
291	湖南	冷水江钢铁有限责任公司	XK05-001-00203	HRB335、HRB335E、HRB400、HRB400E、HRB500、HRB500E 6～40mm、HPB300 6～20mm(盘卷、直条)
292	湖南	株洲市酒埠江特钢有限公司	XK05-001-00162	HRB335 12～25mm
293	湖南	湖南华菱涟源钢铁有限公司	XK05-001-00145	HRB335、HRB335E、HRB400、HRB400E、HRB500、HRB500E 12～40mm(直条)
294	湖南	湖南株洲钢铁有限公司	XK05-001-00115	HRB335 12～25mm
295	湖南	涟钢振兴企业轧钢有限责任公司	XK05-001-00055	HRB335、HRB335E、HRB400、HRB400E、HRB500、HRB500E 10～25mm(直条)、HPB300 12～20mm(直条)
296	湖南	湖南华菱湘潭钢铁有限公司	XK05-001-00032	HRB335、HRB335E、HRB400、HRB400E、HRB500、HRB500E 8～12mm(盘卷)、HPB300 6.5～14mm(盘卷)
297	广东	广东泰都钢铁实业股份有限公司	XK05-001-00523	HRB335、HRB335E、HRB400、HRB400E 10～32mm(直条)
298	广东	惠州市惠供钢业有限公司	XK05-001-00483	HRB335 10～25mm、HRB400、HRB400E 10～28mm
299	广东	茂名恒大钢铁有限公司	XK05-001-00477	HRB335、HRB400 12～32mm
300	广东	河源德润钢铁有限公司	XK05-001-00438	HRB335、HRB400 12～28mm
301	广东	珠海粤裕丰钢铁有限公司	XK05-001-00408	HRB335、HRB400、HRB335E、HRB400E 10～40mm、HPB300 6～22mm(盘卷、直条)
302	广东	韶关市曲江华盛钢铁实业有限公司	XK05-001-00366	HRB335、HRB400 12～25mm

续表

序号	地区	企业名称	许可证编号	相关产品
303	广东	英德市英东钢铁有限责任公司	XK05-001-00331	HRB335 12～25mm
304	广东	冉拓(佛冈)金属制品有限公司	XK05-001-00309	HPB300 6.5～12mm(盘卷)
305	广东	丰顺县三宝轧钢厂	XK05-001-00252	HRB335 10～25mm
306	广东	东源县盛业钢铁有限公司	XK05-001-00245	HRB335、HRB400 12～25mm
307	广东	广东中润钢铁实业有限公司	XK05-001-00247	HRB335、HRB400 10～28mm
308	广东	揭阳市通宇钢铁有限公司	XK05-001-00199	HRB335、HRB400 10～28mm
309	广东	韶关市新伟金属工贸有限公司	XK05-001-00198	HRB335、HRB400 12～20mm
310	广东	连平县粤盛兴钢铁实业有限公司	XK05-001-00175	HRB335、HRB400 10～25mm
311	广东	广东开盛钢铁实业有限公司	XK05-001-00176	HRB335、HRB400 10～28mm、HPB300 6.5～12mm(盘卷)
312	广东	广东阳春钢铁(集团)公司	XK05-001-00161	HRB335、HRB400 12～25mm
313	广东	广东大明钢铁实业有限公司	XK05-001-00159	HRB335、HRB400 10～28mm
314	广东	深圳市粤深钢投资集团有限公司	XK05-001-00153	HRB335 10～25mm、HRB400 12～28mm
315	广东	广东粤东钢铁有限公司	XK05-001-00079	HRB400、HRB400E 16～32mm(直条)
316	广东	广东韶钢松山股份有限公司	XK05-001-00080	HRB335、HRB335E、HRB400、HRB400E 6～10mm(盘卷)、HRB335、HRB335E、HRB400、HRB400E、HRB500、HRB500E 12～40mm(直条)、HPB300 8～10mm(盘卷)12～20mm(直条)
317	广东	广州钢铁控股有限公司	XK05-001-00088	HRB335、HRB335E、HRB400、HRB400E、HRB500、HRB500E 8～12mm(盘卷)10～40mm(直条)、HPB300 6～12mm(盘卷)12～22mm(直条)、KL400 10～40mm(直条)
318	广东	深圳市华美钢铁有限公司	XK05-001-00090	HRB335、HRB400、HRB335E、HRB400E 10～40mm
319	广东	佛山市马鞍钢厂	XK05-001-00091	HRB335、HRB400、HRB400E 12～28mm(直条)
320	广东	中山市宝华轧钢厂	XK05-001-00092	HRB335、HRB400 10～25mm
321	广东	佛山市高明坚明钢铁厂有限公司	XK05-001-00093	HRB335、HRB400 10～25mm(直条)
322	广东	大亚湾宝兴钢铁厂有限公司	XK05-001-00094	HRB335、HRB400 10～40mm(直条)
323	广东	东莞市东上钢材股份有限公司	XK05-001-00089	HRB335、HRB400 8～10mm(盘卷)、HRB335、HRB400 12～28mm(直条)、HRB335E、HRB400E 18～25mm(直条)、HPB300 8～10mm(盘卷)

续表

序号	地区	企业名称	许可证编号	相关产品
324	广西	苍梧东鹏不锈钢有限公司	XK05-001-00491	HRB335、HRB400 12～25mm
325	广西	广西贵港钢铁集团有限公司	XK05-001-00478	HRB335 16～25mm、HRB400、HRB400E 12～32mm
326	广西	广西横县榕宁钢铁有限责任公司	XK05-001-00459	HRB335、HRB400 12～25mm
327	广西	梧州市永达钢铁有限公司	XK05-001-00455	HRB335、HRB335E、HRB400、HRB400E 12～25mm(直条)、HRB335、HRB335E、HRB400、HRB400E 6～10mm(盘卷)
328	广西	梧州市旺甫大兴轧钢厂	XK05-001-00454	HRB335、HRB400 12～28mm
329	广西	广西河池环江钢铁厂	XK05-001-00368	HPB300 12～22mm
330	广西	防城港市福城钢铁制品有限公司	XK05-001-00326	HPB300 6.5～10mm(盘卷)
331	广西	苍梧县金属制品厂	XK05-001-00302	HPB300 6.5～10mm(盘卷)
332	广西	桂平市福发钢铁有限责任公司	XK05-001-00292	HPB300 6.5～8mm(盘卷)
333	广西	广西贺州市榕信金属制品有限公司	XK05-001-00274	HPB300 6.5～10mm(盘卷)
334	广西	钦州市永联金属制品有限公司	XK05-001-00268	HPB300 6.5～10mm(盘卷)
335	广西	广西桂鑫钢铁集团有限公司	XK05-001-00260	HRB335、HRB400 10～25mm
336	广西	广西贺州市科信达金属制品有限公司	XK05-001-00248	HPB300 6.5～22mm(盘卷、直条)
337	广西	鹿寨县乐荣金属制品有限公司	XK05-001-00250	HRB335、HRB400 12～25mm
338	广西	桂林平钢钢铁有限公司	XK05-001-00229	HRB335、HRB400 12～25mm
339	广西	广西盛隆冶金有限公司	XK05-001-00190	HRB335 10～32mm、HRB400 10～28mm、HPB300 6.5～12mm(盘卷)
340	广西	广西横县西津钢铁有限公司	XK05-001-00188	HRB335 120mm×120mm、150mm×150mm
341	广西	陆川县兴宝金属制品有限公司	XK05-001-00183	HRB335 12～22mm、HRB400 12～25mm
342	广西	柳州钢铁股份有限公司	XK05-001-00169	HRB335、HRB400 6～40mm、HRB335E 8～40mm、HRB400E、HRB500、HRB500E 12～40mm、HPB300 6～22mm(盘卷)
343	广西	柳州市西龙钢厂	XK05-001-00155	HRB335 12～25mm
344	广西	钦州恒荣钢铁有限公司	XK05-001-00072	HRB335、HRB400、HRB400E 10～25mm(直条)
345	海南	海南临高闽琼钢铁制品有限公司	XK05-001-00460	HRB335、HRB400 10～25mm

续表

序号	地区	企业名称	许可证编号	相关产品
346	海南	儋州建鹏钢业有限公司	XK05-001-00211	HRB335、HRB400 10～25mm
347	云南	云南双友冶金有限公司	XK05-001-00508	HRB335、HRB400、HRB400E 6～10mm、HPB300 6.5～10mm(盘卷)
348	云南	大理大钢钢铁有限公司	XK05-001-00492	HRB335、HRB400 12～18m
349	云南	安宁市永昌钢铁有限公司	XK05-001-00285	HPB300 6.5～10mm(盘卷)
350	云南	云南易门闽乐钢铁有限公司	XK05-001-00251	HPB300 120mm×120mm～150mm×150mm
351	云南	云南省曲靖双友钢铁有限公司	XK05-001-00241	HPB300 120mm×120mm～150mm×150mm
352	云南	曲靖市巨利达钢铁有限公司	XK05-001-00240	HPB300 6.5～8mm(盘卷)
353	云南	云南德胜钢铁有限公司	XK05-001-00222	HRB335、HRB335E、HRB400、HRB400E 6～40mm、HRB500、HRB500E 12～32mm、HPB300 6.5～12mm
354	云南	保山康发钢铁有限责任公司	XK05-001-00189	HRB335 12～25mm、HRB400 12～20mm
355	云南	昆明市巨利达钢铁有限公司	XK05-001-00164	HRB335、HRB400 12～25mm
356	云南	云南曲靖呈钢钢铁(集团)有限公司	XK05-001-00110	HRB335、HRB335E、HRB400、HRB400E 12～28mm
357	云南	云南玉溪玉昆钢铁集团有限公司	XK05-001-00111	HRB335、HRB400 12～25mm
358	云南	云南玉溪仙福钢铁(集团)有限公司	XK05-001-00039	HRB335、HRB335E 12～25mm(直条)、HRB400、HRB400E 8～10mm(盘卷)12～28mm(直条)、HPB300 6.5～10mm(盘卷)
359	贵州	贵阳闽达钢铁有限公司	XK05-001-00449	HRB335、HRB400 12～25mm
360	贵州	贵阳长乐钢铁有限公司	XK05-001-00448	HRB335、HRB400 12～28mm
361	贵州	首钢贵阳特殊钢有限责任公司	XK05-001-00443	HRB335、HRB400 12～32mm
362	四川	攀枝花市祥安轧钢有限公司	XK05-001-00534	HRB400、HRB400E 6～25mm、HPB300 6.5～16mm(盘卷、直条)
363	四川	成都热华金属制品有限责任公司	XK05-001-00418	HPB300 6～12mm(盘卷)
364	四川	宜宾中淼钢铁集团有限公司	XK05-001-00417	HRB335 12～25mm
365	四川	广汉市向阳轧钢厂	XK05-001-00414	HPB300 6～12mm(盘卷)
366	四川	富顺县富峰新特钢有限公司	XK05-001-00376	HPB300 6.5～10mm(盘卷)
367	四川	四川省绵竹金泉钢铁有限公司	XK05-001-00388	HPB300 6.5～10mm(盘卷)

续表

序号	地区	企业名称	许可证编号	相关产品
368	四川	乐山市冠峰金属制品有限公司	XK05-001-00387	HPB300 6.5～12mm(盘卷、直条)
369	四川	达州市航达钢铁有限责任公司	XK05-001-00361	HRB335 12～25mm、HPB300 120mm×120mm
370	四川	泸州益鑫钢铁有限公司	XK05-001-00360	HRB335、HRB400 10～25mm、HPB300 6.5～10mm(盘卷)
371	四川	四川省泸州江阳钢铁有限责任公司	XK05-001-00359	HRB335、HRB400 10～25mm、HPB300 6.5～10mm(盘卷)
372	四川	成都川联钢铁有限责任公司	XK05-001-00311	HRB335、HRB400 10～25mm
373	四川	攀钢集团西昌新钢业有限公司	XK05-001-00264	HRB335、HRB400 12～32mm、HPB300 12～22mm
374	四川	四川金圣钢铁有限责任公司	XK05-001-00258	HRB335 8～25mm
375	四川	成都市长峰钢铁(集团)有限公司	XK05-001-00224	HRB335、HRB400 10～28mm
376	四川	四川省德钢实业集团有限公司	XK05-001-00146	HRB335 12～25mm
377	四川	攀枝花钢城集团有限公司	XK05-001-00150	HRB335 、HRB400 12～36mm
378	四川	攀枝花新钢钒股份有限公司	XK05-001-00144	HRB335、HRB400 150mm×150mm～250mm×250mm
379	四川	成都市新都钢厂	XK05-001-00119	HRB335 10～25mm
380	四川	四川省射洪川中建材有限公司	XK05-001-00124	HRB335 10～25mm
381	四川	崇州市三江钢铁有限责任公司	XK05-001-00125	HRB335 12～25mm
382	四川	德阳市八角特殊钢厂	XK05-001-00126	HRB335 10～25mm
383	四川	四川省达州钢铁集团有限责任公司	XK05-001-00064	HRB335、HRB335E、HRB400、HRB400E、HRB500、HRB500E 8～12mm(盘卷)、HRB335、HRB335E、HRB400、HRB400E、HRB500、HRB500E 12～36mm(直条)、HPB300 6.5 ～12mm(盘卷)14～22mm(直条)
384	四川	四川都钢钢铁集团股份有限公司	XK05-001-00065	HRB335、HRB400 10～25mm、HRB335E、HRB400E 12～25mm
385	四川	攀钢集团成都钢钒有限公司	XK05-001-00066	HRB335、HRB335E、HRB400、HRB400E 6～40mm、HRB500、HRB500E 12～40mm、HPB300 6～22mm(盘卷、直条)
386	四川	四川德胜集团钢铁有限公司	XK05-001-00067	HRB335、HRB400 12～40mm、HRB335E、HRB400E 12～32mm
387	四川	成都冶金实验厂有限公司	XK05-001-00107	HRB335、HRB400 6～40mm、HRB335E、HRB400E 12～32mm、HPB300 6～12mm(盘卷)
388	四川	四川省广汉市钢铁厂	XK05-001-00108	HRB335 10～25mm、HRB400 12～25mm、HPB300 6.5～10mm(盘卷)

续表

序号	地区	企业名称	许可证编号	相关产品
389	陕西	宝鸡市长乐钢铁制品有限公司	XK05-001-00515	HPB300 6.5～16mm(盘卷、直条)
390	陕西	华阴市新西北特种钢铁有限公司	XK05-001-00458	HRB335、HRB335E、HRB400、HRB400E 8～25mm、HPB300 6.5～22mm(盘卷、直条)
391	陕西	三原昌鑫钢铁制品有限公司	XK05-001-00233	HRB335、HRB400、HRB400E 8～25mm、HPB300 6.5～20mm(盘卷、直条)
392	陕西	陕西略阳钢铁有限责任公司	XK05-001-00069	HRB335、HRB335E、HRB400、HRB400E、HRB500、HRB500E 12～32mm(直条)、HPB300 12～20mm(直条)
393	陕西	陕西龙钢集团西安钢铁有限公司	XK05-001-00083	HRB335、HRB335E、HRB400、HRB400E 12～32mm
394	陕西	陕西龙门钢铁(集团)有限责任公司	XK05-001-00086	HRB335、HRB335E、HRB400、HRB400E
395	陕西	富平县钢厂兴宝有限责任公司	XK05-001-00106	HRB335、HRB335E、HRB400、HRB400E 12～25mm(直条)
396	甘肃	甘肃新天际钢铁热轧有限公司	XK05-001-00518	HPB300 6.5～14mm(盘卷)
397	甘肃	酒钢集团榆中钢铁有限责任公司	XK05-001-00262	HRB335、HRB335E、HRB400、HRB400E、HRB500、HRB500E 8～40mm、HPB300 6.0～22mm
398	宁夏	宁夏钢铁(集团)有限责任公司	XK05-001-00474	HRB335、HRB335E 12～28mm、HRB400、HRB400E 12～32mm、HPB300 12～22mm(直条)
399	宁夏	酒钢集团石嘴山钢铁有限公司	XK05-001-00104	HRB335、HRB400 12～28mm(直条)
400	青海	西宁特殊钢股份有限公司	XK05-001-00415	HRB335、HRB400、HRB335E、HRB400E 12～32mm、HPB300 12～22mm(直条)
401	新疆	新兴铸管新疆有限公司	XK05-001-00536	HRB335、HRB335E、HRB400、HRB400E、HRB500、HRB500E 6～10mm(盘卷)、HRB335、HRB335E、HRB400、HRB400E、HRB500、HRB500E 12～32mm(直条)、HPB300 6.5～14mm(盘卷)
402	新疆	新疆伊犁钢铁有限责任公司	XK05-001-00535	HRB335、HRB400 8～10mm(盘卷)、HPB300 6.5～12mm(盘卷)
403	新疆	新疆金特钢铁股份有限公司	XK05-001-00214	HRB335、HRB400 6～32mm
404	新疆	新疆八一钢铁股份有限公司	XK05-001-00160	HRB335、HRB400、HRB335E 8～40mm、HRB500、HRB400E、HRB500E 10～40mm、HPB300 6.5～22mm(盘卷、直条)